Helmut Brückner (Hrsg.)

Dynamik, Datierung, Ökologie und Management von Küsten

MARBURGER GEOGRAPHISCHE SCHRIFTEN

ISSN 0341-9290

Heft 134

Im Selbstverlag der Marburger Geographischen Gesellschaft e.V.

Helmut Brückner (Hrsg.)

Dynamik, Datierung, Ökologie und Management von Küsten

Beiträge der 16. Jahrestagung des Arbeitskreises
"Geographie der Meere und Küsten"
21.-23. Mai 1998 in Marburg

Marburg/Lahn 1999

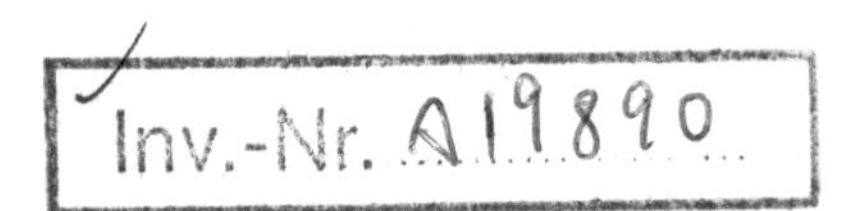

Buchumschlag:

Schrägluftbilder von der Westküste der Insel Sylt aus den Jahren 1970 und 1990 (käufliche Postkarte)

Dynamik, Datierung, Ökologie und Management von Küsten : 21. - 23. Mai 1998 in Marburg / Helmut Brückner (Hrsg.). - Marburg, Lahn : Selbstverl. der Marburger Geographischen Ges., 1999. - VIII, 207 S. : Ill., graph. Darst., Kt.
(Beiträge der ... Jahrestagung des Arbeitskreises „Geographie der Meere und Küsten" ; 16)
(Marburger geographische Schriften ; 134)
ISBN 3-88353-061-1
NE: Hrsg.; Arbeitskreis Geographie der Meere und Küsten: GT; 2. GT

Gedruckt mit freundlicher Unterstützung der Firma
Chiron Behring GmbH & Co, Marburg

Marburger Geographische Gesellschaft
– Marburger Geographische Schriften –
Deutschhausstraße 10
D-35037 Marburg
Fax: 06421/2828950
E-Mail: Geogrbib@ub.uni-marburg.de

Druck: Druckerei und Verlag Wenzel, Am Krekel 47, D-35039 Marburg

ISBN 3-88353-061-1

Vorwort

Das Titelbild des vorliegenden Buches veranschaulicht die dramatische Küstenerosion auf Sylt. In der Gegenüberstellung der beiden Schrägluftbilder aus den Jahren 1970 und 1990 fokussiert sich die Thematik des Sammelbandes: Die Dynamik der litoralen Prozesse zeigt die offensichtliche Strandverschiebung, die Datierung dieses Vorgangs ist durch die bekannten Aufnahmezeitpunkte gegeben; die Ökologie wird in den Interdependenzen der verschiedenen aquatischen, terrestrischen und anthropogenen Einflußfaktoren deutlich, und schließlich ist die Notwendigkeit – aber auch Problematik – eines soliden Managements für diese Küste evident.

Der Band kompiliert die schriftliche Fassung der Referate, die anläßlich der 16. Jahrestagung des Arbeitskreises „Geographie der Meere und Küsten" vom 21. bis 23. Mai 1998 am Fachbereich Geographie der Philipps-Universität Marburg gehalten wurden. Damit ist die Tradition ungebrochen, daß seit der ersten Tagung 1983 in Essen die wichtigsten Ergebnisse der jährlichen Treffen stets als Buch vorgelegt werden. Nachdrücklich offenbart sich so die wissenschaftliche Potenz und Vitalität der an Meeres- und Küstenforschung interessierten Geographinnen und Geographen. Es zeigt sich auch der thematisch weitgespannte Bogen dieses Teilgebietes der Geographie. Und daß die Beschäftigung mit Küsten und Meeren im Zeitalter der Globalisierung überaus relevant ist, liegt bereits am Forschungsgegenstand selbst, dem die weltweite Vernetzung inhärent ist.

Die Anordnung der Artikel gehorcht einem geographie-didaktischen Urprinzip: vom Nahen zum Fernen. Die Reise beginnt in heimischen Gewässern. Am Ende der UN-Dekade zur Katastrophenvorbeugung und im Rahmen der aktuellen Diskussion um die Auswirkungen der globalen Erwärmung ist die Entwicklung der Sturmfluten in diesem Jahrhundert besonders interessant. I. MEINKE untersucht dies für die südwestliche Ostsee, G. GÖNNERT für die südöstliche Nordsee. Die detailreichen Studien zeigen eine Zunahme der leichten Sturmfluten bzw. eine Änderung der Sturmflutdauer. Dies wird auch die Zukunft der Hallig Hooge beeinflussen, deren Image und Identität H. SCHÜRMANN diskutiert. Daß Küstenzonenmanagement angesichts der vielen Nutzungskonflikte im Land/Meer-Grenzbereich an Bedeutung gewinnt, unterstrich ein Workshop in Büsum (A. KANNEN & K. GEE).

Der Mittelmeerraum und die daran angrenzenden Gebiete sind eine klassische Forschungsregion. K. SCHIPULL präsentiert ein weiteres Ergebnis seiner geomorphologischen Studien auf den Kanaren. D. KELLETAT, G. SCHELLMANN & H. BRÜCKNER legen erste absolute Datierungen von pleistozänen Litoralbildungen der Insel Kreta vor. In der paläogeographischen Küstenforschung verzahnen sich in idealer Weise Geomorphologie, Geologie und Archäologie. Dies belegen die Beiträge von E. ÖNER über die Deltaebene in der

Nähe der antiken Hafenstadt Patara, Südwesttürkei, und von M. HANDL, N. MOSTAFAWI & H. BRÜCKNER über die Ostracodenforschung im Umfeld Milets, Westtürkei.

Nach den heimischen und den mediterranen Küsten folgt der Sprung über den Atlantik. Dank detaillierter morpho- und pedostratigraphischer Studien und aufgrund einer Vielzahl absoluter Datierungen gelingt G. SCHELLMANN eine überzeugende Chronostratigraphie der Strandablagerungen an der patagonischen Küste Argentiniens. G. KRAUSE untersucht die Bedeutung der Geographie im Kontext eines ökologischen Managementprogramms für Mangroven in NE-Brasilien. Der Beitrag von A. ENGELHARDT unterstreicht die Zukunftschancen der Aquakultur für Ecuador. Den Sammelband beschließt ein in der Tat globales Thema: Kreuzfahrten, ein wachsender Sektor der Tourismus-Branche (H.-W. BESCH).

Leider kommt dieses Buch erst mit einiger Verzögerung auf den Markt. Zwei der dafür verantwortlichen Gründe seien genannt: Erstens stellte die Druckerei auf eine völlig neue Art der Text- und Bildverarbeitung um, was ein aufwendiges Layout für jeden Artikel erforderte. Zweitens war die Qualität der abgelieferten Beiträge äußerst heterogen. Eine nicht geringe Anzahl von Abbildungen mußte in unserem Institut neu angefertigt werden, weil die vorgelegten Fassungen unbrauchbar waren. In diesem Zusammenhang danke ich besonders unserer Sekretärin, Frau M. Rößler, und unserem Kartographen, Herrn H. Nödler, für ihr Engagement. Einige Artikel bedurften eines erheblichen inhaltlichen „Lifting". Bei manchen Beiträgen ist außerdem zu bedenken, daß es ein Grundsatz der Arbeitskreistreffen ist, den wissenschaftlichen Nachwuchs zu fördern, indem ihm eine Chance zum Vortrag und zur Publikation gegeben wird.

Ich hoffe, daß sich durch die Lektüre der folgenden Seiten etwas von der Faszination der Küsten und Meere auf die Leserinnen und Leser überträgt. Die wissenschaftliche Beschäftigung mit dieser Thematik wird im neuen Jahrtausend – nicht nur innerhalb der Geographie – an Bedeutung zunehmen.

Marburg, im Dezember 1999

Helmut Brückner

SH

Inhaltsverzeichnis

Marburger Geographische Schriften	134	S. 1-23	Marburg 1999

Sturmfluten in der südwestlichen Ostsee – dargestellt am Beispiel des Pegels Warnemünde

Insa Meinke

Zusammenfassung

Das Sturmflutgeschehen in der südwestlichen Ostsee weist in den letzten 115 Jahren eine Häufigkeitszunahme insbesondere der leichten Sturmfluten auf. Hydrologisch ist diese Entwicklung auf die Zunahme leichter Sturmfluten des Typs "Sturmflut mit hydrodynamischen Schwingungen" zurückzuführen. Außerdem treten vermehrt Ausgangssituationen von Sturmfluten auf, die eine erhöhte füllungsgradbedingte Abweichung vom Mittelwasser aufweisen.

Aus meteorologischer Sicht lassen sich diese Entwicklungen mit der Zunahme von Starkwinden und Stürmen insbesondere aus Nord und West über der zentralen Ostsee erklären. Diese stehen im Zusammenhang mit der zunehmenden Häufigkeit der Sturmflutwetterlage Nordwest. Sie ist wiederum mit dem zunehmenden Anteil zonaler und gemischter Zirkulationsformen an Sturmfluttagen in den letzten 45 Jahren verbunden. Die gestiegene Häufigkeit – insbesondere der leichten Sturmfluten – scheint mit den erhöhten Zuggeschwindigkeiten von sturmflutrelevanten Zyklonen erklärbar zu sein.

Schwankungen im Jahresgang der Sturmfluthäufigkeit zeigen eine Ausdehnung der Sturmflutaktivität auf die Frühjahr- und Sommermonate, die jedoch statistisch noch nicht gesichert ist. Entgegen häufig geäußerter Hypothesen laufen die Ostseesturmfluten durch ein verändertes Sturmflutklima jedoch nicht höher auf, als es Anfang des Jahrhunderts der Fall war.

Bezüglich der Auswirkungen von Sturmfluten auf die Küste sind insbesondere in den Bereichen 100-124 cm sowie 125-149 cm über NN Zunahmen der jährlichen Verweilzeiten zu verzeichnen. Dies ist jedoch nicht auf Veränderungen des Verlaufs einzelner Sturmfluten zurückzuführen, sondern auf die erhöhte Sturmfluthäufigkeit.

Summary

The investigation of storm surges in the southwestern Baltic Sea shows that in particular light storm surges have become more frequent during the last 115 years. From the hydrological point of view this is the consequence of the increasing number of storm surges with seiches on the one hand, and of the growing frequency of storm surges with a starting position at a high sea level on the other, which results from a risen water level of the Baltic Sea basin.

Meteorological reasons may have caused the growing number especially of western and northern storms (≥ 10.8 m/s) which mostly occur with storm surge generating cyclones on NW-SE tracks. These cyclones are often connected with a high-index circulation. Both – the cyclones on NW-SE tracks and the high-index circulation – became more frequent in the last 45 years. The reason for the increase particularly of storm surges with relatively low maximum water levels may be the acceleration of the cyclone speeds.

The annual course of storm surges shows a strong variability. An extension of storm surge activity into the spring and summer seasons could not yet be verified with statistical methods. In contrast to a frequently used hypothesis, maximum water levels of storm surges have not risen during the last 115 years.

Concerning the impact of storm surges on the coast, an extension of the timespan during a year when the water level remains at an altitude between 100-124 cm and 125-149 cm above MSL, respectively, can be noted. This is not the result of a changed character of individual storm surges but the result of the increased frequency of storm surges.

1 Einleitung

Den zunehmenden Diskussionen bezüglich globaler, teils anthropogen bedingter Klimaänderungen schließt sich die Frage an, ob es in diesem Zusammenhang Veränderungen im Sturmflutgeschehen gegeben hat. Ziel dieser Untersuchung ist es, solche Veränderungen im Sturmflutgeschehen der südwestlichen Ostsee auszuloten und mögliche Ursachen für deren Entstehung aufzuzeigen. Außerdem soll auf der Grundlage der Wasserstandsdaten ein Einblick in die Auswirkungen der Sturmfluten auf die Küste ermöglicht werden.

2 Sturmflutentstehung

2.1 Sturmfluttypisierung

Die klimatischen Verhältnisse, die für die Entstehung von Sturmfluten relevant sind, unterscheiden sich je nach hydrologischem Verlauf einer Sturmflut. Im wesentlichen sind im Vorfeld einer Sturmflut der Füllungsgrad des Meeresbeckens (hier: Ostsee) von Bedeutung und während des Ereignisses Windstau und hydrodynamische Schwingungen. Je nach Wetterlage werden diese sturmflutrelevanten Faktoren auf bestimmte Weise zusammengeführt, wodurch der hydrologische Verlauf einer Sturmflut bestimmt wird. Um allgemeine Aussagen bezüglich der zeitlichen Entwicklung des Sturmflutklimas aus dem Sturmflutgeschehen herleiten zu können, werden die Sturmfluten hinsichtlich ihrer Genese typisiert und anschließend im Hinblick auf die vorherrschenden Wind- und Zirkulationsverhältnisse untersucht.

Grundsätzlich lassen sich mit dem vorhandenen Datenmaterial des Pegels Warnemünde anhand des Verlaufs der Sturmfluten Windstauereignisse von solchen Sturmfluten unterscheiden, bei deren Entstehung hydrodynamische Schwingungen beteiligt waren (Abb. 1). Die Differenzierung dieser beiden Sturmfluttypen bietet sich an, da es in ihrer Genese grundsätzliche Unterschiede gibt. Ausgehend vom Füllungsgrad wird der Sturmflutgrenzwert[1] bei Windstauereignissen allein durch die Aufstauung der Wassermassen unter Einwirkung auflandiger Winde erreicht. Demgegenüber besteht bei den Sturmfluten mit hydrodynamischen Schwingungen die Möglichkeit, daß der Sturmflutgrenzwert ohne Präsenz stauwirksamer Winde erreicht wird. Ist ein bestimmtes Beckensystem zu Schwingungen angeregt worden, können allein die rückschwingenden Wassermassen den Wasserstand auf Sturmfluthöhe anheben.

Für die Zuweisung der Sturmfluten zu einer der beiden Gruppen wird zunächst die Ausgangssituation bestimmt. Sie ist die zu Ereignisbeginn[2] vorherrschende, füllungsgradbedingte Abweichung des Wasserstandes in Warnemünde vom Mittelwasser (hier: 19jährig übergreifendes Mittel). Ausgehend von der Tatsache, daß der Füllungsgrad der Ostsee in den Wintermonaten weitestgehend durch den Wasseraustausch zwischen Nord- und Ostsee bestimmt wird und nennenswerte Ein- und Ausstromsituationen etwa 15 Tage beanspruchen (BECKMANN 1997, BECKMANN & TETZLAFF 1996, MATTHÄUS 1996), wurden für einen 15tägigen Zeitraum – bis einen Tag vor Auftreten des Sturmflutscheitels – Tagesmittelwerte der Wasserstände gebildet, um kurzfristige Schwankungen auszuschalten. Unter der Annahme eines linearen Verlaufs der Ein- und Ausstromvorgänge sind nach der Methode der kleinsten quadratischen Abweichungen Regressionsanalysen durchgeführt worden. So kann für den Pegel Warnemünde die mittlere füllungsgradbedingte Abweichung vom Mittelwasser zu Ereignisbeginn errechnet werden. Der ermittelte Wasserstand entspricht etwa der Ausgangssituation einer Sturmflut.

Das eigentliche Kriterium zur Sturmfluttypisierung ist die Situation ein bis zwei Tage vor Ereignisbeginn: Liegt hier ein Wasserstandsminimum vor, das den Wert von 20 cm unter dem füllungsgradbedingten Ausgangswasserstand unterschreitet, kann der Einfluß der Gezeiten ausgeschlossen werden; hydrodynamische Schwingungen sind dann als Ursache anzunehmen. Ein solches Ereignis wird als Sturmflut mit hydrodynamischen Schwingungen gewertet. Zeigt sich vor Ereignisbeginn in der Ganglinie kein Minimum, das den Wert

---

[1] Zur Höhe des Sturmflutgrenzwertes vgl. Kapitel 3.1.

[2] Ereignisbeginn = erste Erhebung der Wasserstandsganglinie über Mittelwasser (19jährig übergreifendes Mittel) vor dem Sturmflutscheitel.

von 20 cm unter dem Ausgangswasserstand unterschreitet, wird dieses Ereignis als Windstauereignis gewertet (Abb. 1).

Die Untersuchung des Verlaufs aller Sturmfluten seit 1953 hinsichtlich dieses Kriteriums zeigt, daß 50 % der Sturmfluten als Windstauereignisse zu werten sind und die übrigen 50 % zu den Sturmfluten mit hydrodynamischen Schwingungen zählen. 75 % der Sturmfluten ging eine Ausgangssituation mit positiver füllungsgradbedingter Abweichung vom Mittelwasser voraus.

Abb. 1: Sturmfluttypen unterschiedlicher Genese

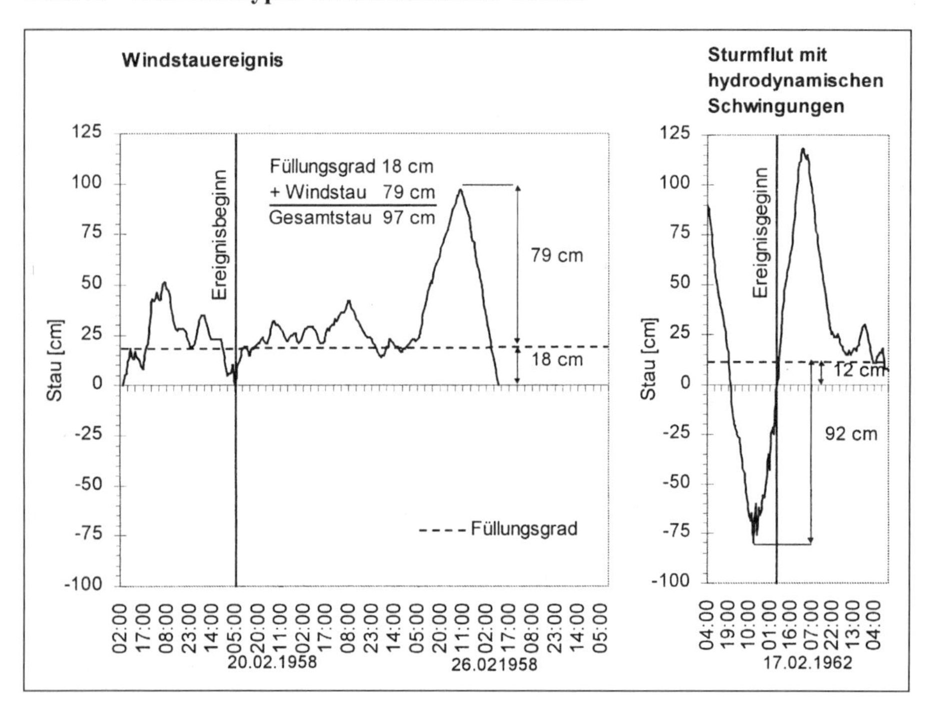

Quelle zu allen Abbildungen (außer Abb. 4): I. MEINKE 1998

2.2 Sturmflutrelevante Windverhältnisse

Für die Wasserstände in Warnemünde sind sowohl die lokalen Windverhältnisse[3] als auch die Windverhältnisse über der zentralen Ostsee[4] von Bedeutung (STIGGE 1996). Dieses gilt für beide Sturmfluttypen. Bei den Windstauereignissen sind in erster Linie die Windverhältnisse entscheidend, die zum

[3] Winddaten lokal: Wetterstation Warnemünde, rauhigkeitskorrigiert.

[4] Winddaten zentrale Ostsee: geostrophischer Wind, berechnet aus Bodenluftdruckdaten.

Sturmflutscheitel vorherrschen. Je nach Winkel der vorherrschenden Windrichtung zur Küste wird der Wasserstand zum Quadrat der Windgeschwindigkeit verschieden stark erhöht (ANNUTSCH 1977, SIEFERT 1997). In Warnemünde kommen die stauwirksamsten Winde hauptsächlich aus nördlichen Richtungen, während es über der zentralen Ostsee größtenteils östliche Richtungen sind (Abb. 2).

Abb. 2: Windrichtungen bei Windstauereignissen zum Sturmflutscheitel

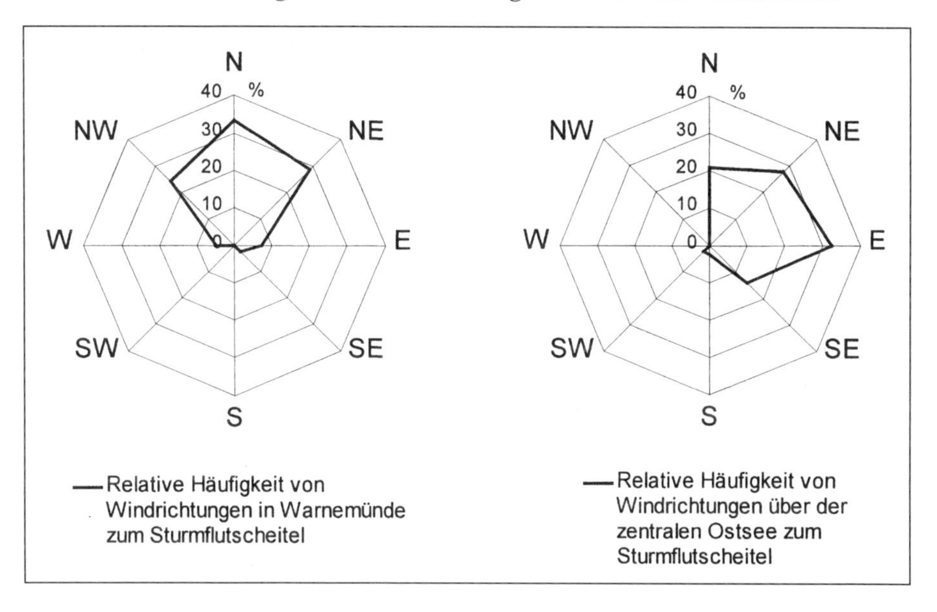

Für die Entstehung der Sturmfluten mit hydrodynamischen Schwingungen sind sowohl die Windverhältnisse zum Wasserstandsminimum als auch zum Wasserstandsmaximum von Bedeutung. Hier ist nicht in erster Linie der direkte Windeinfluß der wasserstandserhöhende Faktor. Die Windverhältnisse, die zum vorausgegangenen Wasserstandsminimum vorherrschend waren, haben durch Schrägstellung der Wassermassen die Ausgangssituation für hydrodynamische Schwingungen geschaffen. Durch einen plötzlich erfolgenden Windrichtungswechsel, der häufig auch mit Windgeschwindigkeitsveränderungen verbunden ist, werden die hydrodynamischen Schwingungen ausgelöst. Die Windverhältnisse zum Wasserstandsmaximum verweisen einerseits in Relation zu den Windrichtungen zum Wasserstandsminimum auf den impulsauslösenden Richtungswechsel. Andererseits können hydrodynamische Schwingungen durch direkten Windeinfluß (Windstau) verstärkt werden. Die Windrichtung solcher direkt auf das Wasser einwirkenden Winde zeigt sich ebenfalls zum Wasserstandsmaximum (Abb. 3).

Es zeigt sich, daß in Warnemünde zum Wasserstandsminimum am häufigsten Winde aus südwestlichen Richtungen und zum Wasserstandsmaximum in den meisten Fällen nördliche Winde vorherrschen. Über der zentralen Ostsee besteht eine stärkere Verteilung der Winde auf die verschiedenen Richtungssektoren: So sind es gleichermaßen westliche und nordwestliche Winde, die am häufigsten zum Wasserstandsminimum auftreten. Ebenfalls mit gleicher Häufigkeit treten zum Wasserstandsmaximum nördliche und nordöstliche Winde auf (Abb. 3).

Abb. 3: Windrichtungen bei Sturmfluten mit hydrodynamischen Schwingungen

Wind Warnemünde

- - - Relative Häufigkeit von Windrichtungen zum Wasserstandsminimum

—— Relative Häufigkeit von Windrichtungen zum Wasserstandsmaximum

Wind zentrale Ostsee

- - - Relative Häufigkeit von Windrichtungen zum Wasserstandsminimum

—— Relative Häufigkeit von Windrichtungen zum Wasserstandsmaximum

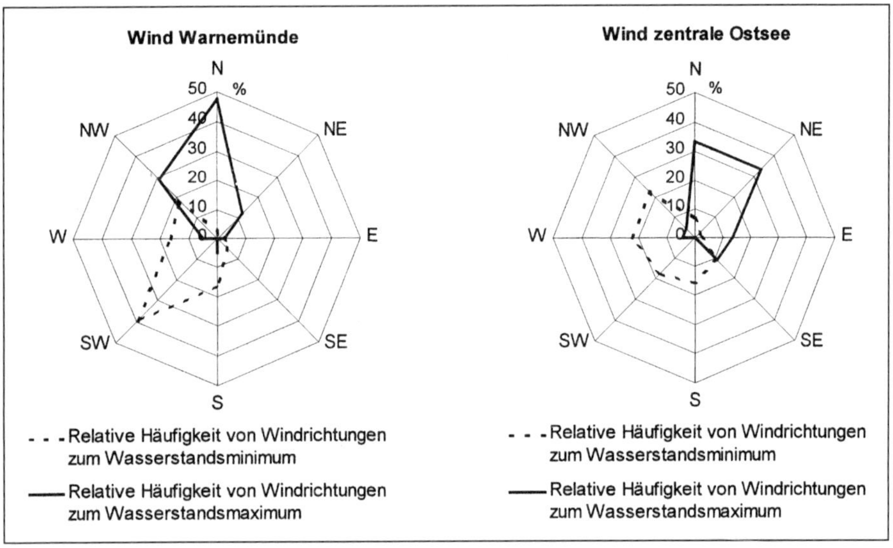

2.3 Sturmflutwetterlagen

Aus den vorausgegangenen Ausführungen über die sturmflutrelevanten Windverhältnisse läßt sich ableiten, daß erst spezifische Zirkulationsverhältnisse ihre Entstehung bedingen. Diese gehen mit bestimmten Zugbahnen der Frontalzyklonen einher. Eine Einteilung der Sturmflutwetterlagen nach den Zugbahnen sturmfluterzeugender Frontalzyklonen bietet sich deshalb an. Nach KOHLMETZ (1967) werden im wesentlichen vier Sturmflutwetterlagen unterschieden. Dabei ist die Form entscheidend, in der die Zyklonen die Ostsee überqueren: aus Nordwest, aus West, aus Nordost und aus Süd bzw. Südwest (Vb-artige Zugbahnen) (Abb. 4).

Zwar können grundsätzlich beide Sturmfluttypen bei allen Sturmflutwetterlagen auftreten, dennoch ist bei bestimmten Wetterlagen die Entstehung von Windstauereignissen wahrscheinlicher, bei anderen die Entstehung von Sturmfluten mit hydrodynamischen Schwingungen. So zeigt sich, daß bei Vb-artigen Zugbahnen und bei Zyklonen aus West bevorzugt Windstauereignisse auftreten (Abb. 5).

Abb. 4: Sturmflutwetterlagen

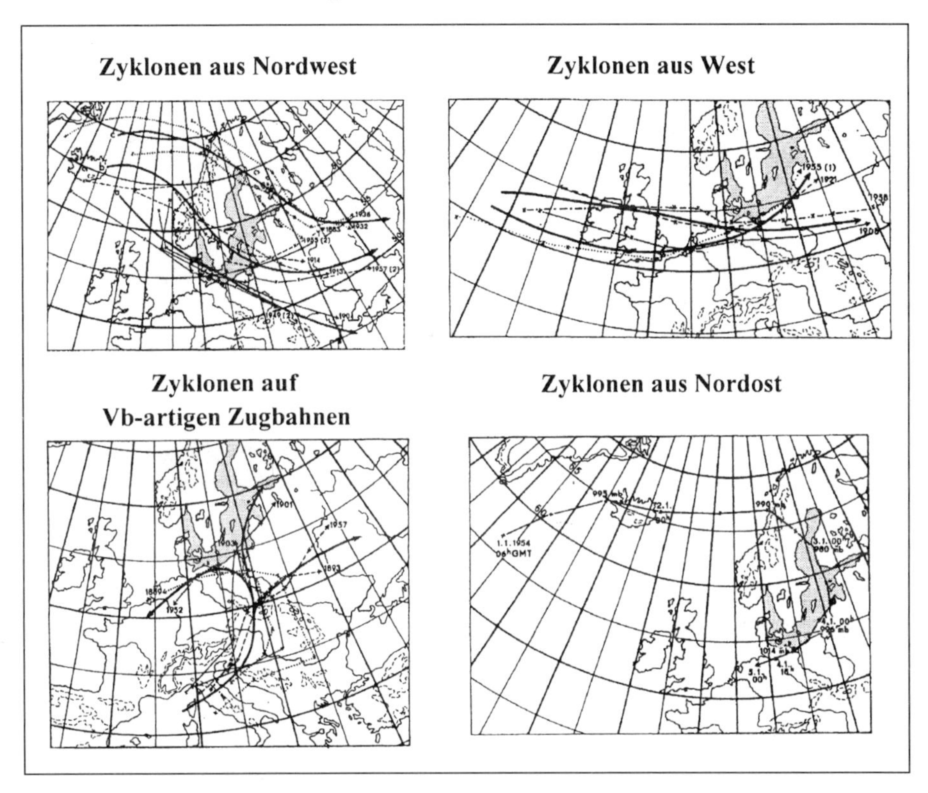

Quelle: E. KOHLMETZ 1976

Aufgrund des Verlaufs dieser Zugbahnen gewinnen hauptsächlich die Winde des nördlichen Teils der Zyklonen und/oder Winde der Zyklonenrückseite und seltener südliche Winde Einfluß auf den Wasserkörper. Da somit fast ausschließlich auflandige Winde wirksam sind, wird positiver Windstau in der südwestlichen Ostsee erzeugt. Demgegenüber wirken bei den Zyklonen aus Nordwest auch die meist westlichen und südlichen Winde des Warmsektors bzw. des südlichen Teils der Zyklone auf die Wassermassen der Ostsee ein. Damit geht negativer Windstau in der südwestlichen Ostsee mit der Schrägstellung des Ostseespiegels als möglicher Ausgangslage für hydrodynamische Schwingungen einher. Der oft plötzlich erfolgende Windrichtungswechsel beim Frontendurchzug über die Ostsee hinweg gibt häufig den entscheidenden Impuls zur Entstehung hydrodynamischer Schwingungen. Deshalb treten bei diesen Sturmflutwetterlagen bevorzugt Sturmfluten mit hydrodynamischen Schwingungen auf (Abb. 5).

Zyklonen aus Nordost sind mit dreimaligem Vorkommen innerhalb des Untersuchungszeitraumes für eine Interpretation i. S. von Abb. 5 zu selten.

Abb. 5: Sturmfluttypen und Zugbahnen der Zyklonen

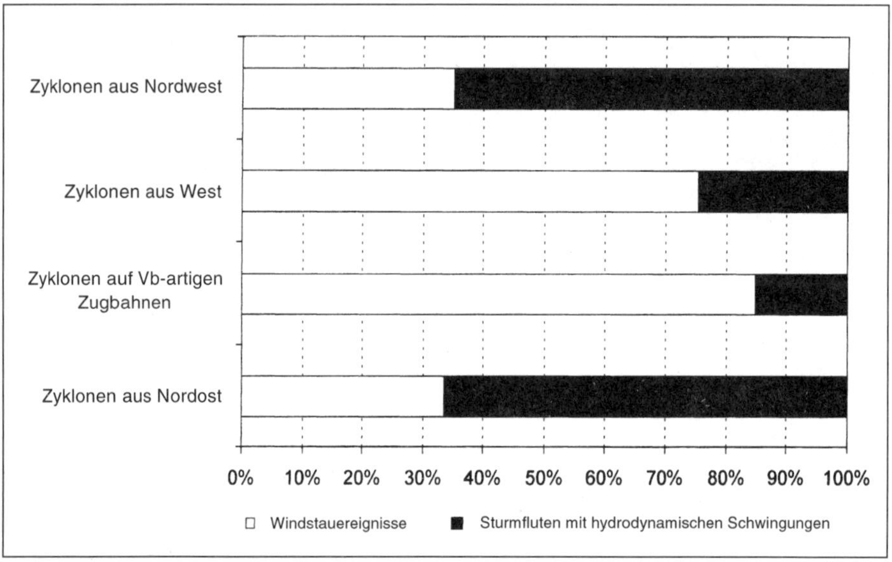

3 Zeitliche Entwicklung des Sturmflutgeschehens

3.1 Kollektivbildung

Die Untersuchung der zeitlichen Entwicklung des Sturmflutgeschehens erfolgt zunächst im Hinblick auf mögliche Veränderungen und die Frage nach denkbaren klimatologischen Ursachen. Dabei ist es sinnvoll, den Einfluß des Meeresspiegelanstiegs zu eliminieren, um die Entwicklung direkt wirksamer sturmflutrelevanter Faktoren des Klimas im Sturmflutgeschehen erfassen zu können. Hierfür bietet sich die Verwendung der Sturmflutklassifikation nach DIN 4049 an (Deutsches Institut für Normung e. V. 1994). Sturmfluten werden nach jährlichen Überschreitungszahlen bestimmter Wasserstände über Mittelwasser definiert, wodurch der säkulare Meeresspiegelanstieg eliminiert wird und auf die zeitliche Entwicklung des Sturmflutgeschehens keinen Einfluß nimmt (Tab. 1 u. Abb. 6). Da "Mittelwasser" in dieser Definition nicht näher definiert wird, erfolgt die Annäherung an den Meeresspiegelanstieg über die Zugrundelegung 19jährig übergreifender Mittel. Dadurch werden alle Zyklen kürzerer Dauer als 19 Jahre – also auch die Nodaltide – eliminiert und somit eine besonders gute Annäherung an den säkularen Meeresspiegelanstieg erreicht.

Tab. 1: Sturmflutklassifikation nach DIN 4049 und entsprechende Wasserstände in Warnemünde

	Jährliche Überschreitungszahl von Wasserständen über 19jährig übergreifendem Mittel	Entsprechende Wasserstände über 19jährig übergreifendem Mittel
Leichte Sturmflut	2 bis 0,2	90 bis 133 cm
Schwere Sturmflut	0,2 bis 0,05	134 bis 159 cm
Sehr schwere Sturmflut	≤ 0,05	≥ 160 cm

Einen weiteren Vorteil bietet diese Klassifikation, da aufgrund der Definition nach Überschreitungshäufigkeiten – im Gegensatz zur Einteilung der Sturmfluten nach festgelegten Höhengrenzen – die Auswirkungen natürlicher lokaler Gegebenheiten auf das Sturmflutgeschehen, wie Exposition der Küste und sublitorales Relief, miteinbezogen werden. Damit wird berücksichtigt, daß gleicher Energieinput bei lokal unterschiedlichen geomorphologischen Verhältnissen zu verschieden hohen Wasserständen führen kann.

Abb. 6: Sturmflutklassifikation nach DIN 4049 in Warnemünde

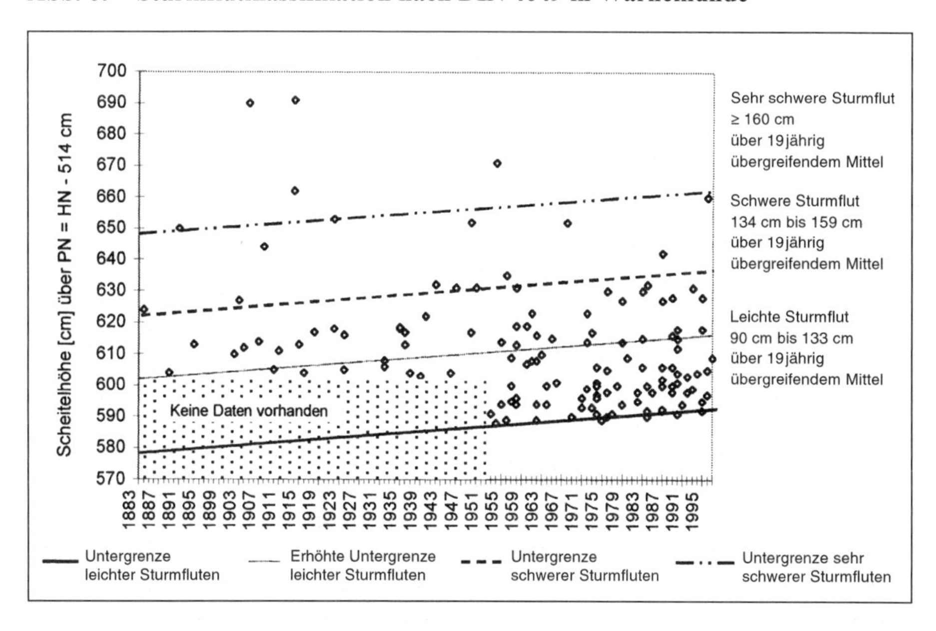

In Warnemünde gelten nach der Klassifikation DIN 4049 alle Wasserstände als Sturmfluten, die 90 cm über Mittelwasser erreichen oder überschreiten.

Das entspricht einer mittleren jährlichen Überschreitungszahl von 2. Als schwere Sturmfluten gelten Wasserstände zwischen 134 und 159 cm über dem 19jährig übergreifenden Mittel. Die jährliche Überschreitungszahl liegt zwischen 0,2 und 0,05. Wasserstände, die 160 cm erreichen oder überschreiten, zählen mit einer jährlichen Überschreitungszahl von maximal 0,05 zu den sehr schweren Sturmfluten (Tab. 1 u. Abb. 6).

Aufgrund des unvollständigen Datenbestands wird die Untergrenze der leichten Sturmfluten zugunsten eines längeren Untersuchungszeitraumes (von 1883 bis 1997) für allgemeine Untersuchungen um 24 cm auf 114 cm über Mittelwasser angehoben. Ab 1953 können alle Sturmfluten ab dem tatsächlichen Sturmflutgrenzwert und zusätzlich in ihrem gesamten Verlauf untersucht werden (Abb. 6).

3.2 Sturmfluthäufigkeit

Die jährliche Sturmfluthäufigkeit zeigt trotz Eliminierung des Meeresspiegelanstiegs und der Erhöhung der Untergrenze in dem Zeitraum von 1883 bis 1997 eine Zunahme (Abb. 7).

Abb. 7: Jährliche Sturmfluthäufigkeit von 1883 bis 1997

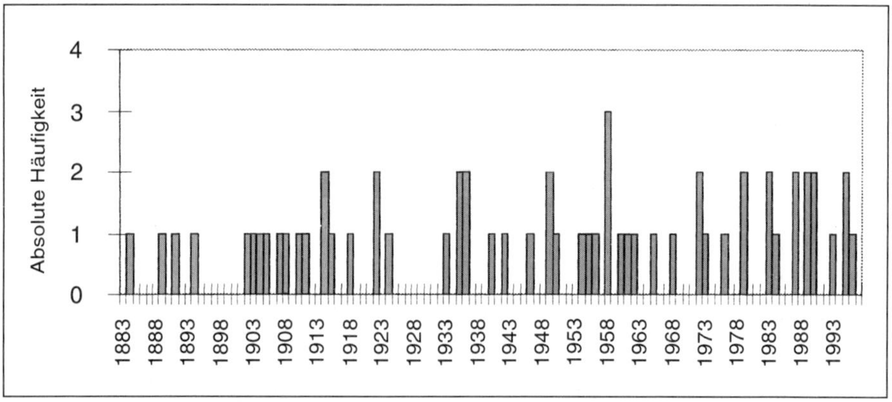

Jahre, in denen zwei Sturmfluten vorkommen, haben insbesondere in den letzten 30 Jahren zugenommen. Außerdem sind die Zeiträume, in denen keine Sturmfluten auftreten, in den letzten 50 Jahren kürzer geworden: Während sie vor 1947 durchschnittlich drei Jahre andauerten, beträgt die mittlere Dauer sturmflutfreier Phasen in den letzten 50 Jahren nur noch zwei Jahre. Sturmflutpausen von maximal sieben bis acht Jahren, wie sie vor 1947 auftraten, sind in den letzten 50 Jahren völlig verschwunden.

Werden die Sturmfluten in leichte, schwere und sehr schwere Ereignisse unterteilt, wird deutlich, daß sich die Häufigkeitszunahme hauptsächlich bei den leichten Sturmfluten vollzieht. Die schweren und sehr schweren Ereignisse sind zu stark verteilt und zu selten, um Aussagen über deren Entwicklung treffen zu können. Diese Sachverhalte werden insbesondere bei Häufigkeitsuntersuchungen in 10jährigen Zeitabständen deutlich (Abb. 8).

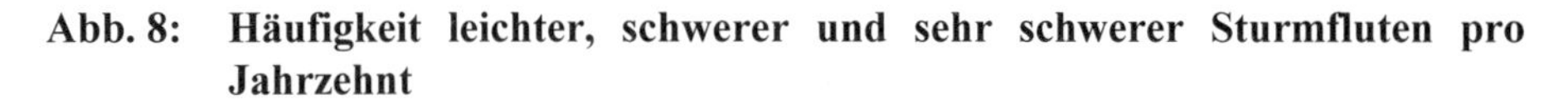

Abb. 8: Häufigkeit leichter, schwerer und sehr schwerer Sturmfluten pro Jahrzehnt

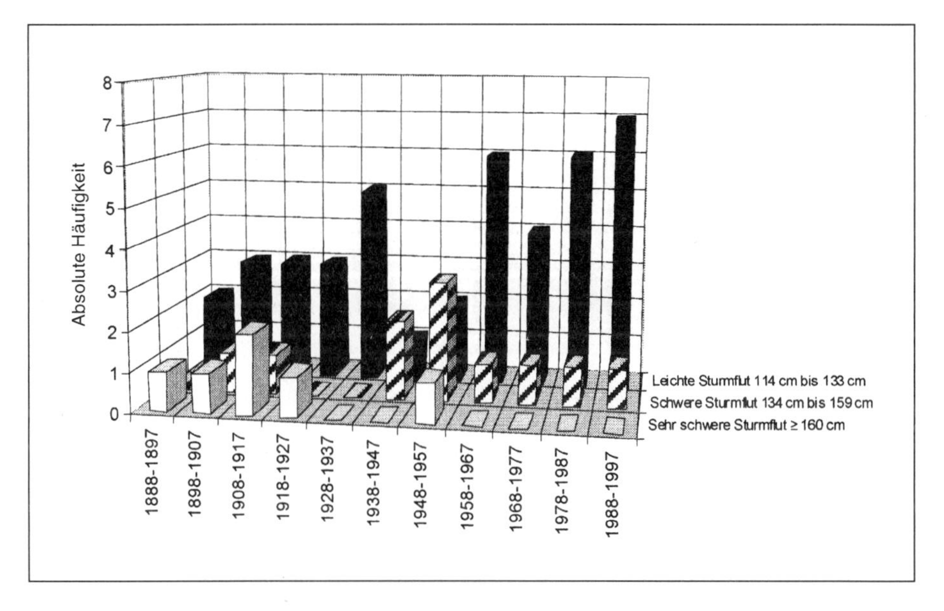

Bei den Sturmfluten ab 1953 mit einer Mindesthöhe von 90 cm über Mittelwasser erfolgt zusätzlich die Untersuchung des Sturmflutverlaufs hinsichtlich der Entwicklung des Füllungsgrades und der Frage, ob sich die Häufigkeitszunahme von Sturmfluten bei beiden Sturmfluttypen gleichermaßen vollzieht.

Bezüglich des Füllungsgrades zeigt sich eine Zunahme von Sturmfluten mit Ausgangssituationen, die *positive* füllungsgradbedingte Abweichungen vom Mittelwasser (19jährig übergreifendes Mittel) aufweisen. Bei den Sturmfluten, die sich bei einer Ausgangssituation mit *negativer* füllungsgradbedingter Abweichung vom Mittelwasser ereigneten, ist dagegen kein Trend erkennbar (Abb. 9).

Dennoch ist die Zunahme der Sturmfluthäufigkeit nicht allein auf die Häufigkeitszunahme der Sturmfluten zurückzuführen, denen eine Ausgangssituation mit positiven füllungsgradbedingten Abweichungen vom Mittelwasser vorausging. Das zeigt die Häufigkeitsverteilung der Sturmfluten, die auch

Abb. 9: Häufigkeit von Sturmfluten, deren Ausgangssituationen positive bzw. negative füllungsgradbedingte Abweichungen vom Mittelwasser aufweisen

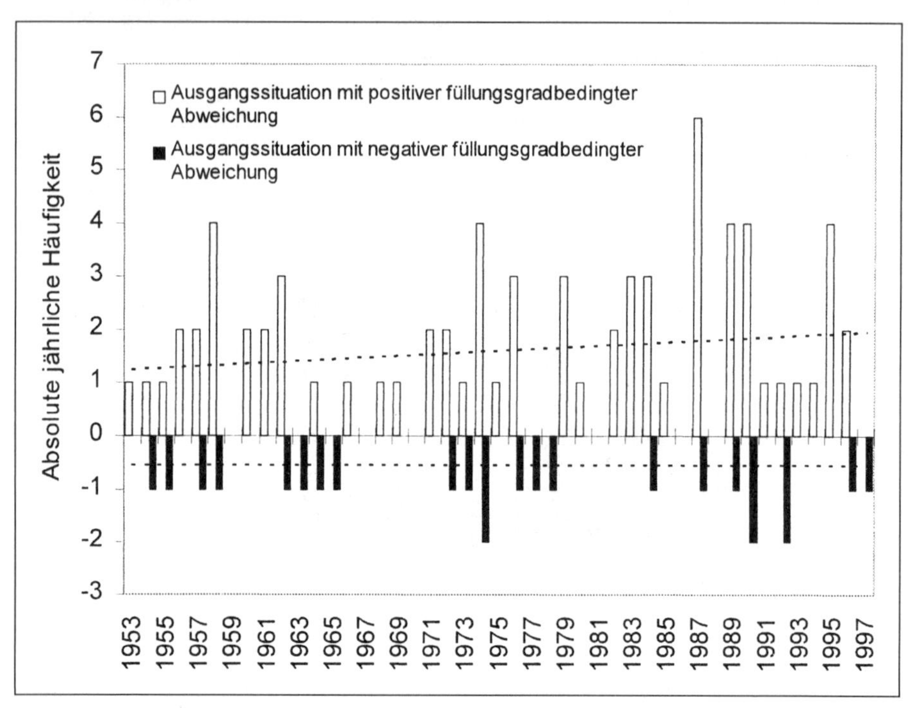

Abb. 10: Häufigkeit der Sturmfluten, die auch ohne erhöhten Füllungsgrad den Sturmflutgrenzwert erreicht hätten

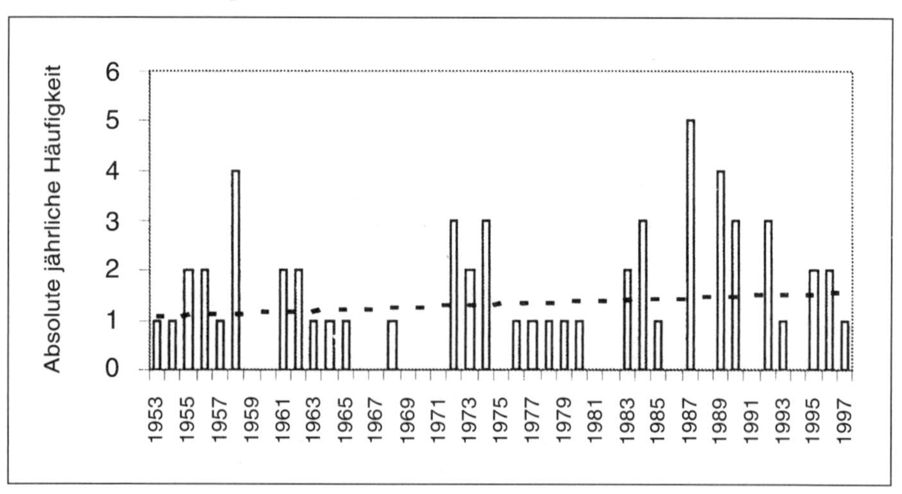

ohne Beeinflussung durch den Füllungsgrad den Sturmflutgrenzwert erreicht hätten. Auch sie weisen einen positiven Trend auf (Abb. 10).

Die separate Untersuchung der zeitlichen Häufigkeitsentwicklungen beider Sturmfluttypen zeigt, daß sich diese nicht gleichförmig vollziehen (Abb. 11): Während bei der Entwicklung der Windstaueregnisse fast kein Trend erkennbar ist, zeigt sich bei den Sturmfluten mit hydrodynamischen Schwingungen ein deutlich positiver Trend. Ab den 70er Jahren treten sogar mehrfach Jahre mit vier Ereignissen dieses Sturmfluttyps auf. Eine gleich hohe jährliche Häufigkeit ist bei den Windstaueregnissen nicht beobachtet worden.

Abb. 11: Häufigkeitsentwicklung von Windstaueregnissen und von Sturmfluten mit hydrodynamischen Schwingungen (Regressionsgerade bezieht sich auf leichte Sturmfluten)

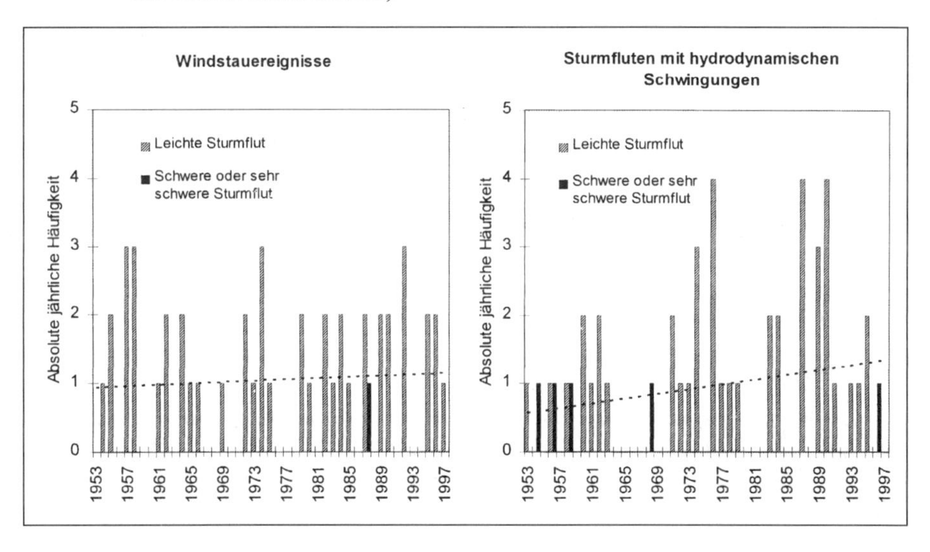

Zusammenfassend vollzieht sich also eine Häufigkeitszunahme der leichten Sturmfluten, deren Ausgangssituationen positive, füllungsgradbedingte Abweichungen vom Mittelwasser aufweisen. Diese Zunahme manifestiert sich insbesondere bei der Entwicklung des Typs "Sturmflut mit hydrodynamischen Schwingungen".

3.3 Jahresgang des Sturmflutgeschehens

Sturmfluten treten am häufigsten in den Wintermonaten auf. Das ist im Zusammenhang mit der erhöhten Starkwindaktivität in dieser Jahreszeit zu sehen. Sie geht mit intensiverer Westwinddrift einher. Da sich Änderungen im Sturmflutklima auch auf den Jahresgang der Sturmfluthäufigkeit auswirken können, wird dieser in 30jährigen Zeitabschnitten untersucht und verglichen.

Abb. 12: Jahresgang der Sturmfluten in 30jährigen Zeitabschnitten

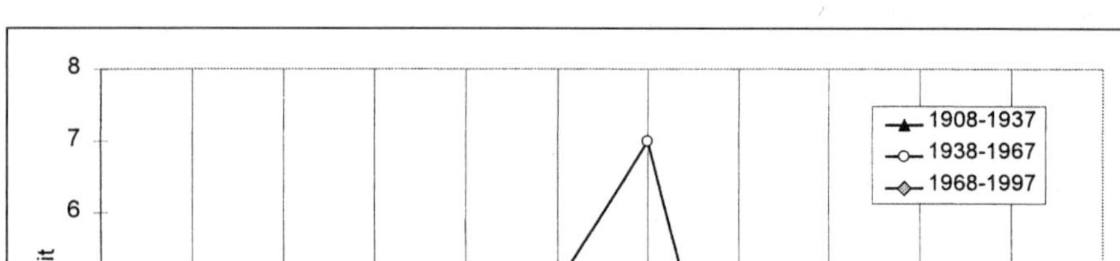

Aus Abb. 12 wird ersichtlich, daß der Jahresgang der Sturmfluthäufigkeit Schwankungen unterworfen ist. Phasen stärkerer Verteilung der Sturmflutaktivität auf die Wintermonate und die Übergangsjahreszeiten stehen im Wechsel mit Phasen, in denen sich die Verteilung auf wenige Monate beschränkt und der Jahresgang ein eindeutiges Maximum aufweist. Die Monate mit den meisten Sturmflutereignissen treten stets im Herbst oder im Winter auf. In dem jüngsten 30jährigen Zeitabschnitt kommen erstmals Sturmfluten im April und August vor. Es bleibt abzuwarten, ob es sich hierbei um eine tatsächliche Veränderung oder nur um eine Variante der natürlichen Variabilität handelt.

3.4 Sturmflutscheitelhöhe

Bei Untersuchungen hinsichtlich möglicher Veränderungen des Sturmflutklimas ist außerdem von Interesse, ob die Sturmfluten – über den Meeresspiegelanstieg hinaus – höher auflaufen. Daraufhin wurde die Entwicklung der jährlichen Wasserstandsextreme nach Eliminierung des Meeresspiegelanstiegs untersucht (Abb. 13).

Die Wasserstandsextreme unterliegen starken Schwankungen. In den 50er Jahren vollzog sich der stärkste Anstieg seit Meßbeginn. Allerdings wurde dieses Höhenniveau schon einmal Anfang des Jahrhunderts erreicht und sogar überschritten. Nach geringem Abfall schwanken die jährlichen Wasserstandsextreme von 1971 bis 1994 um einen Wert von 110 cm über Mittelwasser, bis sich Anfang der 90er Jahre ein erneuter Anstieg abzeichnet. Entgegen häufig geäußerter Hypothesen kann somit gezeigt werden, daß die Sturmfluten in der südwestlichen Ostsee *nicht* höher auflaufen, als es Anfang des Jahrhunderts der Fall war. Dieses muß jedoch nicht bedeuten, daß die Eintrittswahrscheinlichkeit schwerer und sehr schwerer Sturmfluten gesunken ist.

Abb. 13: Jährliche Wasserstandsextreme von 1905 bis 1997 (5jährig übergreifende Mittel)

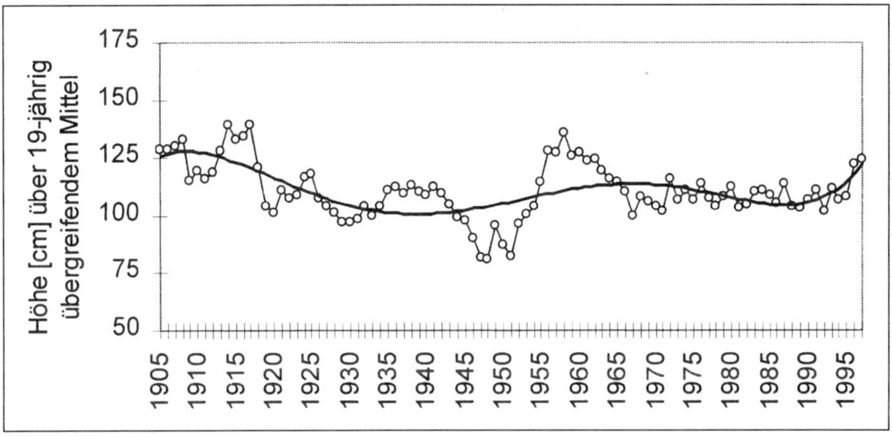

4 Erklärungsansätze für ein verändertes Sturmflutgeschehen

Die Untersuchungen des Sturmflutgeschehens haben ergeben, daß sich nennenswerte Veränderungen nur bezüglich der Sturmfluthäufigkeiten vollzogen haben. Im folgenden sollen mögliche Erklärungsansätze aufgezeigt werden.

4.1 Windstauanalyse

Durch genaue Untersuchung des Windstaukurvenverlaufs mittels Parametrisierung sollen die auf das Wasser einwirkenden Energien erfaßt werden. Ziel ist es, hierdurch Rückschlüsse auf Änderungen im Sturmflutklima zu ermöglichen (SIEFERT & GÖNNERT 1997). In der Ostsee ist der Windstau problemlos nur bei den Windstauereignissen erfaßbar. Hier stellt er die Differenz zwischen Gesamtstau und Füllungsgrad dar. Bei den Sturmfluten mit hydrodynamischen Schwingungen ist der Windstau die Differenz zwischen Gesamtstau und der Summe der füllungsgradbedingten Abweichungen vom Mittelwasser und des Rückschwingungseffektes. Da jedoch nicht bekannt ist, welches Beckensystem zu Schwingungen angeregt worden ist und in welcher Form dies geschah, kann der Rückschwingungseffekt nicht ohne weiteres bestimmt werden, womit auch der Windstauanteil nicht exakt errechenbar ist. Selbst für den

Fall, daß die Berechnung des Windstaus problemlos möglich wäre, muß berücksichtigt werden, daß bei Sturmfluten mit hydrodynamischen Schwingungen nicht zwingend davon ausgegangen werden kann, daß der auslösende Vorgang, durch den der Wasserstand auf Sturmfluthöhe angehoben wurde, auf Windstau zurückzuführen ist. Bei diesem Sturmfluttyp kommt nämlich den hydrodynamischen Schwingungen ein nennenswerter Anteil an den entstehungsrelevanten Vorgängen zu. Obwohl die Hälfte der Sturmfluten zu diesem Typ zählt, bleiben Entstehung und zeitliche Entwicklung der hydrodynamischen Schwingungen bei der Windstauanalyse jedoch völlig unberücksichtigt. Da sich aber die Zunahme der Sturmfluthäufigkeit weitgehend in der Häufigkeitsentwicklung genau dieses Sturmfluttyps manifestiert und Veränderungen des Füllungsgrades, die einen weiteren Grund für die Häufigkeitszunahme von Sturmfluten darstellen, ebenfalls bei der Windstauanalyse unberücksichtigt bleiben, scheint diese Methode für die Erfassung von Änderungen im Sturmflutklima der Ostsee ungeeignet.

4.2 Sturmflutrelevante Wind- und Zirkulationsverhältnisse

Neben der Windstauanalyse besteht die Möglichkeit, durch eine direkte Untersuchung der sturmflutrelevanten Wind- und Zirkulationsverhältnisse Änderungen im Sturmflutklima zu erfassen und somit die zunehmende Sturmfluthäufigkeit zu erklären. Zunächst wird die Entwicklung der Starkwind- und Sturmaktivität (≥ 10,8 m/s) sturmflutrelevanter Richtungssektoren untersucht. Dabei werden diejenigen Richtungssektoren als sturmflutrelevant definiert, in denen mehr als 20 % des jeweiligen Sturmfluttyps aufgetreten sind (vgl. Abb. 2 u. 3). In Warnemünde zeigt sich weder bei den entstehungsrelevanten Starkwinden und Stürmen der Windstauereignisse (aus Nordost, Nord und Nordwest) noch bei denen der Sturmfluten mit hydrodynamischen Schwingungen (aus Südwest und Nord) eine Zunahme. Anders ist es bei den Verhältnissen über der zentralen Ostsee. Hier zeigt sich insbesondere bei dem Richtungssektor West eine Häufigkeitszunahme. Aber auch bei den Richtungssektoren Nordwest, Nord und Nordost sind Zunahmen der Starkwinde und Stürme zu verzeichnen (Abb. 14). Sie sind hauptsächlich für die Entstehung von Sturmfluten mit hydrodynamischen Schwingungen von Bedeutung, wodurch deren Häufigkeitszunahme erklärbar wird.

Starkwinde und Stürme aus Ost über der zentralen Ostsee, die für die Entstehung der Windstauereignisse am wichtigsten sind, weisen eine Abnahme in ihrer Eintrittshäufigkeit auf. Dieser negative Trend wirkt den Häufigkeitszunahmen der für Windstauereignisse ebenfalls relevanten Starkwinde und Stürme aus Nord und Nordost über der zentralen Ostsee entgegen. Dies steht im Einklang mit der nahezu unveränderten Eintrittshäufigkeit der Windstauereignisse seit 1953.

Mit der erhöhten Starkwind- und Sturmhäufigkeit aus westlichen Richtungen über der zentralen Ostsee ist häufig eine Absenkung des Wasserstandes in der südwestlichen Ostsee verbunden. Durch das Wasserstandsgefälle von Nord- und Ostsee kommt es zu verstärktem Einstrom von Nordseewasser in die Ostsee. Dieser Sachverhalt dient somit auch als Erklärungsmodell für die erhöhte Häufigkeit von Sturmfluten, deren Ausgangslagen positive füllungsgradbedingte Abweichungen vom Mittelwasser aufweisen.

Abb. 14: Stürme (≥ 0,8 m/s) aus West, Nordwest, Nord und Nordost über der zentralen Ostsee

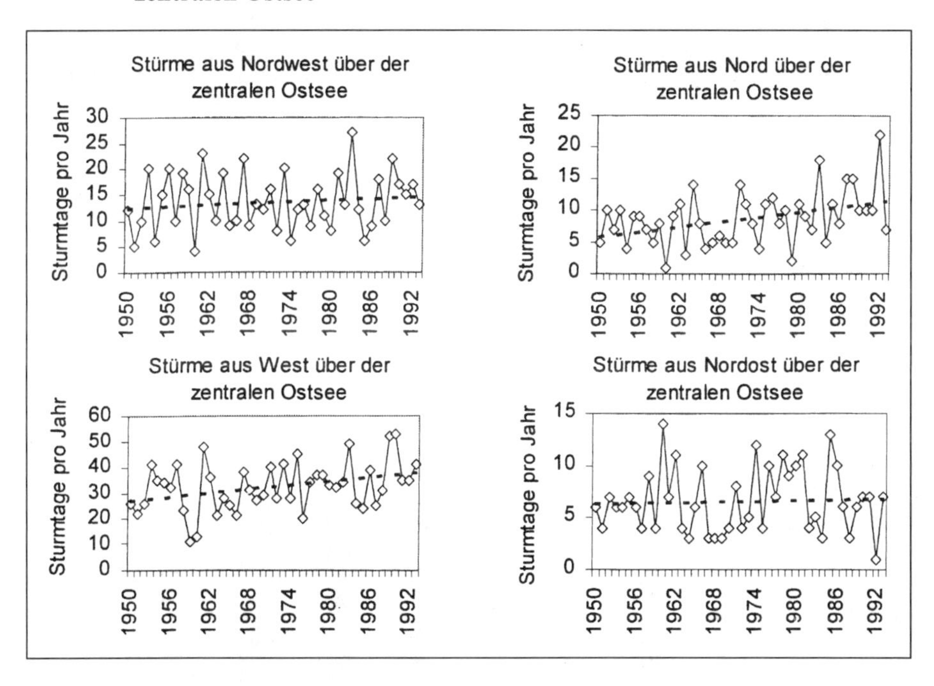

Bezüglich der Entwicklung der Sturmflutwetterlagen zeigt sich insbesondere eine Zunahme der Zyklonen aus Nordwest und mit Einschränkungen auch derer aus West (Abb. 15), wodurch wiederum die beschriebene Sturm- und Starkwindentwicklung erklärbar wird.

Auch die zeitliche Entwicklung der Zirkulationsformen an Sturmfluttagen steht mit diesen Entwicklungen im Einklang: Es ist ersichtlich, daß sich an Sturmfluttagen der Anteil meridionaler Zirkulationsformen verringert hat. Demgegenüber haben sich die Anteile zonaler, vor allem aber die Anteile gemischter Zirkulationsformen erhöht (Abb. 16). Da mit den gemischten und zonalen Zirkulationsformen bis auf eine Ausnahme ausschließlich Zyklonen aus West und Nordwest einhergehen, kann abgeleitet werden, daß die Zunahme dieser Sturmflutwetterlagen im Zusammenhang mit der Vergrößerung des Anteils gemischter und zonaler Zirkulationsformen steht.

Abb. 15: Zeitliche Entwicklung der Sturmflutwetterlagen

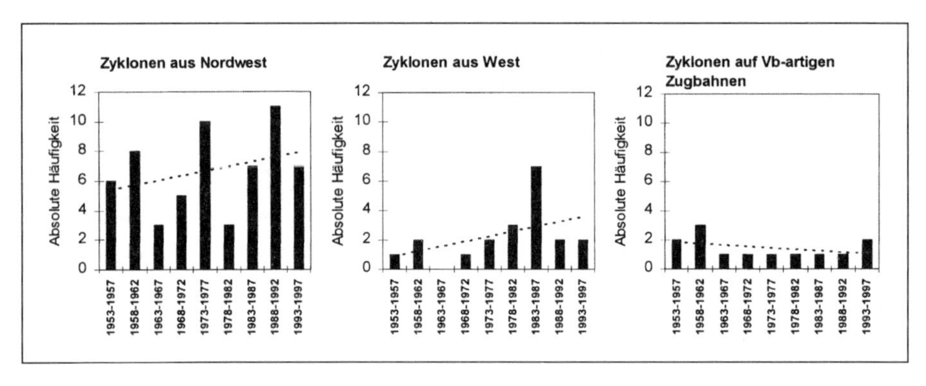

Abb. 16: Zirkulationsformen an Sturmfluttagen von 1953 bis 1992

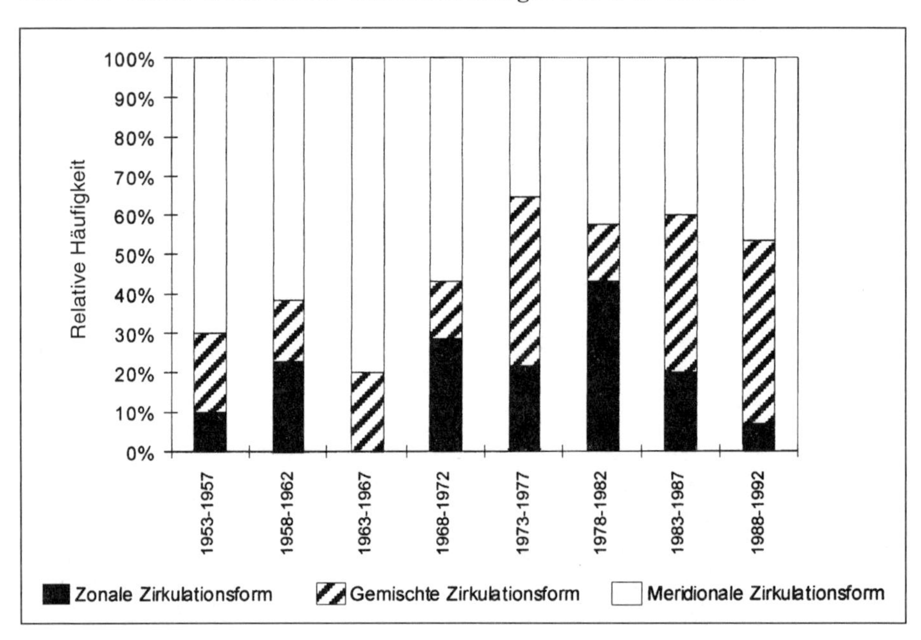

Die Häufigkeitsabnahme der Vb-artigen Zugbahnen (vgl. Abb. 15) kann im Zusammenhang mit der Abnahme des Anteils meridionaler Zirkulationsformen gesehen werden, da diese Sturmflutwetterlagen nur bei meridionalen Zirkulationsformen auftreten.

Mit den vorstehenden Ausführungen mag für die Häufigkeitszunahme der Sturmfluten mit hydrodynamischen Schwingungen eine Erklärungsgrundlage gegeben sein. Damit ist jedoch nicht erklärt, weshalb gerade die leichten Sturmfluten zunehmen. So könnte – allerdings im Rahmen der ohnehin seltenen Eintrittshäufigkeiten – gerade die Zunahme des Typs "Sturmflut mit hydrodynamischen Schwingungen" die Entstehung starker und sehr starker Sturmfluten begünstigen: Das Zusammenspiel von hohem Füllungsgrad und Windstau, der dem Rückschwingungseffekt überlagert ist, bietet nämlich die häufigste Grundlage schwerer und sehr schwerer Sturmfluten in der Ostsee.

Neben den Windverhältnissen, die mit der vorherrschenden Wetterlage auftreten, sind jedoch auch die Zuggeschwindigkeiten der Zyklonen für die Sturmflutintensität von entscheidender Bedeutung (Abb. 17).

Abb. 17: Mittlere jährliche Zuggeschwindigkeit sturmflutrelevanter Zyklonen (5jährig übergreifende Mittel)

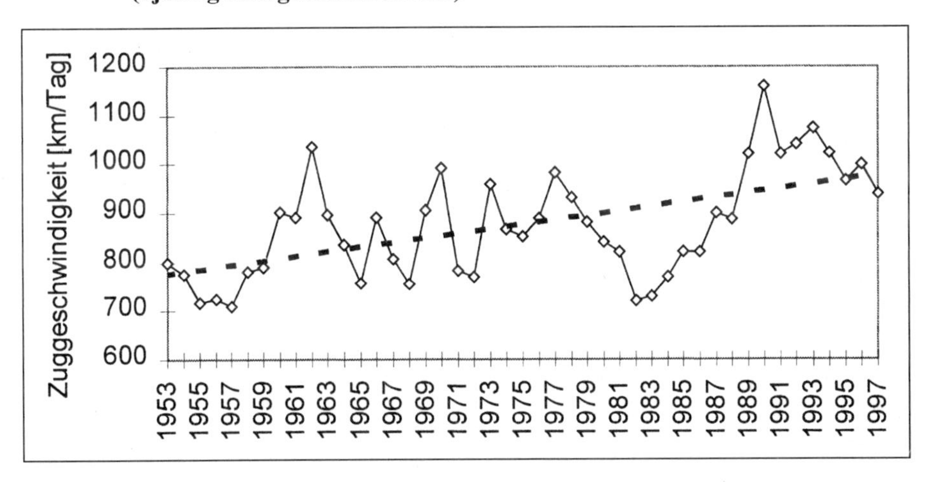

Da die Entwicklung der Zuggeschwindigkeit sturmflutrelevanter Zyklonen einen positiven Trend aufweist (Abb. 17), ist die Häufigkeitszunahme der leichten Sturmfluten aller Wahrscheinlichkeit nach auf diese Weise zu begründen: So ist bei hohen Zuggeschwindigkeiten der Zyklonen auch die Beschleunigung der Windgeschwindigkeiten höher, womit ein schnellerer Anstieg der Wasserstände verbunden ist. Andererseits ist jedoch der Zeitraum, in dem sturmflutrelevante Winde auf die Wassermassen einwirken können, kürzer (STIGGE 1995, 1996). Bei den Windstauereignissen würden sich demnach erhöhte Zuggeschwindigkeiten auf die Scheitelhöhen insofern auswirken, als sie langfristig abnehmen. Bei den Sturmfluten mit hydrodynamischen Schwingungen besteht bei höheren Zuggeschwindigkeiten der Zyklonen die Möglichkeit zur Auslösung eines stärkeren Impulses, der die hydrodynamischen Schwingungen anfacht. Andererseits könnten die Windverhältnisse, die den rückschwingungsverstärkenden Windstau erzeugen, zu früh eintreten, wodurch bei Sturmfluten dieses Typs eine Abnahme der Scheitelhöhen wahrscheinlich wäre.

5 Auswirkungen eines veränderten Sturmflutgeschehens auf die Küste

Für die Untersuchung der Auswirkungen von Sturmfluten auf die Küste ist neben dem Sturmflutgeschehen auch die Entwicklung des Meeresspiegels von Bedeutung. Deshalb wird für diese Untersuchung die Sturmflutklassifikation des Bundesamtes für Seeschiffahrt und Hydrographie (BSH) verwendet. Sturmfluten werden nach festgelegten Höhen über NN (NN = PN+502 cm in Warnemünde) definiert. Bei dieser Klassifikation wird der Einfluß des Meeresspiegelanstiegs auf das Sturmflutgeschehen und damit auch auf die Küste integriert.

Als leichte Sturmfluten gelten Wasserstände zwischen 100 und 124 cm über NN. Wasserstände von 125 bis 149 cm über NN gelten als schwere Sturmfluten. Alle Wasserstände, die 150 cm über NN erreichen oder überschreiten, sind sehr schwere Sturmfluten. Da sich im Sturmflutgeschehen dieses Kollektivs in den Merkmalen Sturmfluthäufigkeit, Sturmflutscheitelhöhe und Jahresgang der Sturmflutaktivität keine wesentlichen Unterschiede von den Ergebnissen der Untersuchung des Kollektivs nach DIN 4049 zeigen, sollen diese Ergebnisse hier nicht näher ausgeführt werden.

Neben der Scheitelhöhe und der Sturmfluthäufigkeit ist es bei Untersuchungen der Auswirkungen von Sturmfluten auf die Küste sinnvoll, ihre Dauer zu betrachten. Von zwei Sturmfluten gleicher Höhe ist die Auswirkung derjenigen Sturmflut größer, die länger andauert. Hier sind vor allem die Verweilzeiten der Wasserstände in bestimmten Höhenbereichen mit geomorphologischen Veränderungen und Schäden an Deichen und anderen Küstenschutzbauwerken in Verbindung zu bringen, da Schäden und geomorphologische Veränderungen fast ausschließlich durch Brandungsturbulenzen bzw. Wellenangriff verursacht werden (FÜHRBÖTER 1979). Jährliche Verweilzeiten geben Aufschluß über zeitliche Veränderungen der auf die Küste einwirkenden Kräfte.

Abbildung 18 (A-C) zeigt, daß im Höhenbereich zwischen 100 und 124 cm über NN (also 602 bis 626 cm über PN), mit Einschränkungen auch im Höhenbereich 125 bis 149 cm über NN (also 627 bis 651 cm über PN), die jährlichen Verweilzeiten einen schwach positiven Trend aufweisen. Darüber hinaus ist die große Variabilität zu beachten. Phasen relativ kurzer Verweilzeiten wechseln mit solchen, in denen recht lange Verweilzeiten vorherrschen. Die Maxima solcher Phasen haben mit der Zeit keineswegs abgenommen. Die

Abb. 18: Jährliche Verweilzeiten von Sturmfluten (A, B, C) und durchschnittliche jährliche Verweilzeit pro Sturmflut (D, E, F) in Warnemünde

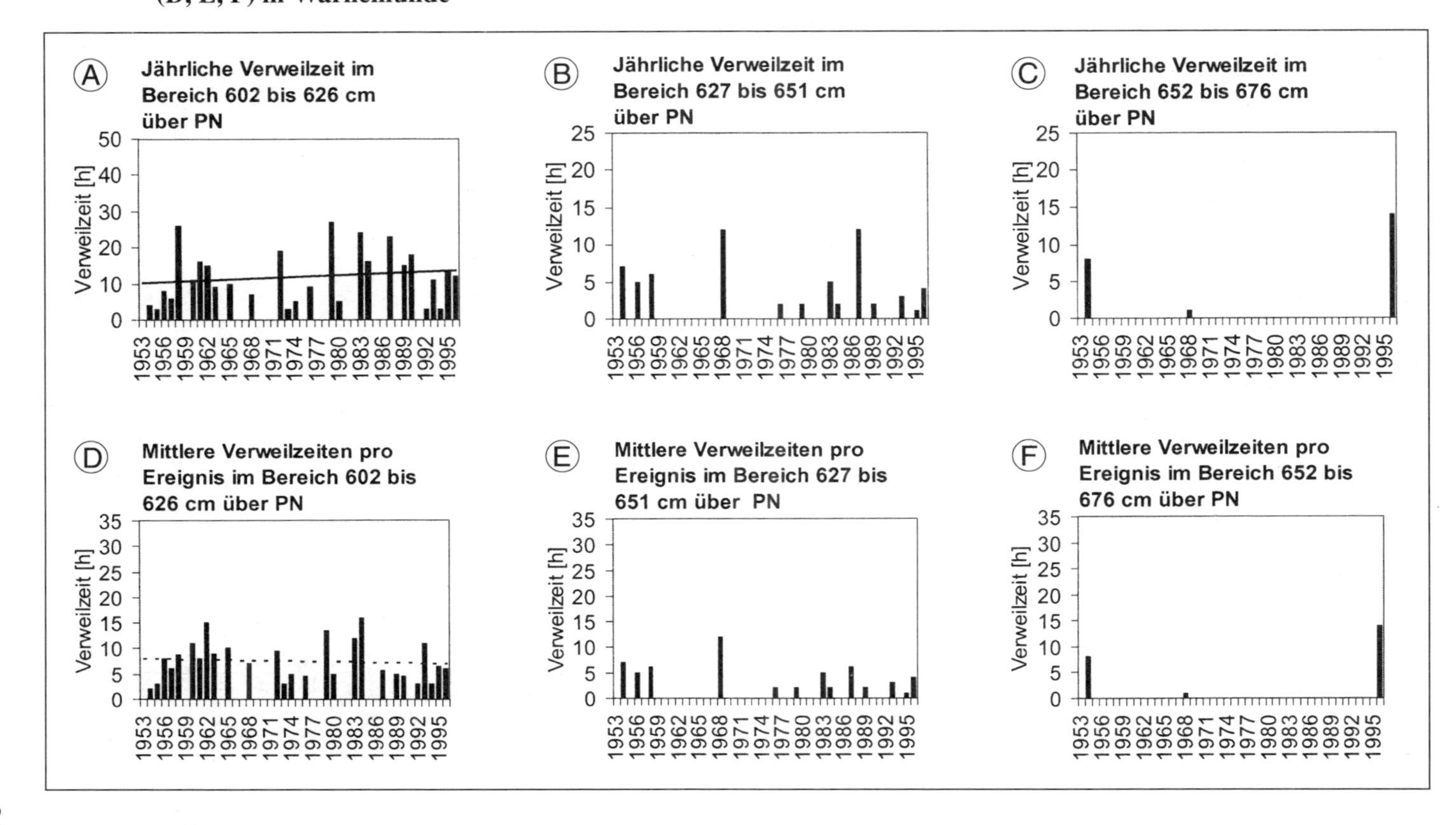

Frage nach den Ursachen der zeitlichen Entwicklung jährlicher Verweilzeiten kann mit der *durchschnittlichen* jährlichen Verweilzeit pro Sturmflut geklärt werden (Abb. 18, D-F).

Es wird deutlich, daß die durchschnittlichen Verweilzeiten zwar ebenfalls im Wechsel von Phasen mit langer und kurzer Dauer stehen, die Verweilzeiten insgesamt jedoch sogar abgenommen haben. Die erhöhten jährlichen Verweilzeiten sind also nicht auf einen Wandel des Sturmflutverlaufs, sondern auf die erhöhte Sturmfluthäufigkeit zurückzuführen. Somit vollzieht sich die Veränderung der Küstenmorphodynamik im zeitlichen Wandel nicht aufgrund einer Intensivierung einzelner morphodynamischer Vorgänge. Vielmehr zeigen sich küstenmorphodynamische Veränderungen im Zuge einer schnelleren zeitlichen Abfolge der hierfür relevanten Prozesse.

6 Literatur

ANNUTSCH, R. (1977): Wasserstandsvorhersage und Sturmflutwarnung. - In: Der Seewart. Nautische Zeitschrift für die deutsche Seeschiffahrt, 38, 1: 187-205; Hamburg.

BECKMANN, B.-J. (1997): Veränderungen in der Windklimatologie und in der Häufigkeit von Sturmhochwassern an der Ostseeküste Mecklenburg-Vorpommerns. - In: Wissenschaftliche Mitteilungen aus dem Institut für Meteorologie der Universität Leipzig und aus dem Institut für Troposphärenforschung e. V. Leipzig, 7; Leipzig.

BECKMANN, B.-J. & TETZLAFF, G. (1996): Veränderungen in der Häufigkeit von Sturmhochwassern an der Ostseeküste Mecklenburg-Vorpommerns. - In: Meteorologische Zeitschrift, 5, 4: 169-172; Berlin, Stuttgart.

DEUTSCHES INSTITUT FÜR NORMUNG (1994): Wasserwesen - Begriffe - DIN 4049. - Teil 3; Berlin, Wien, Zürich.

FÜHRBÖTER, A. (1979): Über Verweilzeiten und Wellenenergien. - In: Mitteilungen des Leichtweiss-Instituts für Wasserbau der TU Braunschweig, 65; Braunschweig.

KOHLMETZ, E. (1967): Zur Entstehung, Verteilung und Auswirkung von Sturmfluten an der deutschen Ostseeküste. - In: Petermanns Geographische Mitteilungen, 111, 1: 89-96; Gotha.

MATTHÄUS, W. (1996): Ozeanographische Besonderheiten. - In: RHEINHEIMER, G. (Hrsg.): Meereskunde der Ostsee: 17-24; Berlin, Heidelberg.

MEINKE, I. (1998): Das Sturmflutgeschehen in der südwestlichen Ostsee – dargestellt am Beispiel des Pegels Warnemünde. - Diplomarbeit, Fachbereich Geographie, Univ. Marburg; Marburg.

SIEFERT, W. (1997): Küsteningenieurwesen - Ausgewählte Kapitel. - In: Strom- und Hafenbau, 86; Hamburg.

SIEFERT, W. & GÖNNERT, G. (1997): Windstauanalysen in Nord- und Ostsee. - Zwischenbericht des KFKI-Forschungsvorhabens MTK 0576; Hamburg, Kiel (unveröffentlicht).

STIGGE, H.-J. (1995): The local effect of storm surges on the Baltic coast. - Contribution to the UNESCO Workshop "Hydrocoast 95"; Bangkok.

STIGGE, H.-J. (1996): Der Wasserstandsdienst in Mecklenburg-Vorpommern in der 2. Hälfte des 20. Jahrhunderts. - Rostock (unveröffentlicht).

Marburger Geographische Schriften	134	S. 24-38	Marburg 1999

Veränderung des Charakters von Sturmfluten in der Nordsee aufgrund von Klimaänderung in den letzten 100 Jahren

Gabriele Gönnert

Zusammenfassung

Die Analyse der Veränderung des Charakters von Sturmfluten in Cuxhaven erfolgt über die Betrachtung des gesamten Verlaufs der Sturmflut, der Windstaukurve und des einwirkenden Windes. Es zeigt sich, daß die Sturmfluten im Mittel deutlich länger geworden sind durch ein langsameres Abfallen des Windes nach dem Erreichen des Windstaumaximums, wodurch nachfolgende Tiden erhöht werden.

Die erstmalige Untersuchung der inneren Abhängigkeit von Anstieg, Maximum, Scheiteldauer und Abfall eröffnet Erkenntnisse über Ursache und Wirkung des Windverlaufs auf den Verlauf einer Sturmflut und ihre Scheitelhöhe. Hieraus läßt sich eine maximale[1] Windstaukurve mit einem Windstauwert von 450 cm ableiten. Die Entwicklung der Parameter seit 1900 für Cuxhaven zeigt zur Zeit keinerlei Tendenz, daß diese maximale Windstaukurve "beschleunigt" eintritt.

Summary

The change of storm surge characteristics at Cuxhaven since 1900 was analysed by taking into consideration the full period of storm tide, the storm surge curve and the wind. "Rise", "crest" and "fall" of storm surge curves as well as the duration were studied in detail. Nowadays, an average storm surge lasts significantly longer than at the beginning of the century due to a slower decrease in wind speed after the crest of the surge; therefore, the following tides have an increased height.

This first investigation about the correlation of "rise", "crest" and "fall" of the storm surge curve shows cause and effect of wind speed and wind direction on storm surges. Taking into account all analysed parameters, a maximum storm surge curve with 450 cm crest height can be calculated. To date,

---

[1] Der höchste Wert, der sich aus den seit 1900 eingetretenen Sturmfluten berechnen läßt.

there are no indications that for this type of storm surge curve the probability of occurrence will increase.

1 Einleitung

"Treibhauseffekt", "Global Change" oder einfach "Klimaänderung" sind Begriffe, die die Bewohner der Küsten und viele Wissenschaftler seit Jahren beschäftigen. Hierzu gehören auch Fragen zur Änderung der Sturmfluten hinsichtlich Höhe und Häufigkeit (z.B. NIEMEYER et al. 1995, VAN MALDE 1996, SÜNDERMANN 1996). Neueste Untersuchungen zeigen keinen Anstieg der Scheitelhöhen und nur einen geringfügigen bezüglich der Häufigkeit (vgl. GÖNNERT 1998, VON STORCH et al. 1998). Doch wird mit diesen statistischen Untersuchungen der Sturmfluten eine etwaige Änderung ihres Charakters nicht ausreichend erfaßt. Das Einzelereignis könnte sich nämlich in seinem Verlauf verändert haben, etwa dadurch, daß einzelne Komponenten des Windverlaufs variierten (wie die Geschwindigkeitsänderung im Anstieg des Windes).

Diese und weitere Komponenten der Sturmfluten werden in ihrer Veränderung aufgezeigt. Durch Erkenntnisse über die innere Abhängigkeit der einzelnen Parameter voneinander im Zusammenhang mit ihrer jeweiligen Entwicklung lassen sich die Änderungen des Charakters der Sturmfluten in den letzten 100 Jahren erfassen und die daraus resultierenden Folgen beurteilen.

2 Arbeitsmethode

2.1 Windstau

Der Windstau ist die Differenz zwischen gelaufener Tide und mittlerer bzw. astronomischer Tide. Er bildet direkt den Einfluß des sturmflutverursachenden Faktors – den Wind – und dessen Änderungen ab. Um das Ziel zu erreichen, das Sturmflutklima zu analysieren, ist es notwendig, eine Sturmflut so zu definieren, daß der sturmflutverursachende Faktor Wind durchgängig erfaßt wird und nicht nur bei Hochwasser. Demzufolge wird hier eine Sturmflut mit allen jenen Fluten definiert, die einen Windstau größer als 2 m erreichen, und zwar unabhängig von der Tidephase. Weiterhin muß bei Tidehochwasser ein Windstau von mindestens 1,50 m vorliegen. Das ist notwendig, weil der Wind und sein Maximum unabhängig von der Tidephase sind. Demzufolge müssen alle Fluten, bei denen ein Sturmflutklima vorlag, erfaßt werden, auch wenn dieses nicht bei Tidehochwasser geherrscht hat und damit kein ungewöhnlich hohes Tidehochwasser verursachte. Dagegen erfassen Definitionen ausschließlich über MThw nur das Sturmflutklima, das bei Hochwasser geherrscht hat.

2.2 Parametrisierung der Windstaukurve

Die Berechnung des Windstaus ist Grundlage der Analyse des Sturmflutklimas. Eine Sturmflut entsteht dadurch, daß der Wind mit einer bestimmten Geschwindigkeitsänderung bis zu einer maximalen Windgeschwindigkeit an-

Abb. 1: Die Windstaukurve

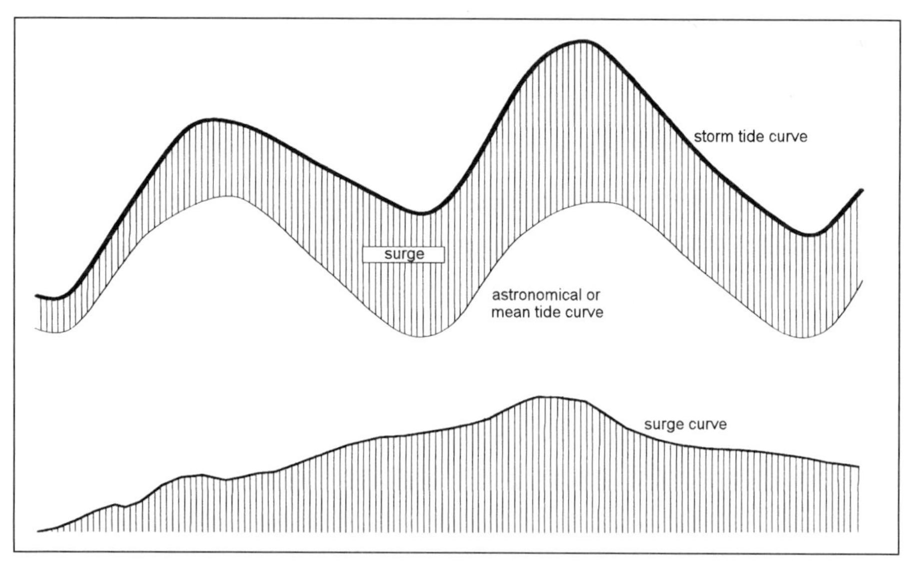

Quelle: SIEFERT 1978: 60

steigt, diese eine Zeitlang beibehält und dann wieder abfällt. Änderungen im Windregime werden daher den Verlauf einer Sturmflut und damit ihren Charakter verändern. Demzufolge bildet die Windstaukurve in ihrem gesamten Verlauf den Charakter der Sturmflut aufgrund ihres spezifischen Windverlaufs ab (Abb. 1). Der Faktor

- Windgeschwindigkeitsänderung im Anstieg der Windgeschwindigkeit wirkt auf die Dauer der Sturmflut und die Höhe des Sturmflutscheitels,
- maximale Windgeschwindigkeit wirkt auf die Höhe des Scheitels und ihre Länge auf die Dauer der maximalen Höhe,
- Abfall der Windgeschwindigkeit wirkt auf die Länge der Windstaukurve und auf die Scheitel der nachfolgenden Sturmfluten.

Infolgedessen wird die Windstaukurve im Hinblick auf die Komponenten Anstieg, Scheitel und Abfall der Windstaukurve parametrisiert (Abb. 2). Anstiegsgerade, Scheitel und Abfallgerade werden ausschließlich in Abhängigkeit von dem Windverlauf und der Windrichtung gebildet, wofür Arbeitsblätter entsprechend Abb. 2 erstellt wurden.

Abb. 2: Parametrisierung der Windstaukurve am Beispiel der Sturmflut vom 26. bis 28.02.1990

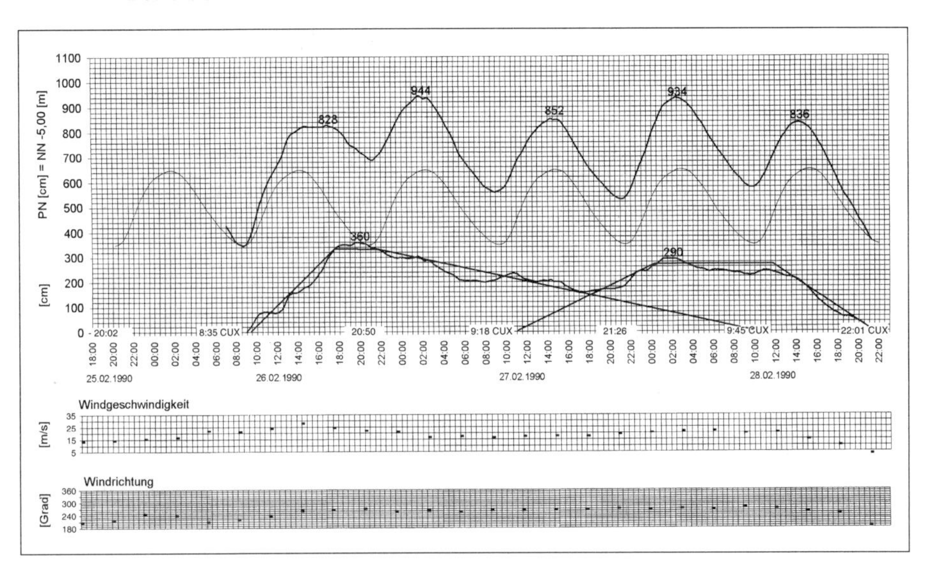

Quelle: Eigene Erhebung

3 Untersuchungsgebiet

Untersucht wird der Pegel Cuxhaven, der sich in der Deutschen Bucht an der Mündung der Elbe in die Nordsee befindet (Abb. 3). In weiteren Untersuchungen wird ein Gesamtbild für die Deutsche Bucht erstellt, indem die Pegel Norderney, Wittdün und Helgoland miteinbezogen werden.

4 Analyse der Windstauparameter

Um neben der Änderung und Entwicklung der einzelnen Komponenten des Sturmflutklimas die Auswirkungen auf die Sturmfluten erfassen zu können, muß die Abhängigkeit der einzelnen Parameter voneinander betrachtet werden, ohne die Zeit zu berücksichtigen. Aus der Kombination der inneren Abhängigkeit der einzelnen Komponenten sowie ihrer jeweiligen Entwicklung in den letzten 100 Jahren lassen sich mögliche zukünftige Veränderungen der Sturmfluten und sich daraus ergebende Konsequenzen erfassen. Von zentraler Bedeutung ist dabei die Ermittlung einer maximalen Windstaukurve. Hieran knüpft die Beantwortung der Frage, ob sich das Sturmflutklima so verändert, daß die Möglichkeit des Eintretens dieser maximalen Windstaukurve vergrößert oder verkleinert wird.

Abb. 3: Das Untersuchungsgebiet

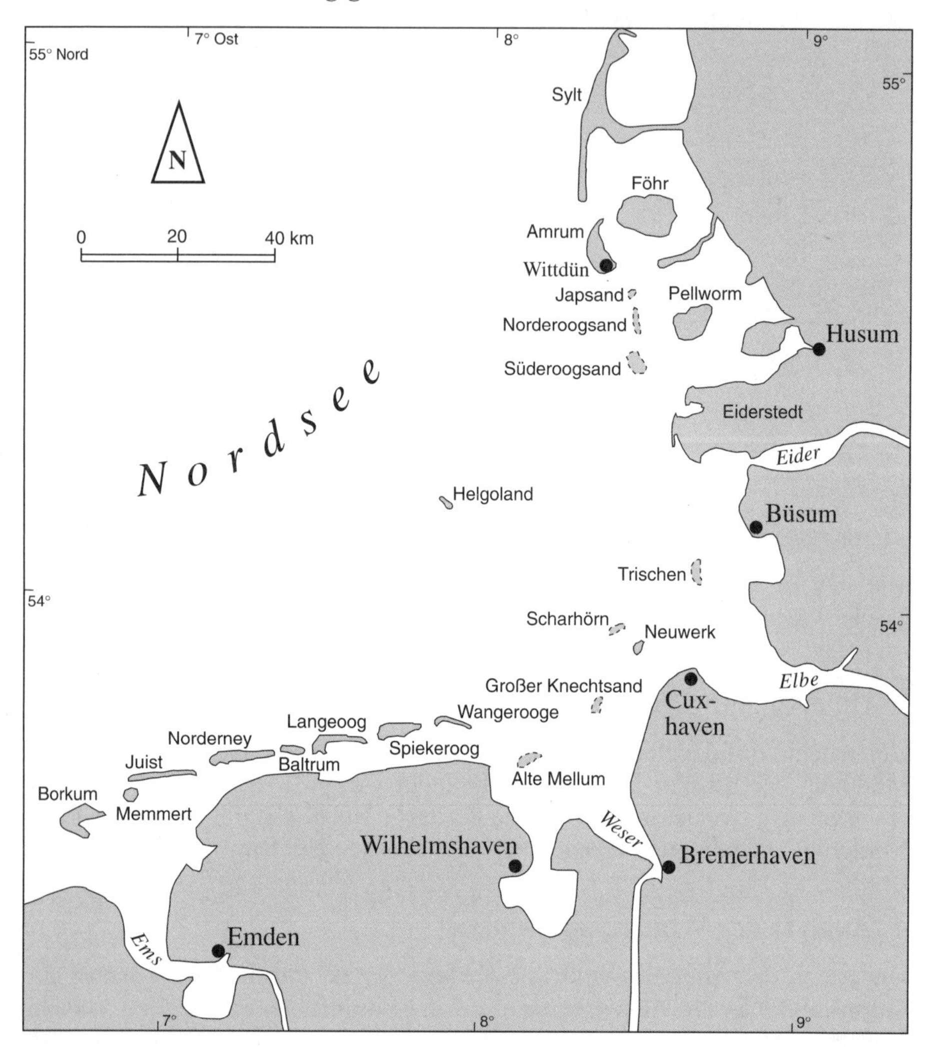

4.1 Korrelation der Windstauparameter

4.1.1 Anstiegsneigung zu Windstaumaximum

Die Korrelation zwischen Anstiegsneigung und Windstaumaximum zeigt, daß Windstaumaxima zwischen 200 cm und 430 cm bei Anstiegsneigungen von 1 h/m bis 26 h/m erreicht werden. Interessant sind nicht nur die ordinären Sturmfluten, sondern insbesondere die hohen. Hier zeigt Abb. 4, daß niedrige Windstauhöhen bei jeder Anstiegsneigung erreicht werden, sehr hohe Maxima dagegen nur bei sehr kleinen Anstiegsneigungen. Kurzfristige, schnelle Änderungen der Windgeschwindigkeit erreichen die größten Windstaumaxima. Je kürzer die Anstiegsneigung ist, um so höher das Windstaumaximum.

Werden die maximalen Anstiegsgeschwindigkeiten mit den jeweils maximal zu erreichenden Windstauhöhen als Einhüllende verbunden, wird diese Korrelation noch deutlicher. Setzt man die Linie weiter fort, so zeigt sich, daß der Faktor "Änderung der Anstiegsgeschwindigkeit" mit den bisher eingetretenen Sturmfluten keine größere Windstauhöhe als 450 cm produzieren kann.

4.1.2 Scheiteldauer zu Windstaumaximum

Windstauhöhen von 200 cm bis 430 cm werden von Scheiteldauern in der Spannbreite von 1 h bis 5 h erreicht, so daß auf den ersten Blick keine Abhängigkeit zwischen Scheiteldauer und Windstauhöhe besteht (Abb. 5). Bei Betrachtung des gesamten Spektrums der Scheiteldauer zeigt sich, daß Windstauhöhen zwischen 200 cm und 260 cm von Scheiteldauern zwischen 1 h und 21 h erreicht werden, sich mit zunehmender Windstauhöhe aber die Scheiteldauern verringern. Zwar wird ein Windstaumaximum von 330 cm noch von einer Scheiteldauer von 14 h erreicht, bei noch größeren Maxima nimmt die Scheiteldauer jedoch deutlich ab. Insgesamt läßt sich ein klarer Trend oberhalb eines Windstaumaximums von 290 cm in Richtung auf eine kürzere Scheiteldauer bei höheren Windstaumaxima ablesen.

Nach den vorliegenden Daten ist davon auszugehen, daß der durch die Anstiegskennzahl berechnete maximale Windstauwert von 450 cm bei einer Scheiteldauer von etwa 2,5 h erreicht wird.

4.1.3 Abfallneigung zu Windstaumaximum

Bei der Korrelation Abfallneigung zu Windstaumaximum (Abb. 6) läßt sich auch hier eine äußere Einhüllende mit einer Abfallneigung von 28 h/m bei einem Windstaumaximum von 220 cm bis zu 7,5 h/m bei einer Windstauhöhe von 430 cm definieren.

Somit könnte auch hier interpretiert werden: Je schneller der Wind zusammenbricht, desto höher wird das Windstaumaximum. Dies wäre jedoch falsch, da noch bei einer Windstauhöhe von nahezu 350 cm die gesamte Streubreite an Abfallkennzahlen erreicht wird und bei 390 cm der Wind sehr viel schneller abflaut als bei 430 cm. Allerdings bleibt bemerkenswert, daß mit steigendem Windstaumaximum häufiger kleinere Abfallkennzahlen auftreten und auf maximale Windstauhöhen grundsätzlich ein schnelles Abflauen der Windgeschwindigkeit folgt. Die Tatsache, daß bei niedrigen Windstaumaxima die absolut höchsten Abfallkennzahlen erreicht werden, läßt den Schluß zu, daß sehr häufig die nachfolgende Tide erhöht ist.

Abb. 4: Parameterauswertung der Windstaukurven in Cuxhaven seit 1901: Anstiegsneigung zu Windstaumaximum

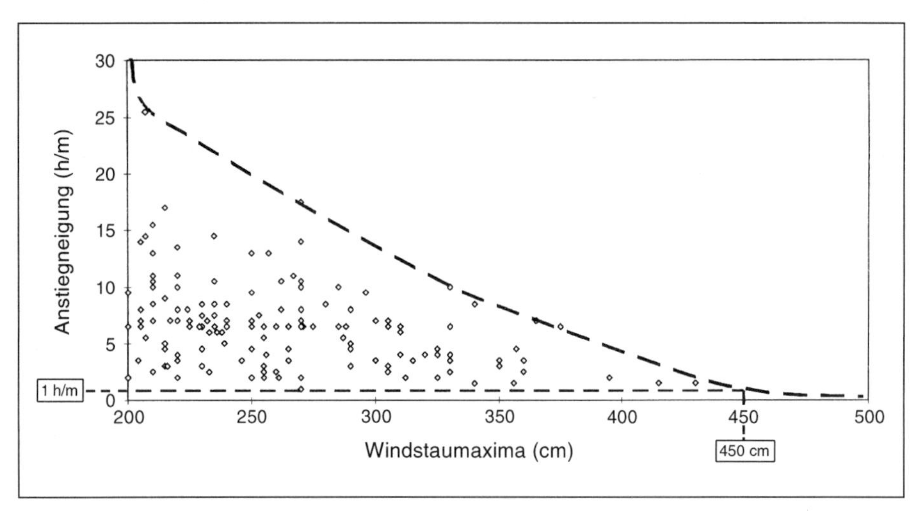

Quelle zu den Abbildungen 4 bis 12: Eigene Erhebung

Abb. 5: Parameterauswertung der Windstaukurven in Cuxhaven seit 1901: Scheiteldauer zu Windstaumaximum

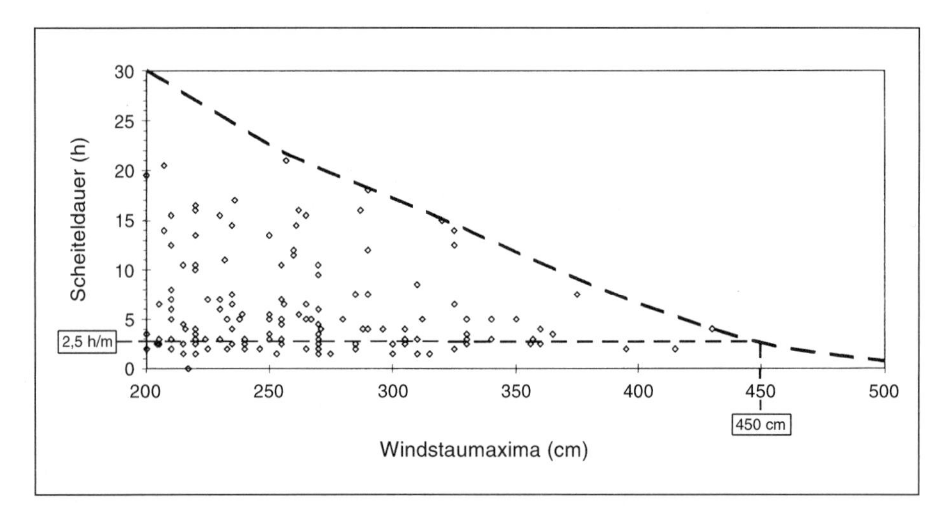

Zwischen Abfallkennzahl und Windstaumaximum läßt sich kein direkter Zusammenhang erkennen. Allerdings werden sehr hohe Windstaumaxima nur bei mittleren Abfallkennzahlen (bis 9 h/m) erreicht. Sehr hohe Sturmflutscheitel sind in Cuxhaven durch eine mittlere Scheiteldauer oder mittlere bis langsame Abfalldauer gekennzeichnet.

Abb. 6: Parameterauswertung der Windstaukurven in Cuxhaven seit 1901: Abfallneigung zu Windstaumaximum

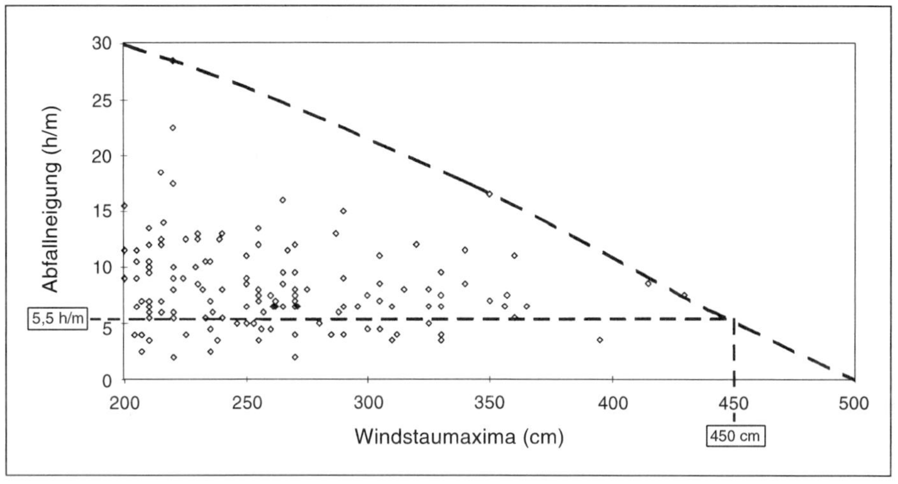

4.2 Entwicklung der Windstauparameter seit 1900

Anhand der Entwicklung der einzelnen Parameter in Abhängigkeit von der Zeit werden die Fragen untersucht, ob die Windentwicklung derart ist,

(a) daß sich die mittlere Windstaukurve aufgrund der Windentwicklung in den letzten 100 Jahren geändert hat,

(b) daß eine mögliche maximale Windstaukurve "eher" oder "beschleunigt" eintritt.

Die Entwicklung der Parameter in den letzten 100 Jahren wird mit 10jährig übergreifenden Mittelwerten berechnet, um die generelle Entwicklung erkennen zu können.

4.2.1 Anstiegsneigung

Anhand der Entwicklung der Anstiegsneigung während der letzten 100 Jahre läßt sich ablesen, ob die Häufigkeit von Windsituationen, in denen sehr schnell maximale Windgeschwindigkeiten erreicht werden, zunimmt oder aber eher eine Tendenz zu langsameren Anstiegen vorliegt. Abb. 7 zeigt, daß – ab 1915 berechnet – kein nennenswerter Trend erkennbar ist, höchstens eine leichte Tendenz zu geringeren Anstiegsneigungen.

Aus der Entwicklung der letzten 100 Jahre läßt sich demnach *nicht* ableiten, daß in den nächsten Jahren sehr hohe Windstaumaxima oder gar ein maximaler Windstauwert eher eintreten werden als bisher.

Abb. 7: Entwicklung der Anstiegsneigung in Cuxhaven seit 1901 (10jährig übergreifende Mittel)*

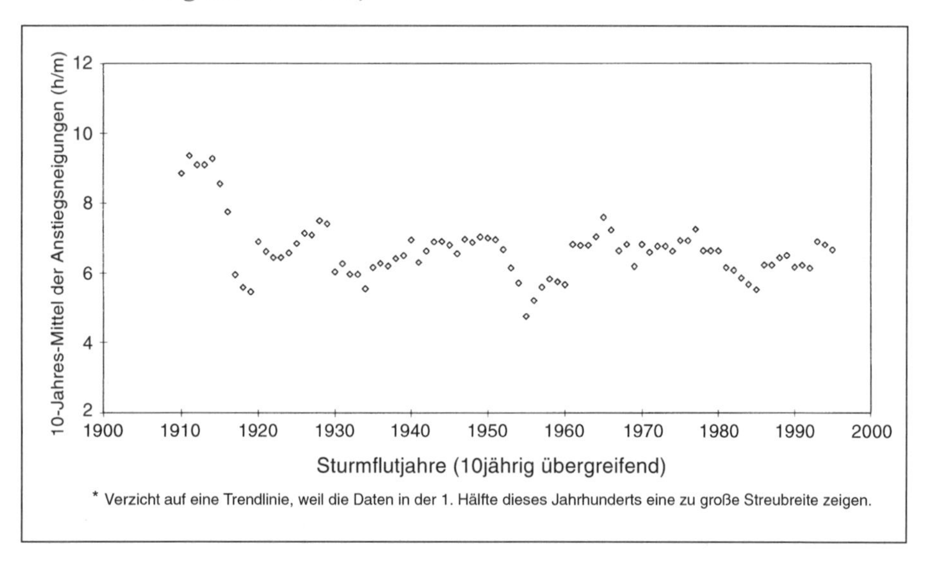

* Verzicht auf eine Trendlinie, weil die Daten in der 1. Hälfte dieses Jahrhunderts eine zu große Streubreite zeigen.

4.2.2 Scheiteldauer

Die Scheiteldauer stellt die Dauer der maximalen Windgeschwindigkeit dar. Sie ist deshalb von großer Bedeutung, weil eine lange Dauer der maximalen Windgeschwindigkeit das Windstaumaximum über eine Tidephase länger andauern läßt.

Mit dem 10jährig übergreifenden Mittel läßt sich für 1901-1995 ein Trend berechnen, der eine grundsätzliche Abnahme der Scheiteldauer nachweist (Abb. 8). Bei genauerer Betrachtung der Kurve lassen sich zwei Phasen unterscheiden: zum einen der Zeitraum von 1901 bis Mitte der 40er Jahre, der eine große Streubreite mit Daten von 4,5 h bis 9,5 h und eine mittlere Dauer von etwa 6,5 h aufweist; zum anderen der Zeitraum von Mitte der 60er Jahre bis Anfang der 90er Jahre. Hier liegt eine viel geringere Streubreite mit einer Dauer zwischen 5 h und 6,5 h vor. In der zweiten Hälfte des 20. Jahrhunderts steigt die Scheiteldauer tendentiell wieder an. Sie erreicht jedoch ein niedrigeres Niveau als in der ersten Hälfte dieses Jahrhunderts.

Eine Verkürzung der Scheiteldauer kann für die Bildung eines sehr hohen oder gar maximalen Windstauwertes relevant sein, da hohe Windstaumaxima (ab 330 cm) bei kurzen Scheiteldauern von 2-3 h auftreten. Da eine Verkürzung tatsächlich nur bis Mitte der 80er Jahre bei knapp 6 h vorliegt, ergibt sich für die nächsten Jahre *keine* Tendenz zum schnelleren Erreichen eines maximalen Windstauwertes.

Abb. 8: Entwicklung der Scheiteldauer in Cuxhaven seit 1901 (10jährig übergreifende Mittel)*

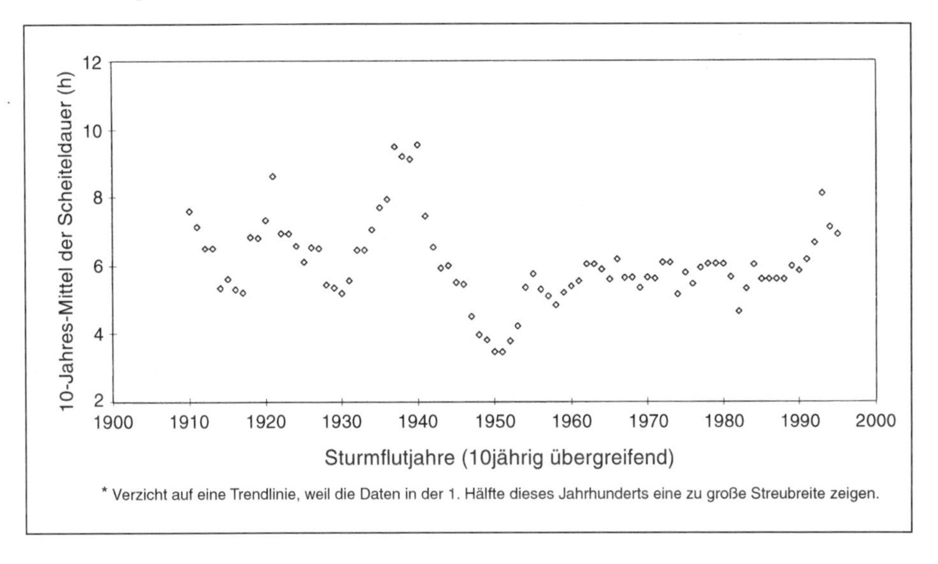

4.2.3 Windstauscheitelhöhe

Bei der Berechnung der maximalen Windstauwerte und deren Entwicklung können verschiedene Verfahren herangezogen werden, die sowohl Fragen betreffen, welche Daten in die Berechnung einbezogen werden, als auch welche Methode anzuwenden ist. Für die Auswahl der Daten bieten sich beispielsweise folgende Alternativen an:

- der höchste Wert pro Jahr,
- die zehn höchsten Werte der letzten 100 Jahre,
- alle Werte,
- 10jährig übergreifende Mittel.

Zur Berechnung der Höhe können Regressionsgeraden verschiedener Methoden oder aber Verteilungsfunktionen gewählt werden. Es kann aber auch – wie oben vorgestellt – nach physikalischen Gesichtspunkten der maximale Wert ermittelt werden. Für die Bestimmung der Veränderung der mittleren Windstaukurve wurden zur Auswahl der Werte alle drei oben beschriebenen Verfahren angewandt, durch die verschiedene Regressionsgeraden berechnet wurden.

Da es sich bei der Ermittlung der Änderung der Windstaukurve in den letzten 100 Jahren um die mittlere Höhenentwicklung aller Werte handelt, sollten hier aus den verschiedenen Berechnungen die mittleren Ergebnisse gewählt werden. Bei einer Trendlinie durch alle Windstaumaxima und durch das 10jährig übergreifende Mittel läßt sich kein Anstieg erkennen (255 cm bis 260 cm). Wird die lineare Trendlinie allerdings durch die höchsten Werte pro Sturmflutjahr gelegt, ist ein Anstieg von 260 cm (1901) auf 310 cm (1995) deutlich auszumachen; bei polynomischer Berechnung dritten Grades immerhin noch von 290 cm (1901) auf 310 cm (1995).

4.2.4 Abfall der Windstaukurven

Die Entwicklung im Abfall der Windstaukurven (Abb. 9) zeigt einen sprunghaften Anstieg von 7 h/m auf 9 h/m in den 30er Jahren, der allerdings in den letzten 10 Jahren wieder kontinuierlich und deutlich abnimmt. Eine Verlängerung der Abfallneigung hat zur Folge, daß häufiger Windstaukurven auftreten, die mehr als eine Tide erhöhen. Eine Tendenz zu langsamerem Abflauen des Windes kann zu einem Trend in Richtung höherer Sturmflutscheitel an den flußaufwärts liegenden Orten führen.

Abb. 9: Entwicklung der Abfallneigung in Cuxhaven seit 1901 (10jährig übergreifende Mittel)

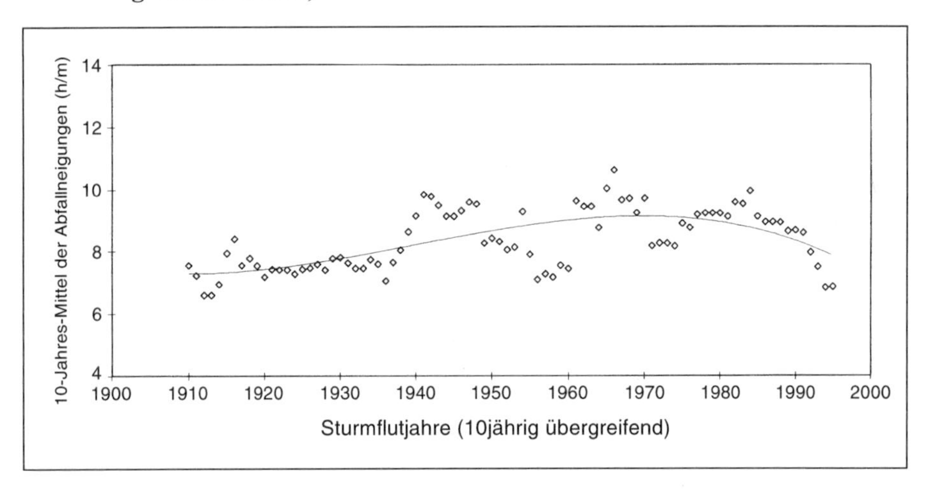

5 Veränderung der mittleren Windstaukurve in Cuxhaven seit 1900

Mit der Beantwortung der Frage, wie sich die mittlere Windstaukurve entwikkelt hat, ist es möglich, die generelle Veränderung des Charakters der Sturmfluten seit 1900 festzustellen.

Während sich die Änderungen von Anstieg, Abfall und Scheiteldauer aus den 10jährig übergreifenden Mittelwerten gut ablesen lassen, wird der mittlere maximale Windstauwert aus der Berechnung des Trends aller Windstauwerte und der höchsten pro Jahr ermittelt. Der maximale Wert für 1995 ist bei allen Berechnungen 310 cm. Für den Beginn des 20. Jahrhunderts ist er dagegen nicht so eindeutig zu definieren und liegt zwischen 260 cm und 290 cm. Es wird deshalb von einer mittleren Höhe von 270 cm für 1900 ausgegangen.

Der Vergleich der beiden Windstaukurven (s. Abb. 10 u. Abb. 11) zeigt eine sehr deutliche Verlängerung der Sturmfluten im Abfall der Windstaukurve. Das bedeutet, daß nachfolgende Tiden einen erhöhten Wasserstand aufweisen, der von "leicht erhöht" bis zu "erneuter Sturmflut" reicht. Dagegen hat die Verkürzung der Scheiteldauer um 1 h keinen nennenswerten Einfluß auf weitere Sturmfluten.

Abb. 10: Mittlere Windstaukurve in Cuxhaven um 1900

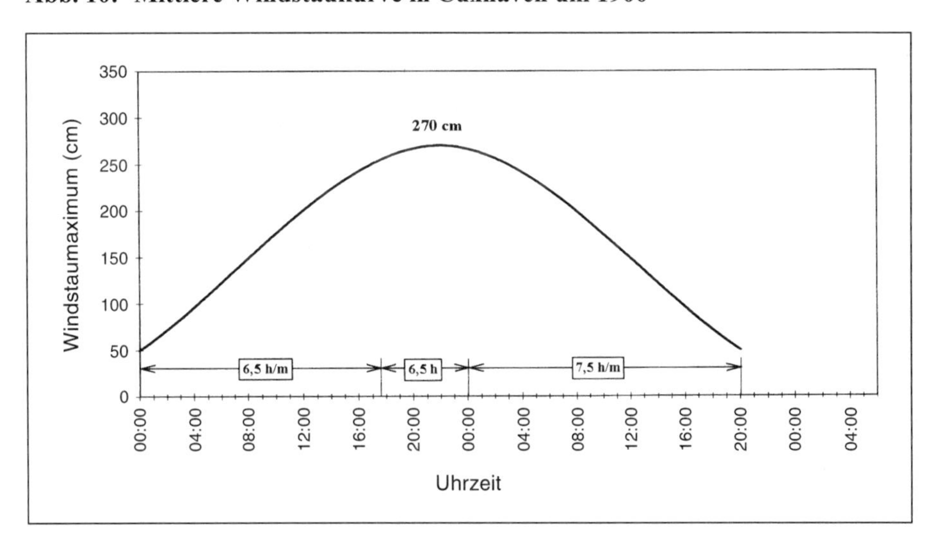

Die Windstaukurve veranschaulicht zwar einen deutlichen Anstieg der Windstaumaxima, dieser wurde jedoch nicht aus einer mittleren Höhe aller Windstaumaxima gebildet, sondern vielmehr aus den höchsten Windstaumaxima pro Jahr (s.o.). Es ist deshalb zu berücksichtigen, daß der Anstieg des Windstaumaximums auch wesentlich geringer angesetzt werden kann. Da sich keine Veränderung der Lage der Windstaumaxima zur Tidephase ermitteln läßt, ist davon auszugehen, daß die dargestellten mittleren Windstaukurven ihr Windstaumaximum bei Tideniedrigwasser bis kurz vor Tidehochwasser hatten.

Die mittlere Windstaukurve ist in den letzten 100 Jahren länger geworden, was mit der deutlichen Verlängerung des Abfalls erklärt werden kann.

Abb. 11: Mittlere Windstaukurve in Cuxhaven um 2000

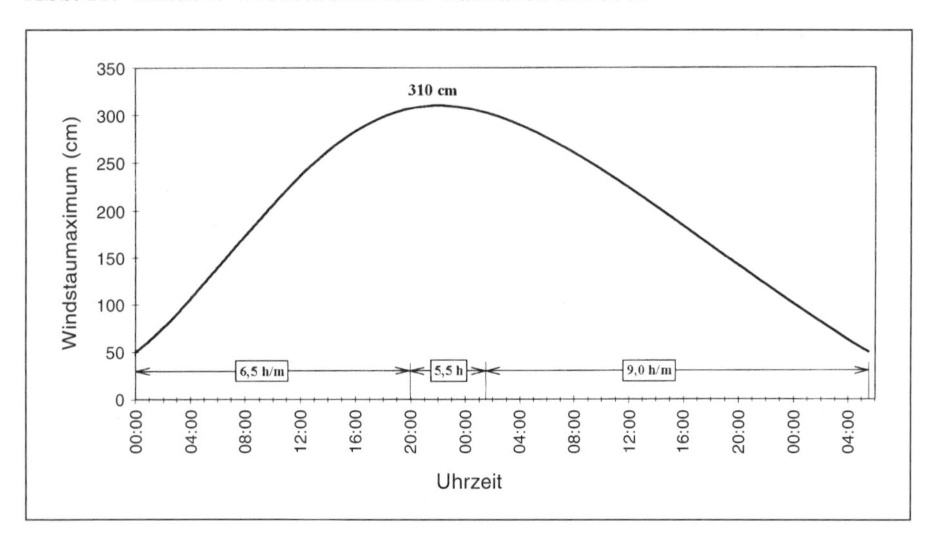

6 Maximale Windstaukurve in Cuxhaven

Aus den Korrelationen der Parameter läßt sich ableiten, daß aufgrund der bisher gelaufenen Sturmfluten und unter momentanen Bedingungen ein maximaler Windstauwert von 450 cm in Cuxhaven nicht überschritten werden kann. Ergänzend und zur Absicherung wurde die Eintrittswahrscheinlichkeit berechnet (nach Exponential-, Gumbel-, Log-Gumbel-, Weibull- und modifizierter Rayleigh-Verteilungsfunktion von OUMARACI & KORTHAUS 1998), die dieses Ergebnis stützt. Die berechnete maximale (im Sinne des sich aus den bisherigen Sturmfluten ergebenden maximalen Wertes) Windstaukurve ist gekennzeichnet durch einen Anstieg von 1 h/m, eine Scheiteldauer von 2,5 h und einen langsamen Abfall von 5,5 h/m (Abb. 12).

Eine Windstaukurve, die einen maximalen Windstauwert konstruiert, ist für zukünftige Planungen des Küstenschutzes von großem Wert. Es bleibt aber zu berücksichtigen, daß sie statistisch betrachtet nicht möglich ist, da eine Eintrittswahrscheinlichkeit von Null nicht existiert. Davon müßte aber theoretisch bei der Aussage "höher geht es nicht" ausgegangen werden. Deshalb wird hier die Formulierung gewählt, daß es aufgrund der vorliegenden Ergebnisse unter den momentanen Klimabedingungen und topographischen Voraussetzungen für die Windstauwerte nicht möglich ist, die in Abb. 12 dargestellte Kurve zu überschreiten.

Abb. 12: Berechnete maximale Windstaukurve in Cuxhaven

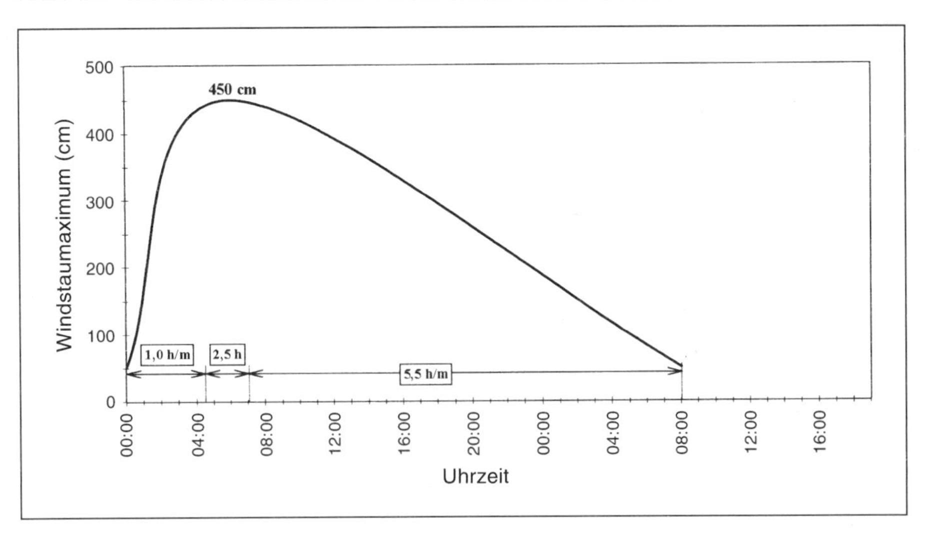

6.1 Bedeutung für den Sturmflutscheitelwert in Cuxhaven

Die hohen und sehr hohen Sturmflutscheitel in Cuxhaven werden von kurzen Anstiegen gebildet, d.h. daß die maximalen Windstauwerte auch bei Hochwasser eintreten könnten. Bisher sind die maximalen Windstauwerte bei Niedrigwasser eingetreten, so daß zu den kurzen Windgeschwindigkeitsänderungen mindestens eine lange Komponente auftreten muß. Das kann ein langer Scheitel oder ein langer Abfall sein. Da dies auch in der maximalen Windstaukurve mit dem relativ langen Abfall gegeben ist, ist davon auszugehen, daß diese Windstaukurve auch die maximale Kurve für einen hohen Scheitel dargestellt.

6.2 Windstaukurven in der Zukunft

Aus der Entwicklung der Parameter in den letzten 100 Jahren läßt sich nicht die Möglichkeit eines etwaigen "beschleunigten" Eintretens einer maximalen Windstaukurve in Cuxhaven ablesen:

- Der Anstieg zeigt nicht die Möglichkeit, daß in den nächsten Jahren sehr hohe Windstaumaxima oder gar ein maximaler Windstauwert eher eintritt als bisher. Windstaumaxima bis 400 cm könnten sich allerdings rascher entwickeln, als dies bisher der Fall war.
- Die Verkürzung der Scheiteldauer auf 5,5 h erhöht nicht die Möglichkeit, daß sehr hohe oder gar maximale Windstauwerte eher eintreten als bisher.
- Eine Verlängerung der Abfallneigung bedeutet, daß häufiger Windstau-

kurven auftreten, die mehr als eine Tide erhöhen. Einen Einfluß auf das Eintreten einer maximalen Windstaukurve hat dies nicht.

7 Literatur

GÖNNERT, G. (1998): Sturmfluten im Elbeästuar. - In: Veröffentlichen, Niedersächsische Akademie für Geowissenschaften, 14: 24-35; Hannover.

MALDE, J. VAN (1996): Historical extraordinary water movements in the North Sea area. - Mededelingen, Rijks Geologische Dienst, 57: 27-40; Haarlem.

NIEMEYER, H., KAISER, R. & GLÄSER, D. (1995): Sturmfluthäufigkeiten zwischen Ems und Weser von 1946 bis 1994 - Pegel Emden, Borkum, Norderney, Bremerhaven. - Bericht der Forschungsstelle Norderney (unveröffentlicht).

OUMARACI, H. & KORTHAUS, A. (1998): Berechnung einiger Verteilungsfunktionen für Windstaumaxima. - Schriftliche Mitteilung.

SIEFERT, W. (1978): Über das Sturmflutgeschehen in Tideflüssen. - In: Mitteilungen des Leichtweiss-Instituts für Wasserbau der TU Braunschweig, 63; Braunschweig.

SÜNDERMANN, J. (1996): Auswirkungen von Klimaänderung auf Strömungen und Wasserstände in der Nordsee. - In: BECHTELLER, W. (Hrsg.): Klimaänderung und Wasserwirtschaft. Mitteilungen aus dem Institut für Wasserwesen, Hochschule der Bundeswehr München, 56a: 203-213; Neubiberg.

STORCH, H. VON, LANGENBERG, H. & POHLMANN, TH. (1998): Stürme, Seegang und Sturmfluten im Nordostatlantik. - In: LOZÁN, J.L., GRAßL, H. & HUPFER, P. (Hrsg.): Warnsignal Klima. Wissenschaftliche Fakten: 182-189; Hamburg.

Marburger Geographische Schriften	134	S. 39-56	Marburg 1999

Hallig Hooge – Image und Identität eines Grenzraumes zwischen Authentizität und touristischer Vermarktung

Bericht aus dem Langzeitprojekt:
Nachhaltiges Regionalmarketing in gefährdeten ländlichen Räumen am Beispiel der Halligen unter besonderer Berücksichtigung der Bausubstanz

Heinz Schürmann[1]

Zusammenfassung

Der Artikel berichtet am Beispiel von Hallig Hooge über Teilergebnisse eines Langzeitprojektes, das sich als Beitrag zu einem nachhaltigen Regionalmarketing in gefährdeten ländlichen Räumen versteht. Eine nach Warften differenzierte Bausubstanzanalyse zeigt auf, daß das ehedem halligtypische Siedlungsbild von Hooge gegenwärtig in dramatischem Ausmaß von überdimensionierten Zweckbauten aus ubiquitären Materialien mit regionaluntypischen Proportionen und Formenelementen bestimmt wird. Das ursprüngliche, auch touristisch relevante Kulturlandschaftspotential ist im Siedlungsbereich nur noch relikthaft vorhanden. Befragungen ergaben, daß auch im Bewußtsein der heutigen Bewohner traditionelle Bauformen offenbar keine besonders identitätsträchtige Rolle besitzen, im Unterschied zu ihrer großen Bedeutung in der Fremdenverkehrswerbung. Um endlich eine an Grundsätzen der Kulturlandschaftspflege und Nachhaltigkeit orientierte Entwicklung zu ermöglichen, werden eine erheblich verstärkte Sensibilisierung lokaler Akteure und Gäste gefordert sowie eine rasche Realisierung eines integrierten Kommunal- und Regionalmarketings.

Summary

The article reports about the partial results of a long-term project on sustainable regional marketing in rural areas, with the Hallig (= holm) Hooge as particular example. A complex analysis of the structure shows that the former, Hallig-typical settlement pattern of Hooge is presently determined by oversi-

[1] Für ihre engagierte Mitarbeit danke ich insbesondere MARION KÖHLER und HEIDI JANSEN sowie HEIKO OBENLAND und MARC MURANWSKI (alle Universität Mainz).

zed functional buildings with untypical proportions and forms. Only relics of the original potential of the cultural landscape, which are also relevant for tourism, are left. Surveys displayed that also in the awareness of the inhabitants, the advertising for tourism is much more important than traditional architectural styles. An increasing sensibility of local participants and tourists as well as a quick realization of an integrated municipal and regional marketing are of essential importance.

1 Einleitung und Projektskizzierung

Als "weiches Land ohne Steine und ohne Quellen" umschreibt der Schriftsteller CHRISTOPH RANSMAYR (1985) die nordfriesischen Halligen in einem Bericht über Hooge mit dem bezeichnenden Untertitel "Portrait einer untergehenden Gesellschaft". Bereits das 1866 in Schleswig erschienene "Halligenbuch" von CHRISTIAN JOHANSEN trägt den Untertitel "Eine untergehende Inselwelt" (zit. nach STIFTUNG NORDFRIESISCHE HALLIGEN 1994), verfaßt unter dem Eindruck, daß der Verlust dieser weltweit einzigartigen Landschaft unabwendbar sei. Letzteres – sieht man davon ab, daß der Begriff Insel hier etwas unscharf ist – trifft zwar für die Halligen als Ganzes gegenwärtig nicht mehr zu, wohl aber in Bezug auf ihre gewachsene, regionale Identität und die authentischen, raumspezifischen Bau- und Siedlungsformen als ihr wesentlicher räumlich-territorialer Ausdruck (hierzu GREVERUS 1976, 1979, BLOTEVOGEL et al. 1986, SCHWEDT 1987 u.a.).

Im Rahmen eines Langzeitprojektes zu nachhaltigem Regionalmarketing in gefährdeten ländlichen Räumen führt der Verfasser seit 1992 in regelmäßigen Abständen Projektstudien und Forschungsaufenthalte auf den Halligen im Nationalpark Schleswig-Holsteinisches Wattenmeer durch, insbesondere auf Hooge und Langeneß. Der Großteil der Arbeiten erfolgt gemeinsam mit fortgeschrittenen Studierenden der Fachrichtungen Angewandte Wirtschafts- und Sozialgeographie sowie Geoökologie.

Arbeitsschwerpunkte der empirischen Untersuchungen, die in enger Kooperation mit lokalen und regionalen Institutionen sowie diversen Akteuren durchgeführt werden[2], bilden:

- Untersuchungen zu regionaler Identität und raumspezifischem Image,
- Analyse und Bewertung von Bausubstanz und Freiflächen der Warften (unter wechselnden Einflüssen von Küstenschutz, Modernisierungsdruck, Fremdenverkehr und kulturlandschaftspflegerischen Ansätzen),
- Befragungen zur Selbst- und Fremdeinschätzung der Halligbewohner,

---

[2] Vor allem JÜRGEN DIEDRICHSEN (Backenswarft) sei für die tatkräftige Unterstützung unserer Arbeit und seine ständige Gesprächsbereitschaft herzlich gedankt, ebenfalls DELL MISSIER sowie anderen Bewohnern von Hooge für ihre Auskünfte.

- Befragungen der Halligbesucher (Tages- und Langzeitbesucher),
- Untersuchungen zu behutsamer touristischer Inwertsetzung und Attraktivitätssteigerung,
- Studien zu soziokulturellen und ökologischen Auswirkungen des Tourismus,
- fotografische und filmische Dokumentation aktueller Prozesse.

Dabei kommen neben EDV-gestützten Methoden empirischer Sozial- und Regionalforschung und raumspezifischer Bauinventarisierung auch Ansätze planungsorientierter Wahrnehmungsgeographie zum Einsatz (hierzu z.B. HASSE & KRÜGER 1984).

Die primäre Zielsetzung des Projektes ist eine anwendungsorientierte Analyse aktueller Prozesse des Kulturlandschaftswandels und der sozioökonomischen Entwicklung auf den Halligen, verstanden als Grundlagenbeitrag zu

- einer integrierten Orts- und Freiraumplanung,
- einer Konzeption für sensiblen, zukunftsfähigen Tourismus auf den Halligen inmitten des Nationalparks Schleswig-Holsteinisches Wattenmeer,
- der Konzeption und Realisierung eines nachhaltigen Regionalmarketings als Teil eines großräumigen Küstenmanagements.

Für diesen peripheren, ökologisch und ökonomisch äußerst fragilen Raum besitzt dies besondere planerische Dringlichkeit und Relevanz.

Im vorliegenden Artikel sollen Problembereiche der aktuellen Gefährdung traditioneller regionaltypischer Bausubstanz auf Hallig Hooge exemplarisch vorgestellt werden, und zwar im Kontext ihrer Bedeutung für regionsspezifische Identität und Tourismus.

2 Stichworte zur Hallig Hooge

Hallig Hooge (590 ha), in der Eigenwerbung erhoben zur "Königin der Halligen", ist unmittelbar umgeben vom Nationalpark Schleswig-Holsteinisches Wattenmeer (vgl. FREITAL 1997), ohne aber selbst Teil davon zu sein.

Im Durchschnitt der letzten Jahre besaß Hooge ca. 135 Einwohner, die sich – allerdings sehr ungleich – auf neun Warften verteilen (vgl. Karte 1). Eine dieser künstlich aufgeworfenen Wohnhügel oder Wurten ist eine Doppelwarft (Mitteltritt/Lorenzwarft). Eine weitere im Westen ist seit 1825 wüstgefallen (Pohnswarft). Um 1750 zählte die damals erheblich größere Hallig (1.050 ha) noch rund 700 Bewohner auf 16 Warften, für das 16. Jahrhundert (ca. 1.500 ha) sind sogar 23 Warften bezeugt (vgl. MÜLLER 1917, SCHIRRMACHER 1993). Die verlorengegangenen Warften lagen im Bereich der heutigen Wattflächen rings um die Hallig; verschiedentlich lassen sich im Watt noch eindeutige Kulturspuren entdecken (vgl. RIECKEN 1985, HOLDT 1991, LORENZEN 1992, 1993, HARTH 1992 u.a.).

Die erdgeschichtlich sehr jungen Halligen – hinsichtlich ihrer Genese vereinfacht zu beschreiben als vielfach aufgeschlickte Marschlandreste – wurden bis zur Jahrhundertwende fast ausschließlich in ihrer Funktion als Schutz für die Küste wahrgenommen. Erst 1890 begann man, die bewohnten Halligen mit einer Steinkante einzufassen (Halligfußsicherung), so daß mittlerweile zumindest am Außenrand normalerweise kein Land mehr verlorengeht.

Karte 1: Hallig Hooge im Überblick

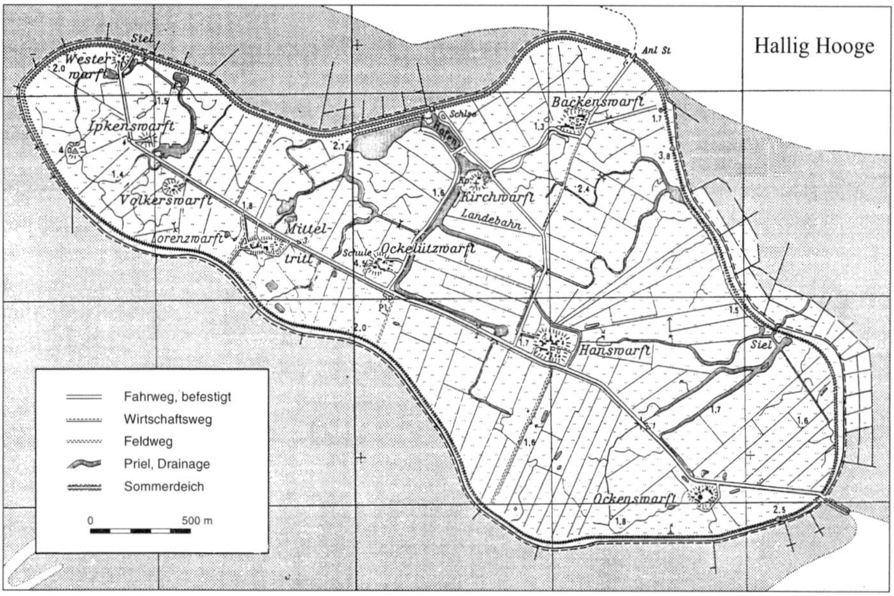

Kartengrundlage: Top. Karte 1:25.000, Blatt 1417 Pellworm, Kiel 1991 (verändert)

Hooge erhielt unmittelbar vor dem Ersten Weltkrieg sogar einen niedrigen Sommerdeich (Halligdeich), wodurch die Anzahl der charakteristischen Überflutungen ("Landunter") merklich zurückgegangen ist, jedoch zu Lasten geringerer Aufschlickung. Nach Angaben des Landesamtes für Wasserhaushalt und Küsten in Schleswig-Holstein liegt die mittlere Überflutungshäufigkeit der Jahre 1981-1990 für Hooge pro Jahr bei fünf Vollüberflutungen (davon vier im Winter) und neun Teilüberflutungen (davon sieben im Winter). Im Vergleich dazu betragen die entsprechenden Zahlen für Hallig Gröde 38 vollständige (davon elf im Winter) und 52 teilweise Überflutungen (davon 17 im Winter). Für Hooge veränderte sich dadurch die typische Halligflora zugunsten höherer Anteile von Süßwasserpflanzen, was selbstverständlich die Weidequalität verbesserte.

Seit 1959 gibt es eine ständige Stromversorgung per Kabel vom Festland, seit 1970 existiert eine Trinkwasserleitung (beides über Pellworm) und seit 1971 eine regelmäßige Postverbindung. 1960 wurden die Hauptwege asphaltiert. Die Fährverbindungen funktionieren heute tidenunabhängig und sind nur bei extremen Wetterbedingungen unterbrochen, so daß von der ehedem halligtypischen Abgeschiedenheit und einer daraus resultierenden fast marginalen Rückständigkeit inzwischen kaum noch die Rede sein kann. Entsprechend stark sind seit Ende der 50er Jahre die Einflüsse der modernen Gesellschaft.

Wirtschaftliche Grundlage ist – abgesehen von etwas Pensionsvieh und der Arbeit im Küstenschutz – für mehr als zwei Drittel der Bevölkerung der Fremdenverkehr, der sich neben einem gewissen Anteil an relativ längeren Aufenthalten von durchschnittlich etwa zehn Tagen – hier als (relativer) "Langzeittourismus" bezeichnet (230 Betten, dazu ca. 300 in Jugendlagern) – im wesentlichen als eine Art saisonaler "Tagestourismus" oder Kurzbesuch abwickelt (vgl. HAHNE et al. 1990). Da im Sommer täglich bis zu 2.000, in Spitzenzeiten sogar mehr als 3.000 Besucher gezählt werden, die für einige Stunden die Hallig bevölkern (rund 22 Besucher pro Einwohner), könnte für Hooger Relationen durchaus von einem temporären "Massentourismus" gesprochen werden.

Das gilt um so mehr, da sich fast der gesamte "Tagestourismus" nur auf drei besonders erschlossene "zentrale" Warften konzentriert, nämlich auf die günstig zum Fähranleger gelegene Backenswarft (25 Einw., Jugendzentrum), die wegen ihrer Bausubstanz sehr attraktive Kirchwarft und vor allem auf die weilerähnliche Hanswarft (40 Einw.) mit der größten Dienstleistungskonzentration (vgl. Karte 1). Diese drei über Pferdekutschendienste mit dem Anleger verbundenen Warften tragen bei den Einheimischen nicht ohne Grund die Bezeichnung "Bermuda-Dreieck". Die übrigen Warften bilden quasi die "Peripherie" und partizipieren fast nur – und auch dies sehr unterschiedlich – am Langzeittourismus. Die Langzeitgäste fühlen sich ebenso wie diejenigen Hooger, die nicht oder kaum von den Tagesbesuchern profitieren, durch die zeitweilig extreme Massierung der Tagesgäste in ihrer Erholungs- bzw. Lebensqualität nach eigener Aussage oft beeinträchtigt.

3 Identitätsbedrohende Veränderungen der Bausubstanz auf Hooge

Der rasche, öffentlich geförderte Wiederaufbau (inklusive oft unnötiger Abrisse und Neubauten) nach der großen Sturmflut von 1962, verbunden mit einem verständlichen Nachholbedarf an baulicher, dem Trend der Zeit entsprechender Modernisierung – auch im Hinblick auf touristische Nutzung –, hat auf Hooge das für Jahrhunderte charakteristische Halligbild, bestimmt von west-ost-ausgerichteten, niedrigen, reetgedeckten uthländischen Friesenhäusern mit Klinkerwänden (vgl. z.B. LÖSCHE 1986), weitgehend verdrängt.

Stark überdimensionierte, unsensibel gestaltete und in der Regel untergenutzte Wirtschaftsgebäude aus modernen, ubiquitären Materialien – insbesondere im Dachbereich – beherrschen stattdessen das Bild. QUEDENS (1994) spricht von einer "fast brutalen Überbetonung des Zweckmäßigen" bzw. dessen, was dafür erachtet wurde.

Als bedeutsames Landschaftselement ist die traditionelle Bausubstanz wesentlicher kulturlandschaftlicher Identitätsträger und damit zugleich von hoher touristischer Relevanz. Aus diesem Grunde werden nun exemplarische Ergebnisse einer empirischen Bauanalyse vorgestellt, die die gesamte Bausubstanz von Hooge umfaßt. Dabei geht es vor allem darum, aktuell ortsbildbestimmende Elemente herauszuarbeiten, um den tatsächlichen Überprägungsgrad der ehedem regionstypischen Bebauung zu ermitteln (zur Methodik vgl. SCHÜRMANN 1996).

Abb. 1 zeigt im Kreisdiagramm die Aufteilung der Gebäude nach Haupt- und Nebengebäuden, also im wesentlichen nach Wohn- und Wirtschaftsgebäuden, die mehr oder weniger dem Bild einer durchschnittlichen ländlichen Siedlung in Norddeutschland entspricht. Die Differenzierung nach Warften (Säulendiagramm in Abb. 1) verdeutlicht vor allem große quantitative Unterschiede: Hanswarft und Backenswarft ragen größenmäßig deutlich heraus.

Die Diagramme der Abb. 2 vermitteln einen Eindruck von der Verteilung der Dachformen der Hooger Gebäude. Die klar überwiegende Form ist das Krüppelwalmdach (knapp 50 %), das als Typus zwar durchaus regional verwurzelt ist, nicht aber in der heute auf Hooge vorherrschenden Ausprägung. Die Satteldächer sind zumeist relativ flachwinklig angelegt, also regionaluntypisch; letzteres gilt natürlich besonders für den Großteil der Pult- und Flachdächer.

Bei der Dachmaterialanalyse (Abb. 3) ergeben sich für die Reetdeckung nur noch gut 18 %, wovon ein Teil auf neu errichtete Gebäude entfällt. Dagegen sind 50 % aller Dächer auf Hooge völlig regionaluntypisch und optisch auffällig mit Wellmaterialien und Eternit gedeckt. Insbesondere bei den letzteren Materialien offenbart eine vergleichende Einzelanalyse der Bausubstanz, differenziert nach Warften, erhebliche Unterschiede. Die Backenswarft z.B. (Abb. 4) besitzt einen Reetdachanteil von immerhin knapp 23 %, die denkmalgeschützte Kirchwarft (Abb. 5) sogar von 100 %. Bei der noch stärker ländlich geprägten Volkertswarft findet sich dagegen auf den Dächern über 90 % regionaluntypisches Wellmaterial (Abb. 6).

Derartige vergleichende Aufnahmen inklusive fotografischer Dokumentation wurden für sämtliche Gebäude (auch für Freiflächen) vorgenommen – also z.B. für Fassadengestaltung und -materialien, Fenster, Türen, Tore, Sockel usw. –, so daß ein umfassendes Inventar zur Ortsbildsituation und zum Umfang des Handlungsbedarfs ortsbildpflegerischer und weiterer städtebaulicher Maßnahmen vorliegt.

Abb. 1: Hallig Hooge - Gebäudedifferenzierung

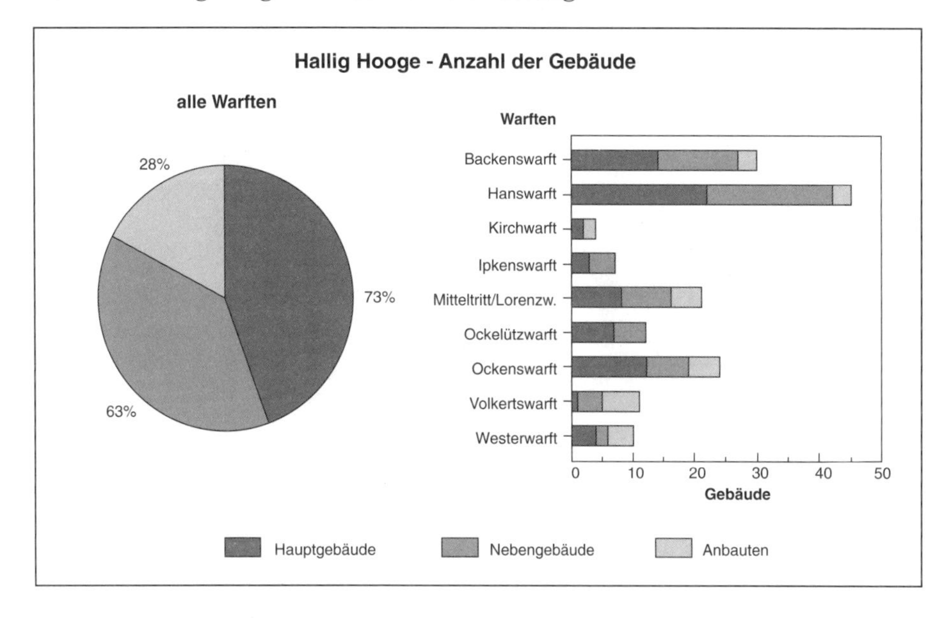

Abb. 2: Hallig Hooge - Dachformenanalyse

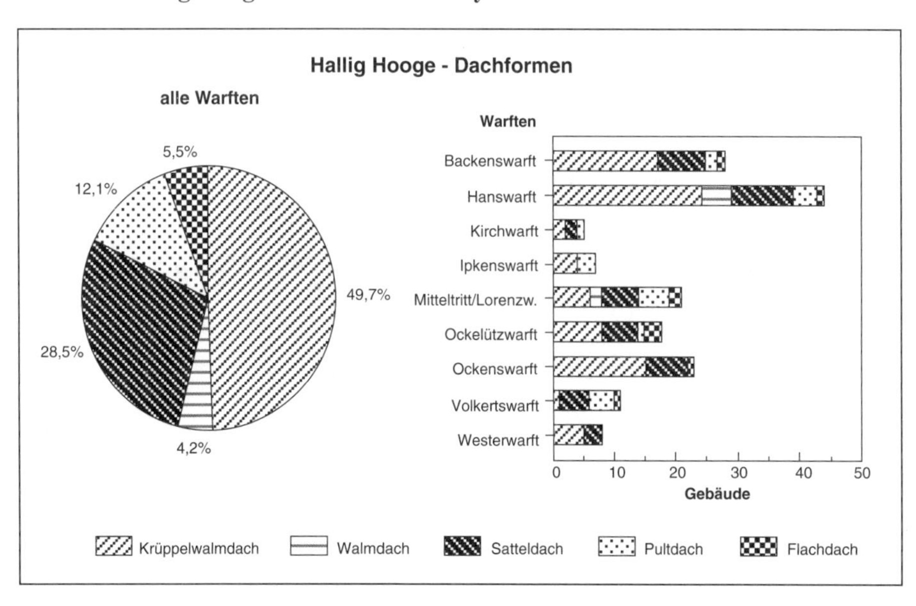

Quelle zu den Abbildungen 1 bis 6:

Entwurf: SCHÜRMANN und Projektgruppe, eigene Erhebung 1996
Ausführung: HERRMANN, KAISER, OBENLAND & ROSE

Abb. 3: Hallig Hooge - Dachmaterialanalyse

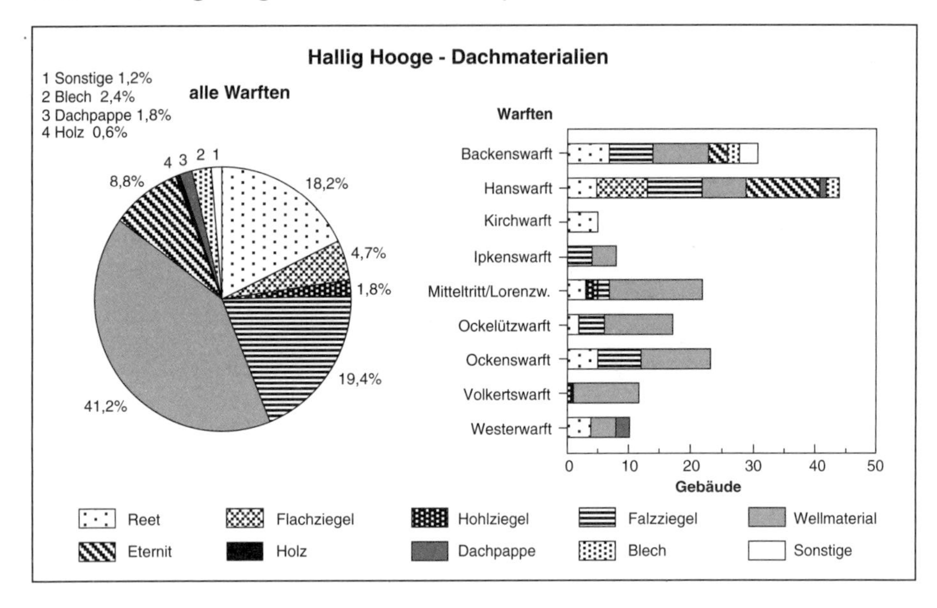

Abb. 4: Backenswarft - Gebäudeanalyse

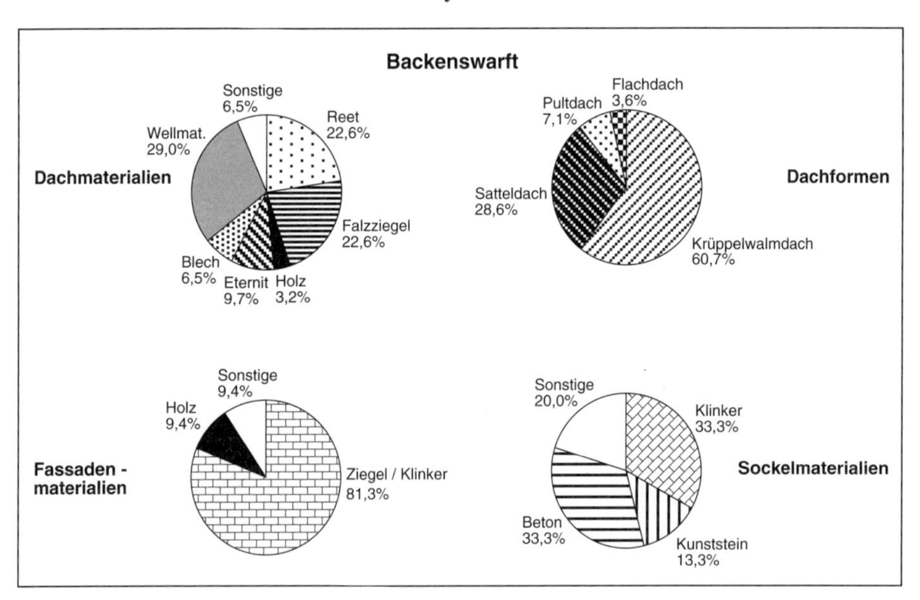

Abb. 5: Kirchwarft - Gebäudeanalyse

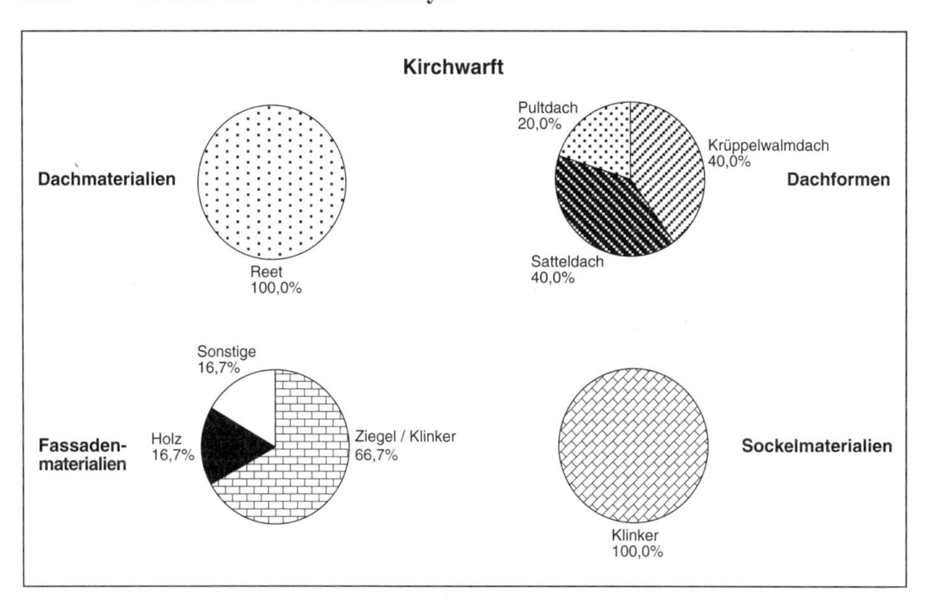

Abb. 6: Volkertswarft - Gebäudeanalyse

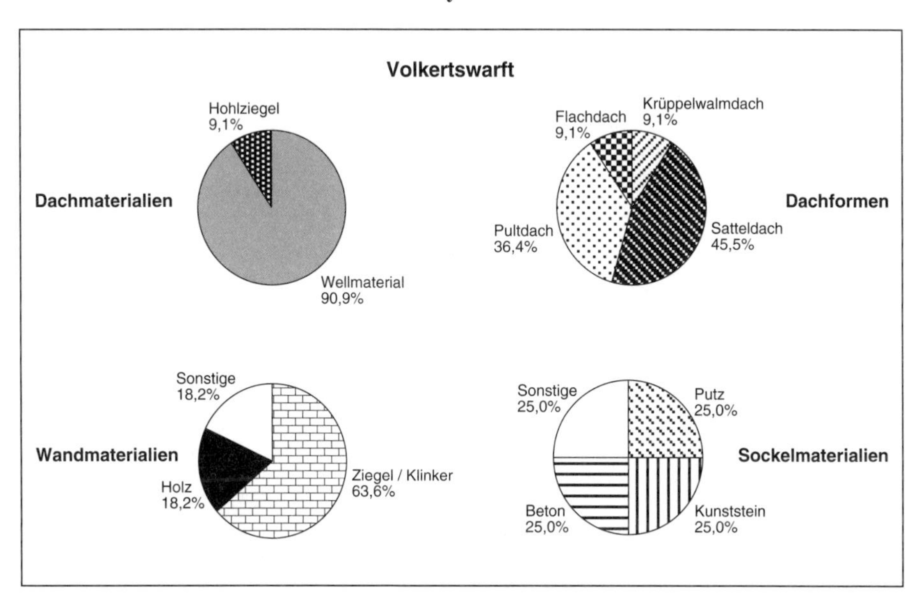

Insgesamt muß für Hooge im Bereich Bausubstanz und Warftflächen eine dramatische Identitätsgefährdung konstatiert werden, vor allem hervorgerufen durch moderne Überprägung (vielfach Aus- und Umbauten im Zusammenhang mit touristischen Nutzungen und Hochwasserschutzbaumaßnahmen) sowie uneingepaßte Neubauten der 60er und 70er Jahre, insbesondere Landwirtschaftsgebäude. Fethinge wurden zur Flächengewinnung verfüllt oder "zeitgemäß" umgestaltet (auf der Hauswarft im "Nierentischstil"). In den meisten Fällen wurde die Bautätigkeit durch öffentliche Förderprogramme unterstützt (zu "Programm Nord" und Halligsanierung vgl. z.B. RIECKEN 1985: 49 ff., PETERSEN 1981). Kulturlandschaftspflegerische Gesichtspunkte besaßen zu jener Zeit allenfalls sekundäre Bedeutung – was natürlich nicht nur für die Halligen gilt.

Leerstehende Wirtschaftsgebäude (vorzugsweise auf peripheren Warften), die keine neuen Nutzungen fanden, sind heute bereits teilweise substanzgefährdet. Auf der aktualisierten Grundlage einer Nutzungskartierung bei HAHNE et al. (1990: 179) wurde eine erneute Gebäudefunktionsaufnahme erstellt. Karte 2 zeigt das typische Funktionsspektrum einer touristisch orientierten Warft für 1998 (vgl. hierzu auch RIECKEN 1985: 105 ff.).

Karte 2: Gebäudenutzung auf der Backenswarft

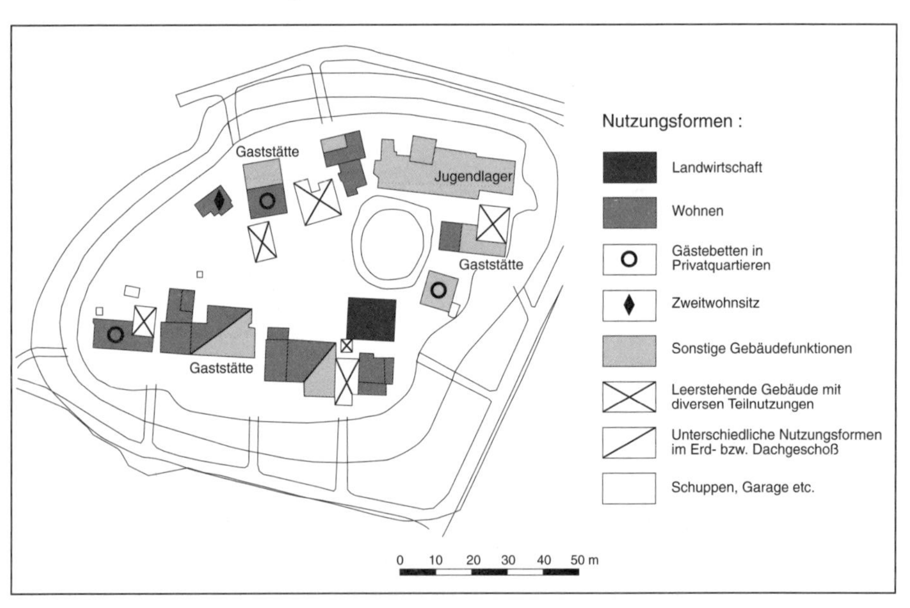

Quellen: HAHNE et al. 1990, eigene Erhebung und Projektgruppe 1996 und 1998

Zu einem weiteren gestaltungsbeeinflussenden Faktor entwickeln sich seit 1989 die mittelfristig immer größer dimensionierten Warftverstärkungen (vgl.

JACOBS & PETERSEN 1990), bei denen wegen steigender Hochwasserstände die Warft zunächst an ihrem Rand ringdeichartig eingefaßt wird. Gerade die wenigen, proportional noch stimmigen und für die regionale Identität besonders wesentlichen, niedrigen alten Halliggebäude verschwinden teilweise hinter den Erdwällen.

Die Bausubstanz von Hooge besitzt also, insgesamt und genauer betrachtet, kaum noch ihre traditionelle, regionale, tourismuswirksame Prägung. Im Gegenteil: unproportionierte Bauformen und regionsuntypische Materialien bestimmen, von wenigen Ausnahmen abgesehen, das Bild. "Wohl selten", so QUEDENS (1994) über die Bauaktivitäten vor allem der 60er Jahre, "hat sich das Unvermögen unserer Zeit, im baulichen Bereich Zweckmäßigkeit und Rentabilität mit landschaftsgerechter und stilvoller Bauweise zu vereinen, so konzentriert wie in der Architektur der (meisten, d. Verf.) neuen Halligháuser". LORENZEN (1992: 5 f.) bedauert den "radikalen Bruch mit der herkömmlichen Bauweise", der "das Gesamtbild der Warften so stark veränderte, daß sie nicht wiederzuerkennen waren".

4 Zur Selbstdarstellung Hooges

Eine Durchsicht der nicht sehr zahlreichen touristischen Informationsmaterialien zur Hallig Hooge ergibt, daß die Selbstdarstellung in Wort und Bild im wesentlichen auf zwei – oft miteinander kombinierten – Stereotypgruppen basiert. Die erste Gruppe umfaßt die spezifischen Charakteristika des Naturraums wie Gezeiten und Sturmfluten (einschließlich "Landunter"), Wattenmeer – von RIECKEN (1985: 13) zu Recht als "eine der urtümlichsten Landschaften Deutschlands" bezeichnet – mit der zugehörigen Fauna und Flora; in diesen Kontext passen auch Schlagworte wie "Weite", "reine Luft", "Ruhe" und "Einsamkeit". Die zweite Gruppe, die hier im Vordergrund steht, umfaßt regionalspezifische, eher "antimoderne" Kulturlandschaftselemente wie Warften, charakteristische Gebäude oder Bauelemente (hierzu Foto 1).

"Wie Sommersprossen" liegen die Halligen in der Nordsee, auf den Warften "Höfe und einige Häuser", "Reetdächer ducken sich unter dem schleswigholsteinischen Himmel, roter Mauerklinker kontrastiert mit grünen Wiesen und weißen Fenstern", heißt es im Werbefaltblatt "Uthlande" (hrsg. v. Zweckverband Uthlande, Nordstrand, o. J.). Ähnliche Begriffe finden sich übrigens auch in den meist kurzen Abschnitten, die den Halligen in Reiseführen gewidmet sind. Schaut man sich die Abbildungen in den Standardprospekten von Hooge (hrsg. v. Fremdenverkehrsbüro Hallig Hooge, versch. Jahre) genauer an, fällt unschwer auf, daß – um dem Werbeanspruch gerecht zu werden – die abgebildete Bausubstanz sich praktisch nur auf den fotogenen Kirchenkomplex und das Museum mit dem historischen Königspesel auf der Hanswarft beschränkt; ansonsten werden nur Gebäudedetails und Inneneinrichtungen oder aber Fernansichten von Warften dargestellt, die keine Einzelheiten erkennen lassen. Die zwingenden Gründe dafür wurden in Kapitel 3 aufgeführt. Vergleichbares gilt für kaufbare Hallig-Videos.

Foto 1: "Halligtypischer" Blick auf die Kirchwarft, im Hintergrund die Ockelützwarft

Quelle: H. SCHÜRMANN (03/1996)

Auch die auf Hooge angebotenen diversen Reiseandenken, wie Bierseidel, Weingläser, Teetassen oder Leuchttürme, zeigen immer wieder das Kirchengebäude oder den Königspesel; eine Motivanalyse des reichlichen örtlichen Postkartenangebotes ergab Ähnliches. Als zusätzliche Motivvariante erfreuen sich bei den Postkarten historisierende oder naive Gemäldedarstellungen von "heiler Halligwelt" auffälliger Beliebtheit – auch eine Möglichkeit, die auf touristischer Seite offenbar vorhandene Nachfrage nach dem in der realen Landschaft kaum noch zu findenden Regionaltypischen zu befriedigen (Abb. 7).

Sowohl die stark selektierende Darstellungsweise in den Fremdenverkehrsprospekten als auch die Motivwahl im Reiseandenken- und Postkartensektor offenbaren, daß es auch auf Hooge Verantwortliche gibt, die sich der Imagebedeutsamkeit regionaltypischer oder gar -spezifischer Bausubstanz und Kulturlandschaft bewußt sind und auch der Tatsache, daß es auf Hooge nicht mehr viele Beispiele davon gibt. In deutlichem Gegensatz dazu steht der zumeist kaum bis gar nicht ausgebildete kulturlandschaftspflegerische Umgang mit diesen wertvollen Zeugnissen, trotz mittlerweile zunehmender diesbezüglicher Ansätze (vgl. z.B. STIFTUNG NORDFRIESISCHE HALLIGEN 1994 oder Bemühungen zur regionaltypischen Halligentwicklung von JÜRGEN DIEDRICHSEN). Schon HARD (1987: 428) weist allerdings darauf hin, daß "Regionalbewußtsein (...) nicht zuletzt außerhalb der Region" blüht, auf die es sich bezieht (oder bei Zugereisten).

Abb. 7: Naive Darstellung "heiler Halligwelt" als Hooger Postkartenmotiv

Quelle: Postkarte (Kiosk Hanswarft 1997)

5 Wahrnehmung der Hallig aus der Perspektive von Bewohnern und Besuchern

Eine im März 1996 im Rahmen unseres Projektes durchgeführte Haushaltsbefragung auf Hooge umfaßte unter anderem Fragen zur Einschätzung und Wahrnehmung des Lebensraumes. Dabei konnten 33 Haushalte erreicht werden, knapp die Hälfte davon auf der Hanswarft, Backenswarft und Kirchwarft. Bei den Ergebnissen, die hier nur zum kleinen Teil wiedergeben werden, ist im übrigen zu berücksichtigen, daß auf die Frage nach typischen Eigenschaften eines Halligbewohners als häufigste Antwort "Verschlossenheit" genannt wurde.

Als derzeit besonders charakteristisch für die Halligen empfanden gut 30 % der befragten Hooger das "Leben mit der Natur", und zwar durchaus im positiven Sinne (vgl. auch FREY 1988). An zweiter Stelle (ca. 28 %) wurden als Schlagworte das "Meer als Bedrohung" und "Sturmfluten" genannt. "Stille, Ruhe, Einsamkeit" waren lediglich für knapp 20 % typische Kennzeichen - angesichts der Touristenströme vom Frühling bis Herbst verständlich. Traditionelle halligtypische Kulturlandschaftselemente wie Gebäudeformen, Bauelemente, Materialien etc., die für Eigenwerbung und Image eine so bedeutende Rolle spielen, wurden indes nur von gut 10 % angeführt, was in Anbetracht des inzwischen real vorherrschenden, wenig regionsbezogenen und landschaftlich meist sehr unsensiblen Siedlungsbildes nicht überraschen kann. Offenbar spielen sie für das regionale Identitätsbewußtsein der Bewohner derzeit keine entscheidende Rolle (vgl. auch THEIS 1995/96: 130).

Eine zum gleichen Zeitpunkt von uns veranstaltete Stichprobenbefragung von 61 Langzeittouristen auf Hooge, die hier ebenfalls nur im Auszug zitiert werden soll, ergab teilweise ähnliche Ergebnisse. Knapp die Hälfte der befragten Besucher war bereits vorher auf Halligen gewesen (zumeist auf Hooge), 40 % sogar mehrfach, so daß von einer relativ guten Raumkenntnis auszugehen ist.

Rund ein Viertel der Besucher setzten den Naturraum als wesentliches Schlagwort zum Thema Halligen an die erste Stelle. Knapp 20 % gaben "Ruhe, Einsamkeit, Erholung" an. Und auch bei dieser Gruppe wurden halligtypische Kulturlandschaftselemente nur von etwa 8 % als wesentlich für die Halligen genannt. Gezielte Nachfragen ergaben regelmäßig, daß dies seinen Grund in dem nur noch relikthaften Vorkommen halligtypischer Bauweisen auf Hooge habe – was lebhaft bedauert wurde – und keineswegs in deren Geringschätzung. Im Gegenteil: Die vorhandenen Reste und die wenigen regionaltypisch orientierten Neubauten waren gut bekannt und hochgeschätzt.

Dies deckt sich z.T. mit Ergebnissen der umfassenden Urlauberanalyse von HAHNE et al. (1990: 91), wo von der hier angesprochenen Gruppe der "Verlust der Individualität der Hallig, ihrer Atmosphäre und des damit verbundenen Halligerlebnisses" beklagt wurde, allerdings mehr im Hinblick auf negative Auswirkungen durch Tagesbesucher.

Nicht nur Halligbewohner, sondern auch halligerfahrene Langzeittouristen sind sich anscheinend dahingehend einig, daß die traditionelle halligtypische Bauweise – entgegen dem erwähnten Werbeimage – auf Hooge derzeit nicht zu den besonders typischen Merkmalen gezählt wird, jedenfalls wird sie nur selten genannt.

Interessant sind in diesem Zusammenhang Ergebnisse der Befragung von Tagesbesuchern bei HAHNE et al. (1990: 99-110). Immerhin gut 41 % der Angehörigen dieser Besuchergruppe, die ja wohl überwiegend keine expliziten Raumkenntnisse mitbringen, gaben an, daß sie "die Kultur" der Hallig

Hooge "besonders interessiere". Als Hauptaktivitäten der Tagesbesucher wurden genannt: Besuch der Kirche (76,2 %), Essen/Trinken (62,9 %), Besuch des Königspesels (50,9 %) und des Halligmuseums (48,7 %) sowie Spazierengehen (47,8 %) – also genau diejenigen Aktivitäten, die in den örtlichen Werbeprospekten ausdrücklich vorgeschlagen sind. Darüber hinaus verbleibt dem Tagesbesucher praktisch keine Zeit für weitere Erkundungen. Dennoch beklagten laut HAHNE et al. (1990) 10 % der Tagesbesucher, "keine typischen Friesenhäuser" gesehen zu haben, die man offenbar erwartet hatte, und 18 % vermißten "Halligcharakter" und "Ursprünglichkeit".

Zusammenfassend läßt sich jedenfalls konstatieren, daß die imageträchtige halligtypische Baukultur zwar eine zentrale Rolle in der Fremdenverkehrswerbung spielt und wohl auch Besucher anspricht, vor Ort aber "zwangsläufig" nur noch einen geringen Stellenwert besitzt – offenbar auch im Bewußtsein vieler Bewohner.

6 Vorläufiges Fazit

Noch bis Ende der 50er Jahre war die Kulturlandschaft der Hallig Hooge aufgrund der extrem peripheren Lage von authentischen Strukturen geprägt. Die anschließende Zeit ist charakterisiert durch einen radikalen Bruch mit traditionellen Bauformen, der sich allenfalls zu einem geringen Prozentsatz auf Gründe des Hochwasserschutzes zurückführen läßt. Aus der Perspektive nachhaltiger Kulturlandschaftspflege ist das gegenwärtige Siedlungsbild, von wenigen Ausnahmen abgesehen, verkürzt als Ergebnis "unzulänglichen Regionalbewußtseins" und "kurzfristig orientierter touristischer Vermarktung" zu charakterisieren.

Der LANDESRAUMORDNUNGSPLAN (1995) weist die Halligen als "ländlichen Raum" und ebenfalls als "Ordnungsräume für Fremdenverkehr und Erholung" aus; hier sollen "Natur, Umwelt und Landschaft als wichtige Grundlagen für Fremdenverkehr und Erholung besonders geschützt werden", wobei "sanfte" Tourismuskonzepte eindeutig zu favorisieren sind.

Die Bedeutung der damit implizierten kulturlandschaftserhaltenden und -pflegerischen Postulate wurde selbstverständlich auch in Hooge erkannt aber bisher kaum umgesetzt, obwohl verschiedene diesbezügliche Ansätze vorliegen oder weiterhin in Arbeit sind (vgl. RIECKEN 1985a, JAKOBS & PETERSEN 1990, STIFTUNG NORDFRIESISCHE HALLIGEN 1994; Aufnahme der Halligen in das Reetdachprogramm des Landes u.a.).

Abschließend sollen zentrale Problemfelder und Defizite der gegenwärtigen Situation von Hooge noch einmal stichwortartig akzentuiert werden:

- hochgradige Identitätsgefährdung (z.T. auch Substanzgefährdung) des einzigartigen, nur noch partiell vorhandenen regionalspezifischen Kulturlandschaftspotentials im Bereich Bausubstanz – trotz zentraler Bedeutung für Selbstdarstellung und touristisches Image;

- offenbar geringer Stellenwert der regionalspezifischen Kulturlandschaftselemente im Identitätsbewußtsein der Bewohnermehrheit;
- höchst unzulänglich entwickeltes Problembewußtsein für regionaltypische Erhaltung und Gestaltung halligprägender Kulturlandschaftselemente bei der Mehrzahl der lokalen Akteure (trotz verschiedentlicher gegenteiliger Bemühungen).

Als Konsequenz daraus ergeben sich für die Realisierung der angestrebten zukunftsorientierten, "integralen" Entwicklung, zu deren expliziten Zielsetzungen ein "halligtypisches Erscheinungsbild" zählt (STIFTUNG NORDFRIESISCHE HALLIGEN 1994), folgende kurz- und mittelfristige Postulate:

- verstärkte Bewußtmachung der Fragilität und Unersetzbarkeit überkommener Landschaftspotentiale bei Bewohnern und Besuchern;
- Sensibilisierung lokaler Akteure für nachhaltigen Umgang mit identitätsträchtiger Kulturlandschaft und deren behutsame, landschaftsgerechte Weiterentwicklung, insbesondere in den Bereichen Bausubstanz und Freiflächen;
- konzeptionelle Optimierung des vielschichtigen Konfliktbereiches Tagesbesucher/Langzeittourismus;
- Kooperation statt Konkurrenz auf lokaler *und* regionaler Ebene;
- umgehende Realisierung eines integrierten Kommunal- und Regionalmarketings.

7 Literatur

BLOTEVOGEL, H., HEINRITZ, G. & POPP, H. (1986): Regionalbewußtsein. - In: Berichte zur deutschen Landeskunde, 60, 1: 103-114; Trier.

FREITAL, M. VON (1997): Entwicklung und Chancen des "Nationalparks Schleswig-Holsteinisches Wattenmeer". - Diplomarbeit, Geographisches Institut, Univ. Mainz.

FREY, J. (1988): Die Wattlandschaft. Aufbau, Dynamik und Oberflächenformen. - Rendsburg (Schutzstation Wattenmeer) und Mainz.

GREVERUS, I.-M. (Hrsg.) (1976): Denkmalräume - Lebensräume. - Hessische Blätter für Volks- und Kulturforschung, 2/3; Gießen.

GREVERUS, I.-M. (1979): Auf der Suche nach Heimat. - München.

HAHNE, U., KURTENACKER, M., MÜLLER, M. J. & RIECKEN, G. (1990): Die Halligen Hooge und Gröde. - Flensburger Regionale Studien, 1; Flensburg.

HARD, G. (1987): Das Regionalbewußtsein im Spiegel der regionalistischen Utopie. - In: Informationen zur Raumentwicklung, 7/8: 419-440; Bonn.

HARTH, U. (1992): Untergang der Halligen. - 2. Aufl.; Hamburg.

HASSE, J. & KRÜGER, R. (1984): Raumentwicklung und Identitätsbildung in der nordwestdeutschen Küstenregion. - Wahrnehmungsgeographische Studien zur Regionalentwicklung, 1 u. 2; Oldenburg.

HOLDT, H. VON (1991): Auf den Spuren des alten Hooge. - 2. Aufl.; Breklum.

JACOBS, H. & PETERSEN, J. (1990): Warftgutachten Hanswarft/Hallig Hooge. - Alkersum/Langenhorn.

LANDESRAUMORDNUNGSPLAN Schleswig-Holstein. Entwurf - Neufassung (1995). - Hrsg. v. der Ministerpräsidentin des Landes Schleswig-Holstein, Staatskanzlei; Kiel.

LORENZEN, J. (1992): Die Halligen in alten Abbildungen. - Nordfriisk Instituut, 107; Bredstedt.

LORENZEN, J. (1993): Die Halligkirchen in alten Aufnahmen. - Nordfriisk Instituut, 114; Bredstedt.

LÖSCHE, K. (1986): Häuser der Uthlande. - Schriften der Interessengemeinschaft Baupflege, 3; Bredstedt.

MEIER, D. (1996): Beispiele früher Siedlungslandschaften und deren Umwelt in den Seemarschen des Nordseeküstengebietes. - In: STERR, H. & PREU, C. (Hrsg.): Beiträge zur aktuellen Küstenforschung. - Vechtaer Studien zur Angewandten Geographie und Regionalwissenschaft, 18: 85-103; Vechta.

MÜLLER, F. (1917): Das Wasserwesen an der schleswig-holsteinischen Nordseeküste. 1. Teil: Die Halligen. - Bd. 1 u. 2; Berlin.

PETERSEN, M. (1981): Die Halligen. - Neumünster.

QUEDENS, G. (1994): Die Halligen. - 13. Aufl.; Breklum.

RANSMAYR, C. (1985): Ein Leben auf Hooge. - In: RANSMAYR, C. (1997): Der Weg nach Surabaya. 4. Aufl.: 9-27; Frankfurt a. M.

RIECKEN, G. (1985): Die Halligen im Wandel. - 2. Aufl.; Husum.

RIECKEN, G. (1985a): Entwicklungsplan für Hallig Hooge (1986-2002). - Flensburg.

SCHIRRMACHER, G. (1993): Hallig Hooge. - 8. Aufl.; Breklum.

SCHÜRMANN, H. (1996): Ortsbildgefährdende Prozesse und Strukturen - Analyse, Quantifizierung, Bewertungsmethodik. - In: SCHÜRMANN, H. (Hrsg.): Ländlicher Raum im Umbruch. - Mainzer Kontaktstudium Geographie, 2: 89-102; Mainz.

SCHWEDT, H. (1987): Regionalbewußtsein in Reliktgebieten. - In: Informationen zur Raumentwicklung, 7/8: 395-402; Bonn.

STIFTUNG NORDFRIESISCHE HALLIGEN (Hrsg.) (1994): Integrale Entwicklung ländlicher Räume am Beispiel der Halligen. - Husum, Pellworm.

THEISS, F. (1995/96): Tourismus auf Hallig Hooge. - Staatsexamensarbeit, Institut für Didaktik der Geographie, Univ. Münster.

Marburger Geographische Schriften	134	S. 57-68	Marburg 1999

Training in Integrated Coastal Zone Management: The Example of a Training Workshop in Büsum

Andreas Kannen & Kira Gee

Zusammenfassung

Im April 1998 hat das Forschungs- und Technologiezentrum Westküste (FTZ) in Zusammenarbeit mit CoastNET in Büsum einen Trainingsworkshop für Küstenmanager aus Europa durchgeführt. Die Teilnehmer beschäftigten sich zehn Tage lang mit derzeitigen Entwicklungsproblemen und aktuellen Diskussionen an der schleswig-holsteinischen Westküste und dem Wattenmeer. Insbesondere hatten sie Gelegenheit, mit Vertretern von Verbänden, Interessengruppen, Politikern und Experten aus der Region zu sprechen. Im Mittelpunkt standen die Diskussionen um die Erweiterung des Nationalparks Schleswig-Holsteinisches Wattenmeer, der von Mitarbeitern der Nationalparkverwaltung zusammengestellte Synthesebericht der Ökosystemforschung sowie allgemein die Frage der nachhaltigen Entwicklung der Westküste Schleswig-Holsteins.

Das Modell dieser Veranstaltung wurde von zwei ähnlichen Veranstaltungen, die CoastNET auf Guernsey und in Frankreich durchgeführt hat, übernommen und an die Fallstudie angepaßt. Ziel des Trainingskonzepts ist, Erfahrungen im Küstenmanagement durch die Arbeit an einem konkreten Projekt zu vermitteln, das von multidisziplinären Arbeitsgruppen durchgeführt wird. Am Ende des Aufenthaltes im Projektgebiet müssen die Teilnehmer ihre Beobachtungen und Ergebnisse sowie ihre Vorschläge für die zukünftige Entwicklung auf einer öffentlichen Veranstaltung den lokalen Gesprächspartnern und der Presse präsentieren und zur Diskusson stellen. Dieser Ansatz wurde aus den Herausforderungen, denen sich Planer in ihrer täglichen Arbeit stellen, abgeleitet. Oft sind diese Herausforderungen mit neuen Ansätzen – wie einem integrierten Küstenzonenmanagement und der Beteiligung der lokalen Bevölkerung – verknüpft.

Zusammenfassend kann festgestellt werden, daß sich der angewendete Ansatz als erfolgreich erwiesen hat und alle Seiten davon profitieren konnten. Insbesondere wurde die Sensibilität hinsichtlich einer verstärkten Zusammenarbeit zwischen Behörden und Interessengruppen bei den Teilnehmern und auch innerhalb der Region erhöht.

Abstract

In April 1998 the Research and Technology Centre Westcoast (Forschungs- und Technologiezentrum Westküste, FTZ) and CoastNET organized a training workshop for coastal managers from Europe in Büsum at the German North Sea coast. During this event the workshop participants analyzed current problems of development in the Wadden Sea. They had the opportunity to talk to representatives of regional and local stakeholders, local politicians and experts. The focus was on sustainable development and current discussions in the region regarding the future development of the National Park Schleswig-Holsteinisches Wattenmeer.

The model for this workshop was adopted from similar events, organized by CoastNET in the UK and France in 1994 and 1995. The general model aims to training coastal managers in a specific case study through intensive work in a multidisciplinary team. At the end of their stay in the case study area, the participants have to present their results and ideas for improvement of the current situation to stakeholders, local representatives and the press. This approach is derived from challenges in the daily work of coastal managers which are related to new concepts and planning philosophies like Integrated Coastal Zone Management.

In summary, this model proved very successful with benefits for all parties involved, creating more sensibility for some issues, like co-operation and participation in the region, as well as increasing the participants' sensitiveness for the complexity of planning problems.

1 Background

Coastal management is a rapidly changing and constantly evolving field. New concepts which focus more on integration of different scientific disciplines as well as involvement of local stakeholders ask for new skills which are not included in traditional scientific education. Modern coastal managers are highly trained individuals whose jobs combine traditional technical or natural resource management tasks with developments of complex projects. Their daily work often includes a whole series of tasks such as working with communities, fundraising or linking with the media.

In order to be able to continue delivering high quality coastal management such personnel requires adequate training that takes account of this diversity of skills. At the same time, methods need to be found to facilitate the transfer of experience across Europe, enabling coastal managers to learn from experiences gained elsewhere and apply those to their own projects.

Based on experiences from the North America/United Kingdom Countryside Exchange which started in 1987 (CEI 1996), the Heritage Coast Forum started with a training event for coastal managers in Guernsey in 1994

(HERITAGE COAST FORUM 1994). In 1995 a follow-up event organized by the Coastal Heritage Network (CoastNET) took place in France (COASTNET 1995).

Using these experiences the approach was further elaborated in co-operation between CoastNET and the Research and Technology Centre West-coast (Forschungs- und Technologiezentrum Westküste, FTZ) in Büsum, Germany. This resulted in a training workshop including participants from the UK, Belgium, Finland, Italy and Germany in Büsum in April 1998. It focussed on issues related to sustainable management of the Wadden Sea and neighbouring areas of Schleswig-Holstein.

2 Integrated Coastal Zone Management

Although the term "Integrated Coastal Zone Management" is not clearly defined some common principles can be derived from the various activities, programmes and publications (e.g. UNEP 1995, GESAMP 1996, UNESCO 1997, CICIN-SAIN & KNECHT 1997) which are entitled to this or similar terms like Integrated Coastal Management (ICM) or Integrated Coastal Area Management (ICAM). Thus, Integrated Coastal Zone Management (ICZM) should be seen as an adaptive process which:

- uses a holistic perspective,
- aims to establish or maintain the sustainable use of coastal resources,
- aims to establish or maintain sustainable socio-economic development,
- requires the integration of many facets, interests and scales like:
  - municipality / region / nation / European / global,
  - administration / scientists / stakeholder / local people,
  - public / private interests,
- requires integration over time (short term management / long term policy goals).

Due to these quite complex tasks which are associated with the process of ICZM, most authors ask for an intensive co-operation between the different sector agencies, natural as well as social scientists and strong public participation during all stages of the process. These issues are especially emphasized by DAVOS et al. (1997). Another requirement is feedback in form of monitoring and program evaluation.

3 Skills and training needs for Integrated Coastal Zone Management (ICZM)

The demands on specific skills which arise out of the rather complex requirements, the process of ICZM puts on all people involved in it and especially on those who have to manage or facilitate the process itself, are high and diverse. Besides excellent scientific skills and good strategic thinking, the ability and willingness to understand the view and the concepts of other disciplines is of major importance. High sensibility for local people's perspectives and needs is also a necessary requirement when efficient and successful co-operation with local stakeholders has to be established. Thus, good communication skills are extremely important for the success of the ICZM process.

Besides training in technical issues like GIS or in communication, public relations etc., it is important for ICZM as a process to meet four key needs in training approaches:

- *Inclusiveness*: This means that not only the professional "coastal managers", scientists or the different sector administrations need better training but all stakeholders, including local communities, government agencies, NGOs, scientists and industry. In addition, it is also necessary to include all levels of experience and in particular to encourage younger participants. All who are involved or interested in ICZM should have access to relevant training possibilities, following the idea of lifelong learning.
- *Innovation*: Training should focus on the development of new skills such as communication, team work, conflict resolution and strategic thinking as well as more traditional "hands on" tasks. In addition it is extremely important to transmit the philosophy and create an awareness for the issues of ICZM. Achieving these training goals is necessary for all parties involved in order to understand their own role and responsibilities within the process.
- *International co-operation and networking:* Training should assist in the transfer of experience between European countries and encourage networking as well as international exchange of experience in the management of coastal resources.
- *Implementation / case study:* Training should be based on a case study or real case project and be presented to and discussed with benefiting organizations and communities. Training should make a contribution to implementing good practice.

4 Training approach

The training model used in this example is based on forming multidisciplinary teams of professionals for an intensive examination of real issues in coastal management in a particular case study area. In this model, host organizations from one country invite professionals from other countries to work and discuss with local colleagues for up to ten days, examining real issues and developing a strategy for the future. One of the key elements is a public presentation at the end of the training where the participants discuss their findings with the general public, invited representatives of stakeholders, politicians and the press.

This innovative format of training was first developed by the US/UK Countryside Exchange (CEI 1996), but only twice before applied to a coastal context (HERITAGE COAST FORUM 1994, COASTNET 1995). The project in the Wadden Sea developed by CoastNET and FTZ provided an opportunity to forge closer links between both institutions and to test options for establishing a longer-term programme of exchanges based on this model. For the first time the event in Büsum allowed to work within this model with an international team on coastal issues.

This model of training does not intend training on technical issues. Instead, the focus is on analysis of a case study situation including expert talks to representatives of local stakeholders and administrations but also to single individuals. The aims can be described as:

- training for people with long term and short term experiences,
- get together people with a variety of backgrounds,
- allow professionals new insights from an area they do not yet know,
- train team work and communication skills,
- enforce networking between people and regions.

Focus in the training is on international exchange of knowledge and ideas, discussion of the ICZM philosophy in the context of a real situation and creation of an awareness for ICZM in the host region. An important element is the pressure put on the participants by the public presentation at the end which forces them to work in an efficient way towards the given goals. Nearly automatically this approach stimulates team building and forces the group – eventually with some assistance by the organizers – to become an interdisciplinary team within a short time.

Generally, groups will begin by identifying key issues through a dialogue with local organizations and individuals. This will involve a range of stakeholders, including for example local mayors, representatives from regional and local government, NGOs and local coastal managers. Throughout the time, the group will get impressions of the key issues, which they will present in a report with suggestions and solutions to the public at the end of their stay in the host area.

Although local communities and organizers will provide background material and act as moderators in discussions, the impartiality of outsiders and their ability to look afresh at local issues is a particular strength of this type of training. It can lead to new ideas on how to overcome problems in the host region and thus be beneficiary not only for the participants but also for the host region.

An important issue for the establishment of this training model is the organizational structure of the project. This includes an overall co-ordinator, a local organizer and local host communities.

The overall co-ordinator, in this case the role of CoastNET, provides the general training model, the network for promotion and funding, and co-ordinates the overall organization. As a networking organization for coastal managers in the UK, CoastNET promoted the workshop in the Wadden Sea in the UK, cared for funding and selection of the UK participants and delivered the experience of two earlier training events based on the described model. Together with the local organizer, the overall co-ordinator is responsible for summarizing the results, producing a final report, distributing the results and promoting further activities.

The local organizer, in this case study the FTZ, is responsible for the selection of an appropriate case study, adoption of the general model to the specific case study together with the overall co-ordinator, liaison with local communities and local organization throughout the training event. This includes arrangements for accommodation, local transport and subsistence as well as appointments with local stakeholders and communities and the public media. In addition, the local organizer provides background information to the course participants and is responsible for translation and moderation during discussions. One extremely important point for the local organizer is to secure that misunderstandings are avoided.

The role of the local host communities and the local stakeholders is to participate in the event through availability for discussions and debates and thus spend time to work with the participants.

5 Example: Training workshop in Büsum

5.1 Workshop Curriculum

The training event in Büsum was entitled "Towards a Framework for the Sustainable Management of the Wadden Sea." In summary, the event had the following objectives:

- to provide an opportunity for continued professional training and international exchange of experience for coastal managers,
- to develop ways forward in the sustainable management of the German Wadden Sea,
- to catalyse the coming together of local officials and decision makers through participation in the exercise and by acting on its recommendations.

The team consisted of 15 coastal managers from Europe (mainly from the UK) who spent ten days in Büsum at the North Sea coast of Schleswig-

Holstein, investigating current issues in coastal management. The team was provided with the following briefs:

- to identify core issues of concern in the case study area,
- to draw up a strategy for addressing these,
- to provide practical examples of putting strategic suggestions into practice.

The group had the opportunity to discuss current issues, visiting the area with representatives from a wide range of interest groups. Despite the many views expressed, agreement could be observed on a number of core issues that need to be addressed by the region. The group identified existing commonalties, but in the light of ongoing discussions and a sensible political situation decided not to make any attempts at proposing solutions. Instead, a number of case study examples were provided from the UK to show how very similar issues are being addressed there. Finally the team:

- drew together and presented conclusions on a public meeting and press conference,
- chose to focus on positive approaches to co-operation and sustainable development in the region,
- decided not to give detailed recommendations but to underline its message with an exhibition of posters of CZM in the UK and participation models from southern Germany.

5.2 Issues addressed in the study region

The study area is situated at the North Sea coast of Schleswig-Holstein. It includes the mostly marine area of the National Park Schleswig-Holsteinisches Wattenmeer plus the North Friesian Islands and neighbouring terrestrial areas on the mainland. This area touches two administrative units, the Kreise Dithmarschen and Nordfriesland. Selected parishes ("Gemeinden") for talks with local mayors and politicians were Büsum and the island of Pellworm.

In addition, more than 20 representatives of regional stakeholders participated in talks and discussions with the workshop members. Issues addressed in this way during the workshop were:

- the nature conservation sector represented by the National Park administration and the WWF as an environmental NGO including a field trip into the saltmarsh areas,
- local shrimp fisheries by using a field trip with a fisher boat for intensive talks to the owner,
- tourism as the most important economic sector in the whole area by an expert round table together with representatives of different local and regional tourist associations,

- oil industry by representatives of the oil company which drills for oil in the area of the National Park,
- agriculture by visiting conventional as well as ecological farms during a field trip to the island of Pellworm,
- coastal protection and landscape history by field trips led by regional experts,
- regenerative energy production which is important as an additional source of income for rural communities, by visiting a test plot.

The following describes the regional situation in a summarized form as it was perceived by the participants based on their talks to regional stakeholders and communities.

In the entire region, marshland, intertidal, marine and terrestrial areas form a landscape that is well known for its unique wildlife, especially as breeding and feeding ground for birds and its coastal environment. Because of this attraction, coastal municipalities have a long history of tourism (especially health tourism). In addition to other local industries and most notably to fisheries and agriculture tourism has recently declined, exacerbating problems of unemployment. This underlines the necessity for new concepts for regional development.

The dominant natural feature of the North Sea coast of Schleswig-Holstein is the intertidal Wadden Sea ecosystem. Its importance has been recognized in 1985 with the designation of the National Park Schleswig-Holsteinisches Wattenmeer, which includes all intertidal areas from 150 metres seawards of the dyke to the three miles outer sea limit. The Wadden Sea ecosystem has been the subject of intensive research carried out over a period of ten years. The results have recently been published in the so-called "Synthesebericht" (Synthesis Report) which also made proposals for the management and a new zoning of the National Park area. The publication of this report has lead to a widespread discussion and an emotional debate over balancing the conservation needs with those of the local population. This debate became one of the key issues during the workshop due to its dominant role in the region.

Despite the great diversity of opinions, views and concerns expressed by the various interest groups, the following common themes emerged out of the discussions (Fig. 1):

Coastal Protection: Coastal protection is universally recognized as a "conditio sine qua non" for the region. Nobody denies its importance.

Employment: Many economic difficulties currently experienced originate in external structural changes and cannot be solved by the region alone. There is agreement that a healthy and attractive environment forms a fundamental prerequisite for creating permanent employment, particularly in the tourism sector.

The National Park: Local communities have learnt to live with the National Park, but there is a strong impression that they feel left out – a feeling that has come into the open with the presentation of the "Synthesebericht". There is no sense of ownership for the National Park within the region and it is still not very well accepted. At the same time, there is a sense that the National Park administration is well aware of this and already taking steps towards addressing the problem.

Behind the common themes of coastal protection, employment and National Park, two key issues can be discerned in the view of the workshop participants: sustainability and participation.

Fig. 1: Sustainability and participation as key issues of Integrated Coastal Zone Management

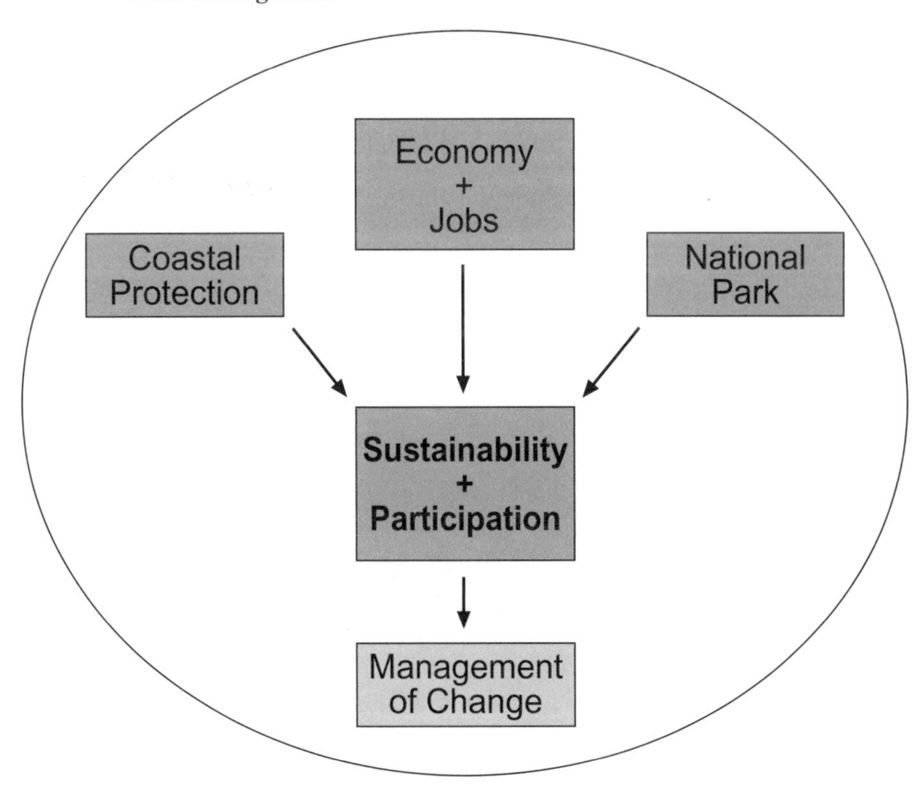

The importance of these two issues also appears to be universally recognized. Sustainability describes a win-win situation, which allows both nature conservation and economic interests to derive a benefit. This can only be achieved through appropriate stewardship of the area, which must involve all those affected locally and regionally, and bring with it the acceptance of the local population. This requires participation of local people in the planning process from the beginning. Examples for engaging the local population in the decision-making process already exist, for example the Future Workshops in Nordfriesland (KREIS NORDFRIESLAND 1997) or Integrated Island Management Strategies.

In the light of ongoing discussions, the participants decided not to make any attempts at proposing solutions. Instead, during the final public presentation a number of case study examples were provided from the UK and one from southern Germany to show how very similar issues are being addressed there. These case studies – presented under the headlines of sustainability, participation and co-operation – included:

- Sustainability:
  - developing sustainability indicators for the Dee Estuary,
  - the Marine Stewardship Council (Essex Region);
- Participation:
  - public participation in waste management planning in the Northern Black Forest region (Germany),
  - the Colne Estuary Management Plan,
  - developing a CD ROM education pack on the Dee Estuary;
- Co-operation:
  - management in the Wash Estuary,
  - developing sustainable tourism for the coastal zone of Caradon, Cornwall.

6 Conclusions

What can be concluded from the experiences gained from the training workshop in Büsum? It could be shown that the benefits of this kind of training were spread to all parties involved: the host area, the participants and the local organizers.

Benefits for the *host area* are:

- a new view to local problems from outside,
- new ideas to handle local / regional problems,
- the opportunity to establish international networking.

The *participants*, as they expressed in the final evaluation, got the following benefits out of the training:

- new insights and understanding of the complexity, planning decisions might include,
- more sensibility to special problems, such as co-operation and participation,

- increased confidence for their own work through a new experience in a foreign environment,
- more experience in teamworking,
- social and professional contacts abroad.

For the *local organizers* the organization of this event and the adaption of the general training model resulted in:

- networking with organizations abroad,
- rapport with the local community,
- new ideas and insights for local / regional problems.

Out of the experience FTZ and CoastNET gained from the management of this training workshop some issues which are important for the success of similar actions should be mentioned:

(1) Clear understanding of purpose, structure and output of the event by all partners is a prerequisite.

(2) Participants must form a truly multidisciplinary group to work successfully and get the benefits out of the training.

(3) The group must be able to focus on a real problem or real issue. The quality of the case study is of high importance for the success of the training.

(4) The hosts and the local discussion partners must have a clear understanding of what the group can deliver. They must be willing to spend time on working with the group and deliver information and their perception of relevant issues.

(5) An absolute must is solid funding to select and prepare a proper case study, to select or develop appropriate and useful background material, to organize and co-ordinate a fruitful programme, to provide facilities, transport and local arrangements.

7 References

CEI (1996): North America/United Kingdom Countryside Exchange. Report of the 1996 UK Exchange. - Centre for Environmental Interpretation at the Manchester Metropolitan University; Manchester.

CICIN-SAIN, B. & KNECHT, R.W. (1997): Integrated Ocean and Coastal Management: Concepts and national Practices. - Paris.

COASTNET (1995): Stewardship of the Crozon Peninsula. Report of a training exercise held at Crozon. - Coastal Heritage Forum at the Manchester Metropolitan University; Manchester.

DAVOS, C.A., SIDE, J.C., JONES, P.J.S., SIAKAVA, K., LA ROCA, F., GARCIA, E., BURONE, F. & KERKHOVE, G. (1997): The Role of Value Conflict Assessment Techniques in the Formulation of Implementable and Effective Coastal Zone

Management Policies. - A Report to the European Commission (DG XII). Vol. 1 - Main Report of the Study.

GESAMP (1996): The Contribution of Science to Coastal Zone Management. - GESAMP Reports and Studies, 61; Rome.

HERITAGE COAST FORUM (1994): The Sustainable Management of the Guernsey Coastline: A Report to the State of Guernsey Board of Administration. - Coastal Heritage Forum at the Manchester Metropolitan University; Manchester.

KREIS NORDFRIESLAND (1997): Tourismuskonzept Nordfriesland. - Husum.

SCHLESWIG-HOLSTEIN/LANDESAMT FÜR DEN NATIONALPARK SCHLESWIG-HOLSTEINISCHES WATTENMEER: Umweltatlas Wattenmeer, 1: Nordfriesisches und Dithmarscher Wattenmeer (1998). - Stuttgart.

UNEP (1995): Guidelines for Integrated Management of Coastal and Marine Areas. - UNEP Regional Seas Reports and Studies, 161; Geneva.

UNESCO (1997): Methodological Guide to Integrated Coastal Zone Management. - UNESCO-IOC Manuals and Guides, 36; Paris.

Marburger Geographische Schriften	134	S. 69-84	Marburg 1999

Die "Isla Baja" auf den Kanarischen Inseln – Morphogenese, ökonomische und ökologische Bedeutung eines speziellen Küstenraumes

Klaus Schipull

Zusammenfassung

Mit dem Terminus "Isla Baja" werden auf den fast vollständig durch Vulkanismus geprägten Kanarischen Inseln küstennahe Flachlandschaften unterschiedlicher Genese bezeichnet. Die klassische Form besteht aus einer fast ebenen Oberfläche, die auf der Meerseite von einem aktiven, auf der Landseite von einem fossilen Kliff begrenzt wird. Ihr Aufbau erfolgt in drei Phasen:

1. Produktion von meerwärts einfallenden vulkanischen Gesteinsserien,
2. Ruhephase des Vulkanismus mit marin-abrasiver Produktion von Kliff, Schorre und Schelf,
3. erneute vulkanische Aktivität mit teilweiser oder gänzlicher Überschüttung des Erosionsreliefs der Phase 2.

Die mögliche Breite von Schelf und Isla Baja variiert gesetzmäßig mit der Altersdifferenz der beiden vulkanischen Phasen und mit expositionsbedingten Unterschieden der Abrasionsintensität (NE-Passat, Atlantikdünung) in der mittleren Phase. Aus der Interferenz dieses Mechanismus mit dem der quartären Meeresspiegelschwankungen resultiert ein z.T. kompliziert aufgebautes, mehrfach getrepptes Küstenrelief.

Auf der Isla Baja konzentrieren sich wegen des sonst oft steilhängigen Vulkanreliefs Raumnutzungsansprüche für Besiedlung, Landwirtschaft und Tourismus - oft im Widerspruch zu Belangen des Naturschutzes.

Summary

The "Isla Baja" on the Canary Islands – Morphogenesis, economic and ecologic value of a specific coastal landform.

The term "Isla Baja" designates low lying and flat coastal areas of different origin at the rocky volcanic coasts of the Canary Islands. The classic form consists of a nearly horizontal platform, bound by active cliffs at the seaside and fossil ones at the landward side. It developed in the following three phases: (1) production of a seaward inclined series of volcanic rocks, (2) interruption of the volcanic activity and formation of a cliff, shore platform and shelf by marine abrasion, (3) renewal of the volcanic activity with partial or complete covering of the erosional relief of phase 2.

The possible width of the shelf and the Isla Baja strongly depends on the age interval between the two volcanic phases and on the intensity of abrasion in the middle phase, which varies with the exposition of the coast to trade winds from NE and to the Atlantic swell. This mechanism interfers with that of Quaternary sea-level oscillations, partly resulting in a complicated, step-like coastal relief.

Because of the often steep slopes of the central island volcanoes, the Isla Baja is the region where settlements, traffic, agricultural activity and tourism concentrate – very often in contrast to the concerns of the protection of nature.

1 Einleitung

Das Relief vulkanischer Inseln wird oft durch die mit Neigungswerten von zehn Grad und mehr abfallenden Hänge punktförmig zentraler oder linear aufgereihter Vulkanbauten dominiert. Die Nutzung eines solchen Reliefs als Siedlungsraum, für den Bau von Verkehrswegen und als landwirtschaftliche Nutzfläche erfordert einen hohen Aufwand an Arbeit und Kapital – insbesondere wenn die Hänge durch tief eingeschnittene und häufig steilwandige Kerbtäler in meist radialer oder paralleler Anordnung zerschnitten sind.

Im Archipel der Kanarischen Inseln sind solche Verhältnisse vor allem auf den fünf westlichen Inseln La Palma, El Hierro, La Gomera, Teneriffa und Gran Canaria gegeben. Ihre hohen Vulkanbauten ragen in die Passat-Wolkenzone hinein oder durchstoßen sie, was eine relativ gute Wasserversorgung aber damit auch eine starke erosive Zertalung zur Folge hat (vgl. Karte 1). Beides fehlt den niedrigen Ostinseln Fuerteventura und Lanzarote.

Eine besondere Bedeutung kommt auf den Kanaren daher der sog. "Isla Baja" zu. Das sind flache und niedrig gelegene Inselteile an den Küsten, auf denen sich Besiedlung, landwirtschaftliche Nutzung und Tourismus konzentrieren, die aber teilweise auch aus Naturschutzgründen interessant sind. Geomorphologische Entwicklung und Differenzierung der Isla Baja und ihrer Verbreitung in Abhängigkeit von verschiedenen Steuerungsfaktoren werden in diesem Beitrag vorgestellt und diskutiert; ein Ausblick auf die Raumnutzungskonflikte schließt sich an. Die Geländearbeiten wurden dankenswerterweise durch mehrere Reisebeihilfen seitens der Deutschen Forschungsgemeinschaft unterstützt.

Karte 1: Geomorphologische Typen des küstennahen Flachreliefs auf den Kanarischen Inseln

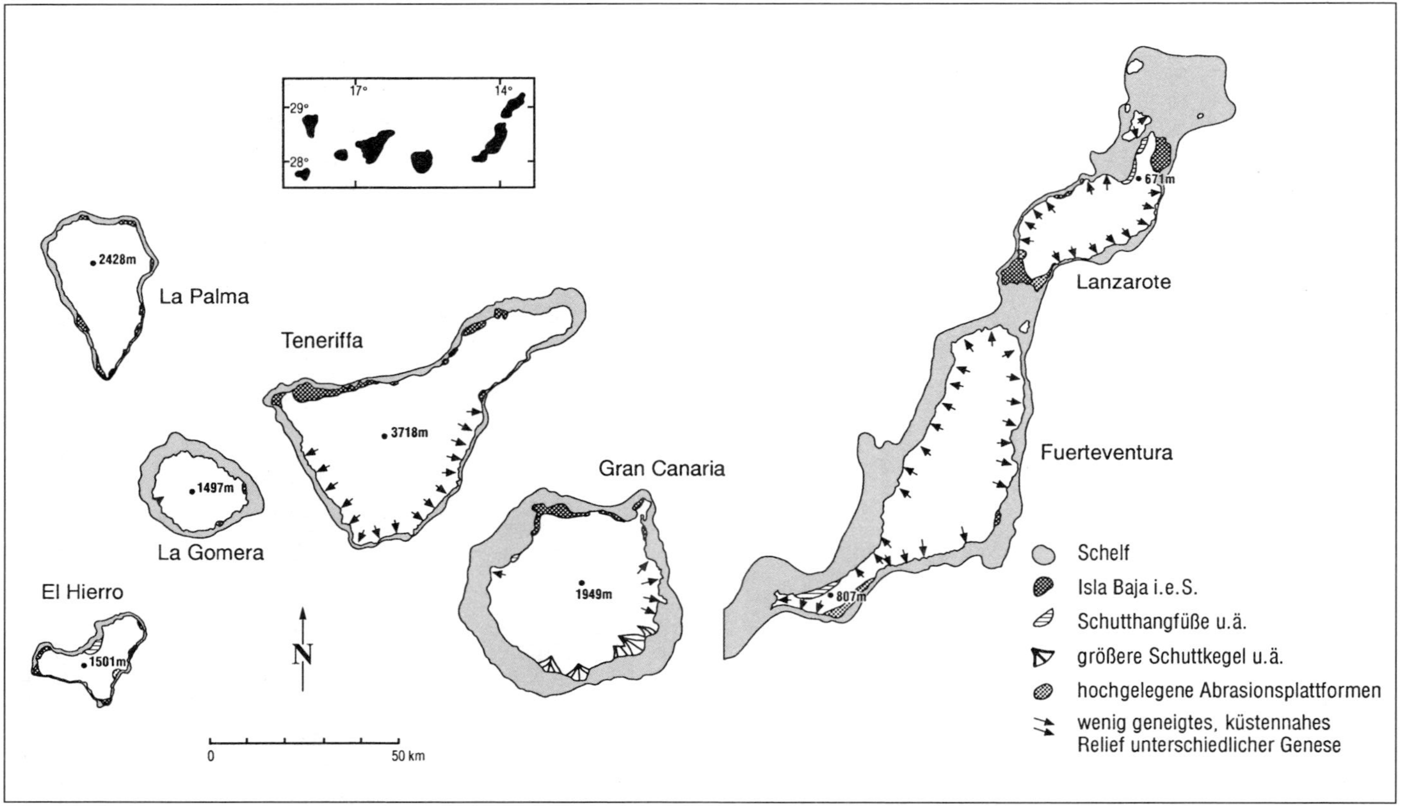

17°
14°
29°
28°
2428m
La Palma
Teneriffa
3718m
1497m
La Gomera
El Hierro
1501m
N
0
50 km
Gran Canaria
1949m
Lanzarote
671m
Fuerteventura
807m
Schelf
Isla Baja i.e.S.
Schutthangfüße u.ä.
größere Schuttkegel u.ä.
hochgelegene Abrasionsplattformen
wenig geneigtes, küstennahes Relief unterschiedlicher Genese

2 Morphographie und Morphogenese der Isla Baja

2.1 Isla Baja i.e.S.

Die klassische Isla Baja besteht im wesentlichen aus drei Reliefelementen (vgl. auch Foto 1):

1. Einem mehrere Meter bis Dekameter hohen, rezent aktiven Felskliff, an dem die Brandung annähernd horizontal angeordnete Wechsellagen aus basaltischen Laven und Tuffen zurückschneidet,
2. einer flach meerwärts geneigten, einige Dekameter bis Kilometer breiten und einige Meter bis wenige Dekameter hohen, meist intensiv genutzten vulkanischen Oberfläche und
3. einer landeinwärts folgenden, oft mehrere Dekameter, z.T. sogar Hektometer hohen Geländestufe, die in vielen Fällen durch Steinschlag-, Sturz- und Rutschvorgänge aktive Abschrägung erfährt.

Foto 1: Klassische Isla Baja südlich von Puerto Naos, Westküste von La Palma

Am Beispiel der historischen Lavaströme von 1595 und 1949 an der Südhälfte der Westküste von La Palma dokumentiert sich der relativ einfache Mechanismus der Isla-Baja-Genese: Jüngere Lavaströme überfließen in ältere vulkanische Serien eingearbeitete Kliffe und okkupieren die vorgelagerten Schorren- und Schelfregionen ganz oder teilweise (Karte 2). Durch die divergente Lavabewegung am Kliffuß entstehen "Lavadeltas", die das ehemalige

Karte 2: Morphographie und morphologisches Inventar der Isla Baja im Raum von Puerto Naos, Westküste von La Palma

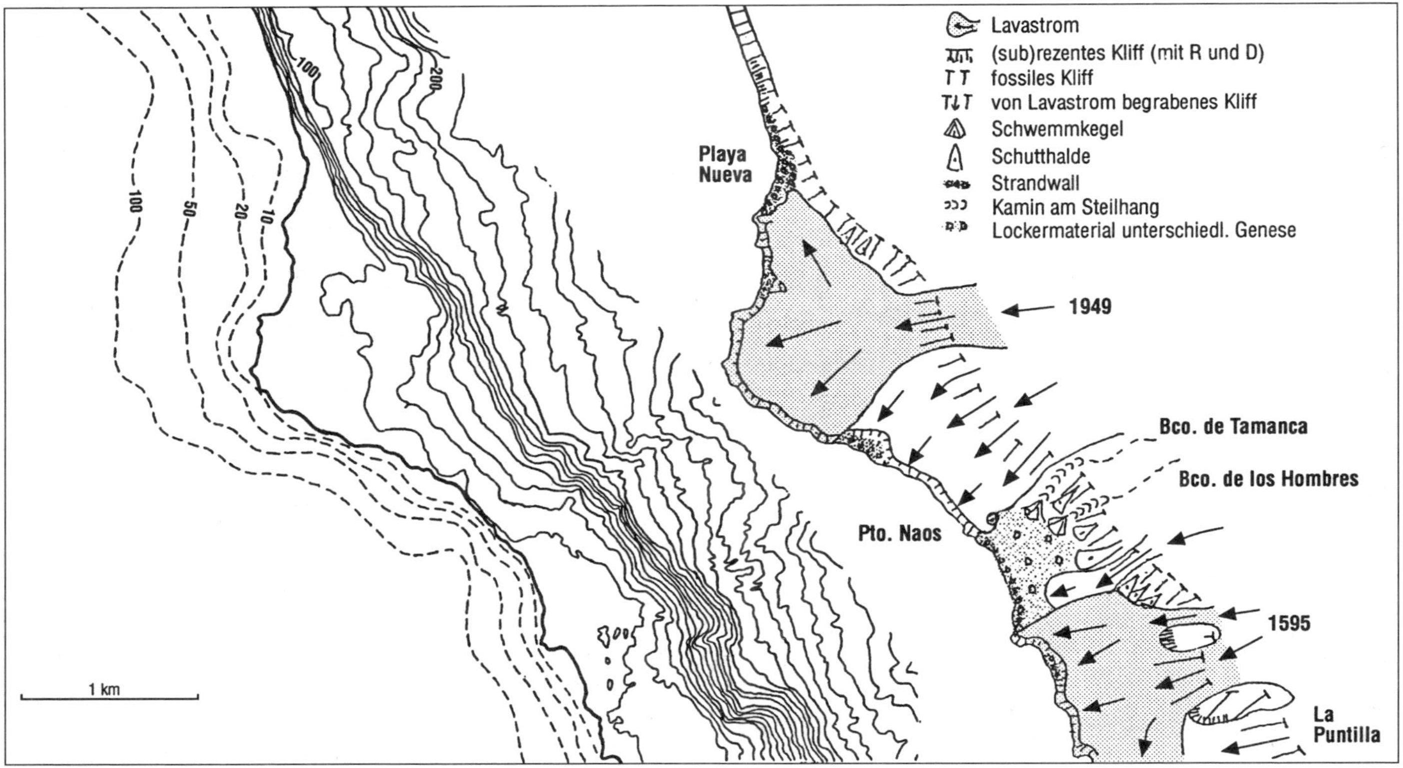

Lavastrom
(sub)rezentes Kliff (mit R und D)
fossiles Kliff
von Lavastrom begrabenes Kliff
Schwemmkegel
Schutthalde
Strandwall
Kamin am Steilhang
Lockermaterial unterschiedl. Genese

Playa Nueva
1949
Bco. de Tamanca
Bco. de los Hombres
Pto. Naos
1595
La Puntilla
100
200
10
20
50
100
1 km

Quelle: Topographische Karte 1:50.000, eigene Aufnahmen

Kliff auch beiderseits des Lavaflusses fossilisieren. Bei enger räumlicher und zeitlicher Nachbarschaft solcher Ströme ("high aspect ratio", ANCOCHEA et al. 1994) können sich auf diese Weise langgestreckte Islas Bajas entwickeln. Die seitlichen Ränder derartiger Deltas oder die Lücken zwischen benachbarten Deltas sind bevorzugte Orte der Lockermaterialakkumulation (Playa Nueva, Pto. Naos). Am ca. 800 m langen Sand- und Kiesstrand von Pto. Naos entstand das größte touristische Zentrum der Westküste von La Palma.

Die Ausbildung einer Isla Baja geschieht in drei aufeinanderfolgenden, zeitlich getrennten Schritten (Abb. 1):

1. Entstehung eines Vulkanit-Stapels, dessen Aufbau nicht wesentlich durch marine Abrasionstätigkeit oder terrestrische Erosion gestört wird;
2. Phase dominanter mariner Abrasion unter Ausbildung von Kliff, Schorre und Schelf, deren Produktion nicht wesentlich durch neuerliche, bis zur Küste vorstoßende Lavaströme gestört wird;
3. Plombierung dieses Erosionsreliefs durch jüngere Lavaströme.

Abb. 1: Schema der dreiphasigen Entwicklung einer klassischen Isla Baja

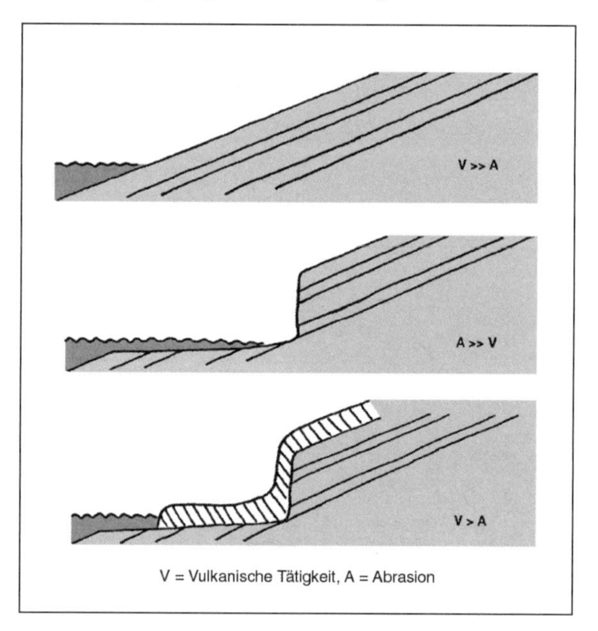

V = Vulkanische Tätigkeit, A = Abrasion

Die Phase 1 kann durch eine größere vulkanische Eruption und/oder durch mehrere zeitlich eng beieinanderliegende Ausbrüche realisiert werden. Die Breite der Isla Baja kann maximal den Wert der Breite des in Phase 2 produzierten Schelfs erreichen.

Die Schelfbreite ist im wesentlichen eine Funktion von zwei Faktoren: Dauer der Abrasionsperiode und Intensität der Abrasion. Die Abrasionsdauer ist eine Funktion des Inselalters. Tabelle 1 zeigt in der linken Spalte die bisher bekannten maximalen radiometrischen Alter subaerischer Vulkanite für jede Insel. Die älteren Ostinseln (vgl. Karte 1) besitzen die deutlich breiteren Schelfe. Die Abrasionsintensität variiert mit der Exposition der Küsten. Höhe und Energie der Brandungswellen sind an den Nordküsten wegen des NE-Passats, an den Westküsten wegen der Atlantikdünung deutlich größer als an den Ost- und Südküsten. Entsprechende Variationen der Schelfbreiten finden sich auf allen Inseln (Karte 1, insbesondere auch Karte 4).

Die Plombierung in Phase 3 stellt eine vorübergehende Wiederherstellung terrestrischer Verhältnisse in einem zuvor durch marin-litorale Prozesse gestalteten Milieu dar. Auf fast allen Inseln gibt es hierfür Bespiele aus jungholozäner bis historischer Zeit. Nur auf La Gomera datieren die letzten Vulkanausbrüche ins Präquartär (s. rechte Spalte in Tab. 1). Dort fehlt eine Isla Baja so gut wie ganz.

Tab. 1: Obere und untere Altersgrenzen des Vulkanismus auf den Kanaren

La Palma	1,5 Ma	1971
El Hierro	>0,7 Ma	1793?
La Gomera	12,5 Ma	präquartär
Teneriffa	11,6 Ma	1706
Gran Canaria	13,9 Ma	ca. 3000 Jahre
Fuerteventura	20,7 Ma	einige tausend Jahre
Lanzarote	15,5 Ma	1824

Höchste bisher publizierte radiometrische Alter subaerischer Vulkanite auf den Kanaren in Millionen Jahren (Ma; linke Spalte) und Jahr bzw. ungefähres Alter des jüngsten Vulkanismus, der die Küste unter Isla Baja-Bildung erreicht hat (rechte Spalte).

Quellen: CARRACEDO 1994, ROTHE 1996

Denudative Abschrägung von Kliffen geschieht und geschah nicht nur im Schutz vorgebauter Isla Baja-Bereiche, sondern – an Küsten mit und ohne Isla Baja – auch im Zusammenhang mit den quartären Meeresspiegelschwankungen. Eine kaltzeitliche Absenkung des Meeresspiegels fossilisiert ein zuvor aktives Kliff, das durch Denudationsprozesse zu einem abgeschrägten Steilhang (D in Abb. 2) umgeformt wird. Dieser Hang wird nach erfolgtem Wiederanstieg des Meeresspiegels durch marine Abrasion von unten her aufgezehrt. In widerständigen Gesteinsmaterialien wie den kanarischen Vulkaniten ist das bisher nicht vollständig geschehen, so daß viele Kliffe ein zweigliedriges Profil (D und R in Abb. 2) aufweisen (vgl. SCHIPULL 1995, 1996). Foto 2 zeigt das Beispiel an der Mündung des Barranco de las Angustias (mittlere Westküste von La Palma).

Abb. 2: **Schema der Entwicklung zweigliedriger Kliffprofile als Resultat von Meeresspiegelschwankungen**

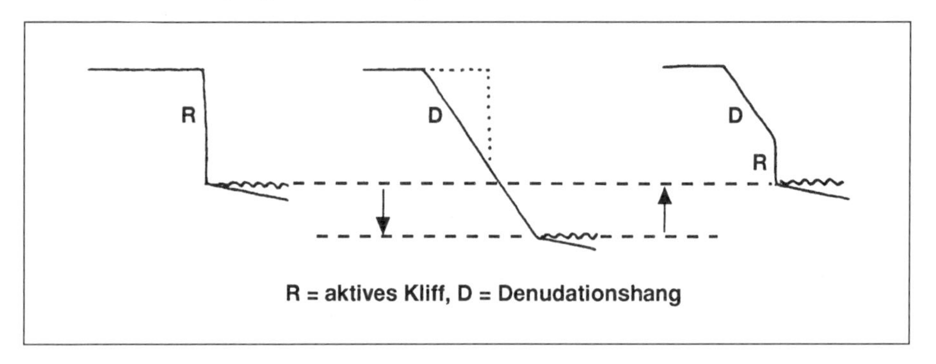

Foto 2: **Zweigliedriges Kliffprofil nahe der Mündung des Barranco de las Angustias, Westküste von La Palma**

Soweit bisher bekannt, fehlt den holozänen Vulkaniten der Kanaren der Denudationshang D, so daß dessen Ausbildung wohl letztkaltzeitlich erfolgt sein muß. Das Kliff, aus dem er hervorgegangen ist, kann nur bei einem ähnlich hohen Meeresspiegelniveau wie heute produziert worden sein. Hierfür kommt nach bisheriger Kenntnis nur das letzte Interglazial in Frage.

Beide Mechanismen, die Isla Baja-Bildung und die Effekte der Meeresspiegelschwankungen, können sich vielfach miteinander verzahnen. Das Ergebnis ist nicht selten ein kompliziert aufgebautes, z.T. mehrfach getrepptes Küstenrelief, wie es z.B. an der Westküste der Südhälfte von La Palma zu finden ist (Karte 3).

In der Abrasionsphase zwischen den beiden für die Genese einer Isla Baja notwendigen vulkanischen Eruptionsabschnitten wird nicht nur der Schelf produziert. Auf dem älteren Vulkan kann sich durch terrestrische Erosion ein System von Tälern (Barrancos auf den Kanaren) mit dem für kegelförmige Vulkanbauten typischen divergenten Grundrißmuster entwickeln (Abb. 3). Der jüngere Vulkan kann neben der Plombierung von Teilen des Küstenreliefs auch Teile des Talnetzes verschütten. An der Grenze zwischen beiden Vulkanen entsteht ein neuer Barranco, der – im Gegensatz zu den älteren – Zuflüsse aufnehmen kann; er hat Sammlerfunktion für Wasser und Sedimente.

Abb. 3: Reliefelemente (Coebra-Struktur) im Grenzbereich zweier verschieden alter Vulkane (1 = älterer Vulkan, 2 = jüngerer Vulkan, 3 = fossiles Kliff, 4 = Isla Baja, 5 = rezent aktives Kliff, 6 = Schelf, 7 = Schelfkante, 8 = Barrancos, 9 = Sammelbarranco)

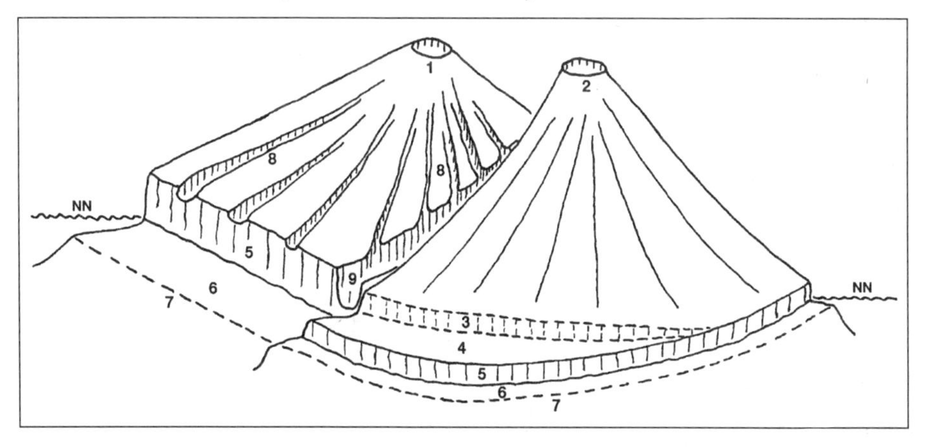

Eine subterrane, von jüngeren Vulkaniten vollständig bedeckte Struktur dieser Art ist aus der Nordhälfte von La Palma bekannt (HERNANDEZ-PACHECO 1910, NAVARRO LATORRE & COELLO BRAVO 1993) und wird als sog. Coebra-Struktur beschrieben. Ihre Grundwasservorräte werden durch eine Vielzahl von Stollen ("Galerias") erschlossen.

Karte 4 zeigt solche Coebra-Strukturen mit Sammelbarrancos an der heutigen Oberfläche von La Palma. Sie folgen den Grenzen benachbarter vulkanischer Einheiten unterschiedlichen Alters (von alt nach jung: II = "Taburiente II", N = "Cumbre Nueva", V = "Cumbre Vieja"; nach NAVARRO LATORRE &

Karte 3: Schematische Küstenprofile im Südteil der Westküste von La Palma

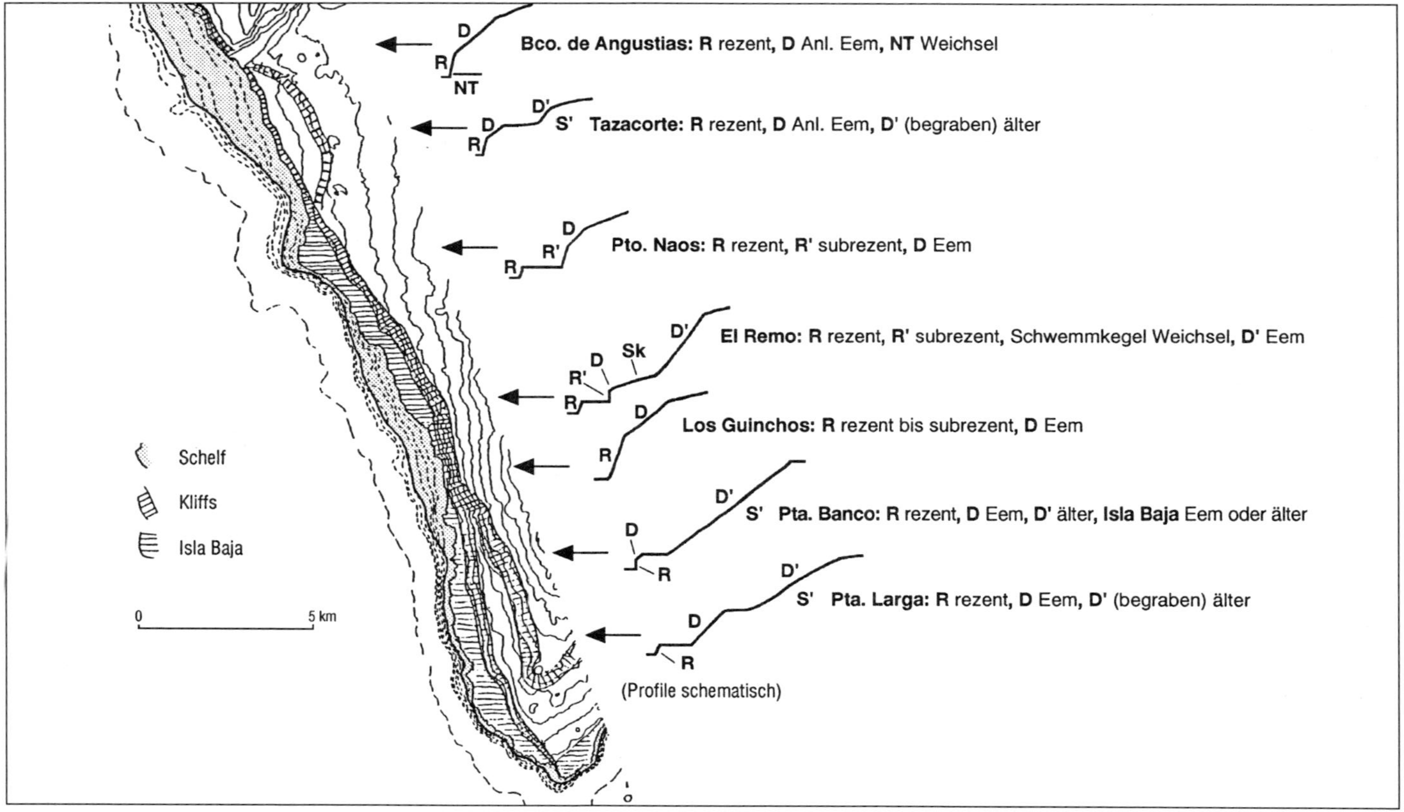

Karte 4: Isla Baja und subaerische Coebra-Strukturen auf La Palma

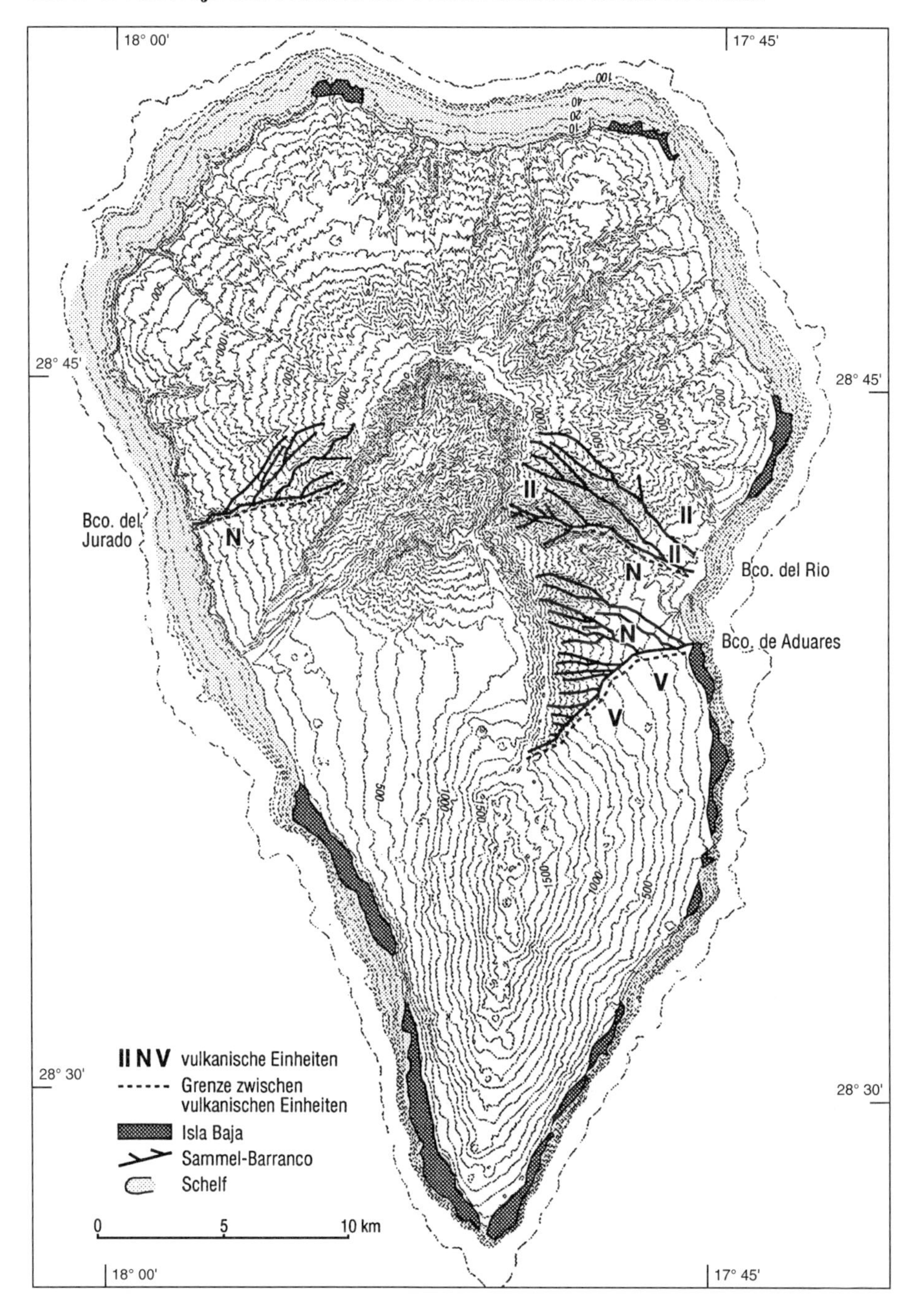

COELLO BRAVO 1993). Die Sedimente an der Mündung des Bco. del Jurado werden wegen der exponierten Lage an der Westküste von der Brandung rasch aufgearbeitet und abtransportiert.

Im Mündungsbereich des Bco. del Rio liegt die Inselhauptstadt Sta. Cruz de la Palma, während sich um die Sandbuchten an der Mündung des Bco. de Aduares mit Los Cancajos das größte touristische Zentrum der Ostküste von La Palma entwickelt hat.

2.2 Andere morphologische Typen küstennahen Flachreliefs

In Karte 1 sind außer der Isla Baja i.e.S. weitere und morphogenetisch anders zu interpretierende küstennahe Flachlandschaften wiedergegeben.

Wahrscheinlich tektonisch gehobene ehemalige Abrasionsplattformen von einigen Metern bis Dekametern Meereshöhe sind in meist kleinräumigen Vorkommen an vielen Stellen des Archipels kartiert worden und waren Anlaß für ausgedehnte, z.T. kontroverse Interpretation und Diskussion (z.B. KLUG 1968, MECO & STEARNS 1981, RADTKE 1985). Flächenmäßig bedeutsame Vorkommen dieser Art finden sich aber nur an den Südküsten von Lanzarote und Fuerteventura.

Flach meerwärts auslaufende Hangschuttschleppen vor einige hundert Meter hohen Steilwänden charakterisieren manche Küstenabschnitte, z.B. an der Westküste des nördlichen Lanzarote, an der Nordküste der Halbinsel Jandia im Süden von Fuerteventura, an der Nordwest- und Südostküste von El Hierro. Die im Grundriß z.T. halbkreisförmigen Steilwände werden nach neueren Untersuchungen als Ergebnis gigantischer Rutschungen interpretiert (CARRACEDO 1994, ROTHE 1996); die z.T. mehrgliedrigen Schutthalden sind wahrscheinlich auf die Wirkung kaltzeitlicher Denudationsvorgänge zurückzuführen (vgl. SCHIPULL 1995).

Vor der Mündung größerer Barrancos liegen teilweise Schwemmkegel oder Barranco-Schuttkegel, deren Fluvialsedimente nicht selten von vulkanischen Zwischenlagen unterbrochen sind – so vor allem an den Küsten im Osten und Süden von Gran Canaria im Lee des Passats und der Atlantikdünung (vgl. LIETZ 1973).

Wenig geneigtes küstennahes Relief unterschiedlicher Genese charakterisiert vor allem größere Küstenabschnitte auf den Ostinseln Fuerteventura und Lanzarote, jenen Inseln, denen ein höher aufgebautes zentrales Hinterland weitgehend fehlt. Lavaströme unterschiedlichen Alters okkupieren zuvor ausgebildete Schelfbereiche, an deren landwärtiger Seite jedoch zumeist die auf den westlichen Inseln hoch entwickelten Kliffe fehlen. Eine Isla Baja im weiteren Sinne läßt sich hier folglich definieren als küstennaher Abschnitt eines allmählichen Reliefabfalls von einem wenige hundert Meter hohen Hinterland zur Küstenlinie.

3 Ökonomische und ökologische Bedeutung der Isla Baja

Aus der Morphogenese läßt sich unmittelbar ableiten, daß die Isla Baja klimatisch gesehen vollständig der ariden bis semiariden Fußstufe der Kanaren angehört – mit Jahresniederschlagswerten von meist nur 100-200 mm. Vegetationsgeographisch entspricht ihr die Sukkulenten-Federbusch-Formation mit deutlicher Dominanz einer Reihe von – größtenteils endemischen – Euphorbiaceen-Arten.

Die Isla Baja (im engeren und weiteren Sinne) ist der traditionelle Nutzungsraum für die kanarische Exportlandwirtschaft. Der Anbau von Agrarprodukten für den einheimischen Bedarf ist dagegen in den mittleren Höhenlagen, den sog. Medianias, konzentriert.

Seit Ende des 19. Jhs. ist die Banane der hauptsächliche agrarische Exportartikel. Sie löste die Gewinnung von Naturfarbstoffen aus der auf Opuntien gezüchteten Cochenillelaus ab, da diese der Konkurrenz durch die Anilinfarben langfristig nicht gewachsen war. Nur im Norden von Lanzarote kann in den letzten Jahren aufgrund wieder verstärkter Nachfrage nach Naturfarben eine gewisse Renaissance der Cochenillelaus-Zucht beobachtet werden.

Während die Opuntie auf der halbwüstenhaften Isla Baja einen angepaßten Standort hat, gilt dies für die Banane als Nutzpflanze der immerfeuchten Tropen in keiner Weise. Der Bananenanbau ist daher nur mit hohem Kapitalaufwand möglich: neben Planierung, Terrassierung, Aufbringen von lockerem Bodenmaterial, Anlage von Windschutzmauern und Folienabdeckungen muß vor allem künstlich bewässert werden (Foto 3). Das Wasser wird zu einem geringen Teil aus natürlichen Quellen, zum weitaus größeren aus Brunnen und Stollen gewonnen und über oft viele Zehner von Kilometern lange, gemauerte, z.T. offene Wasserkanäle den Anbaugebieten zugeführt. Die natürliche Wiederauffüllung der Wasservorräte ist nur in der Passatwolkenzone möglich, weshalb sich der Bananenanbau – von kleinen Flächen auf La Gomera und El Hierro abgesehen – auf die Inseln Teneriffa, La Palma und Gran Canaria beschränken muß. Hier erreicht der Anteil der Landwirtschaft am Gesamtwasserverbrauch Werte zwischen 55 und über 90 % (RODRIGUEZ BRITO 1996). Beträchtliche ökologische Konsequenzen deuten sich an. So ist z.B. auf Gran Canaria in der Dekade von 1974 bis 1984 eine Absenkung des Grundwasserspiegels von 100 m gemessen worden (SOLER & LOZANO 1988).

In den 70er und 80er Jahren dieses Jahrhunderts sind die kanarischen Bananen fast ausschließlich nach Festland-Spanien exportiert worden, wo ein Importverbot für mittel- und südamerikanische Bananen galt, die deutlich billiger produziert werden. Nach dem Beitritt Spaniens zur EG 1986 und dem Auslaufen von Übergangsregelungen (voraussichtlich im Jahre 2001) dürfte die kanarische Banane kaum noch konkurrenzfähig sein. Die Anbaufläche ist seit den 80er Jahren rückläufig zugunsten möglicher zukünftiger Alternativkulturen wie Papayas, Avocados, Ananas, Mangos und Blumen.

Mit dem aus thermischen Gründen meist nur bis ca. 300 m ü.M. möglichen Bananenanbau konkurriert auf der Isla Baja seit zwei bis drei Jahrzehnten der Massentourismus mit seinem nicht unerheblichen Flächenbedarf. Hotel- und Bungalowanlagen, Vergnügungsparks, Golfplätze etc. haben auf Gran Canaria, Teneriffa, Lanzarote und Fuerteventura vor allem an den Südküsten, z.T. auch an den Nordküsten, namhafte Teile der Isla Baja okkupiert – mit zunehmender Tendenz.

Foto 3: Bananen-Anbau auf der Isla Baja bei Puerto Naos, La Palma

Wie häufig hinken auch auf den Kanaren die von seiten des Naturschutzes formulierten Flächennutzungsansprüche hinter den ökonomisch orientierten hinterher. Erst 1994 wurden – nach bis dahin eher bescheidenen Anfängen – in einem umfangreichen Naturschutzgesetz ca. 40 % der Gesamtfläche der Kanaren in 145 Schutzgebieten in sieben verschiedenen Kategorien unter Schutz gestellt (MARTIN ESQUIVEL et al. 1995). Wichtige Abschnitte der Isla Baja, z.B. holozäne Lavaoberflächen an den Küsten von Lanzarote und Teneriffa, auf denen sich Phasen der Besiedlung durch Vegetation vergleichend studieren lassen, werden dadurch geschützt (Foto 4). Klassische Isla Baja-Vorkommen, etwa an den Nordküsten von Teneriffa und Gran Canaria, sind – wohl wegen der starken Überprägung – ausgenommen. Zu denken geben allerdings manche Begründungen für die Unterschutzstellung, wie z.B. für die

Isla Baja um und südlich von Pto. Naos an der Westküste von La Palma: Die Fläche sei fast vollständig von Bananenplantagen mit hoher Produktivität und hohem ökonomischen Wert bedeckt; sie werde als Alternative zur urbanen Entwicklung und zum Erhalt einer interessanten Agrar- und Kulturlandschaft geschützt (MARTIN ESQUIVEL et al. 1995).

Foto 4: Euphorbiaceen auf jungvulkanischer Isla Baja, Westküste von Lanzarote

4 Literatur

ANCOCHEA, E., HERNAN, F., CENDRERO, A., CANTAGREL, J.M., FUSTER, J.M., IBARROLA, E. & COELLO, J. (1994): Constructive and destructive episodes in the building of a young oceanic island, La Palma, Canary Islands, and genesis of the Caldera de Taburiente. - Journal of Volcanology and Geothermal Research 60: 243-262; Amsterdam.

CARRACEDO, J.C. (1994): The Canary Islands: An example of structural control on the growth of large oceanic island volcanoes. - Journal of Volcanology and Geothermal Research 60: 225-241; Amsterdam.

HERNANDEZ-PACHECO, E. (1910): Estudio geológico de Lanzarote y de las isletas canarias. - Memorias de la Real Sociedad Española de Historia Natural, 6: 297-311; Madrid.

KLUG, H. (1968): Morphologische Studien auf den Kanarischen Inseln. - Schriften des Geographischen Instituts der Universität Kiel, 24; Kiel.

LIETZ, J. (1973): Fossile Piedmont-Schwemmfächer auf der Kanaren-Insel Gran Canaria und ihre Beziehung zur Lage des Meeresspiegels. - Zeitschrift für Geomorphologie, N.F., 18: 105-120; Berlin, Stuttgart.

MARTIN ESQUIVEL, J.L., GARCIA COURT, H., REDONDO ROJAS, C.E., GARCIA FERNANDEZ, I. & CARRALERO JAIME, I. (1995): La red canaria de espacios naturales protegidos. - La Laguna.

MECO, J. & STEARNS, C.E. (1981): Emergent littoral deposits in the Eastern Canary Islands. - Quaternary Research, 15: 199-208; New York.

NAVARRO LATORRE, J.M. & COELLO BRAVO, J.J. (1993): Sucesión de episodios en la evolución geológica de La Palma. - Madrid.

RADTKE, U. (1985): Zur zeitlichen Stellung mariner Terrassen auf Fuerteventura (Kanarische Inseln). - In: KLUG, H. (Hrsg.): Küste und Meeresboden. Neue Ergebnisse geomorphologischer Feldforschungen. - Kieler Geographische Schriften, 62: 73-95; Kiel.

RODRIGUEZ BRITO, W. (1996): Agua y agricultura en Canarias. - La Laguna.

ROTHE, P. (1996): Kanarische Inseln. - 2. Aufl. Sammlung geologischer Führer, 81; Berlin.

SCHIPULL, K. (1995): Zur geomorphologischen Differenzierung von Felskliffs - am Beispiel der Kanarischen Inseln. - In: RADTKE, U. (Hrsg.): Vom Südatlantik bis zur Ostsee - neue Ergebnisse der Meeres- und Küstenforschung. - Kölner Geographische Arbeiten, 66: 59-70; Köln.

SCHIPULL, K. (1996): Zur Konkurrenz zwischen terrestrischen und marin-litoralen Reliefformungsprozessen an den Felsküsten Gran Canarias (Kanarische Inseln). - Vechtaer Studien zur Angewandten Geographie und Regionalwissenschaft, 18: 115-132; Vechta.

SOLER, C. & LOZANO, O. (1988): El agua. - In: AFONSO, L. (Hrsg.): Geografia de Canarias, 2. Aufl., Bd. 1, Geografia fisica: 203-242; Santa Cruz de Tenerife.

Marburger Geographische Schriften	134	S. 85-100	Marburg 1999

Erste absolute Datierungen pleistozäner Litoralbildungen der Insel Kreta, Griechenland

Dieter Kelletat, Gerhard Schellmann & Helmut Brückner

Zusammenfassung

Die Differenzierung eustatischer, isostatischer und tektonischer Niveauveränderungen an den Küsten der Erde ist ein seit über 100 Jahren vielfach untersuchtes wissenschaftliches Problem. Neben naturwissenschaftlichen Beobachtungen und Bestimmungen (z.B. von Leitfossilien) wurden dabei u.a. auch feldarchäologische Methoden herangezogen. Regionale und überregionale, ja sogar weltweite Alterseinstufungen wurden vielfach rein altimetrisch vorgenommen.

Erst seit einigen Jahrzehnten stehen verschiedene Methoden der absoluten Altersbestimmung zur Verfügung, die viele der Schwächen früherer Ansätze vermeiden helfen. Dennoch ist man selbst in als gut untersucht geltenden Regionen oft von endgültigen Ergebnissen noch weit entfernt.

Das gilt auch für die Insel Kreta, welche zu den am besten untersuchten Regionen der Erde hinsichtlich der Aufklärung jüngerer und älterer Niveauschwankungen des Meeres im Holozän gelten kann. Weit über 100 absolute Daten für das jüngere Holozän wurden allein im Westteil der Insel gewonnen und damit sehr differenziert die Bewegungsabläufe zwischen Land und Meer entschlüsselt. Ob sie jedoch ausschließlich neotektonischer (und oft coseismischer) Natur sind, oder ob sich darin auch eustatische Bewegungskomponenten verbergen, ist offen bzw. strittig. Für das Pleistozän – selbst für dessen jüngste Abschnitte – liegen jedoch bisher keine verläßlichen und stratigraphisch bzw. geomorphologisch gestützten absoluten Datierungen vor, so daß hier ein vordringlicher Klärungsbedarf besteht.

Mit Hilfe von bisher zwölf ESR-Daten aus drei verschiedenen Regionen Westkretas (Chania, Damnoni und Paleochora) wurde versucht, (a) erste Einstufungen der häufig auftretenden pleistozänen Küstenablagerungen und Küstenterrassen vorzunehmen, und (b) die Altersstellung begleitender Phänomene wie Äolianite, Kalkalgenriffe oder nachfolgende terrestrische und litorale Umformungsprozesse nach Art und Intensität zu klären. Dabei konnten Rückschlüsse auf die Quantität neotektonischer Dislokationen, auf deren Bewegungscharakter (andauernd, kontinuierlich oder ruckweise, coseismisch) und auf eustatische Meeresspiegelbewegungen gezogen werden. Erst eine Antwort auf diese Fragen erlaubt dann Aussagen dazu, ob eine Hochrechnung von Bewegungsraten aus Alter und Lage pleistozäner Niveaumarken generell oder in diesem Raum zulässig ist, wo plötzliche Vertikalbewegungen im Ausmaß von bis zu 10 m allein in historischer Zeit nachgewiesen sind.

Die ersten absoluten Daten bestätigen zunächst den unterschiedlichen Bewegungscharakter von Nord- und Südküste Kretas in jüngerer geologischer Zeit wie auch die Tatsache, daß innerhalb eines einzigen Interglazials sehr wohl verschieden hohe und gleich gut ausgeprägte Niveaumarken (hier Kalkalgenriffe beträchtlicher Ausdehnung) angelegt werden können, also wahrscheinlich auch präholozän sprunghafte Dislokationen beträchtlichen Ausmaßes vorgekommen sein dürften. Damit ist gleichzeitig darauf hingewiesen, daß selbst vielgliedrige und hoch hinaufreichende Terrassenfolgen litoralen Ursprungs zunächst nichts über die Zeitspanne ihrer Entstehung aussagen und somit auch nicht für Mittelwertberechnungen neotektonischer Bewegungsraten herangezogen werden dürfen.

Abstract

For more than 100 years, the differentiation between eustatic, isostatic and tectonic changes of sea level along the world's coastlines has been a scientific problem. It was, therefore, the subject of frequent examinations. In addition to scientific observations and definitions (e.g. of guide fossils), field archaeological methods were used. On local, regional and even global scales, age determinations were often based on altimetric correlations alone.

Since some decades, different absolute dating methods are available which help to avoid the problems of former approaches. However, even in well examined regions we are often far away from final results. The latter is also true for the island of Crete, one of the world's best examined regions concerning the information about sea-level changes during the Holocene.

In the western part of Crete more than 100 absolute dates were obtained for the Younger Holocene, revealing a differentiated pattern for the dynamics of both land-level and sea-level changes. Whether these are solely the results of neotectonic (and often coseismic) movements, or whether they are overprinting eustatic components, is still a critical question. Even for the younger phases of the Pleistocene period no reliable absolute dates are available based on stratigraphical and/or geomorphological field evidence, wherefore scientific clarification is urgently needed.

So far, twelve ESR dates from three different regions of western Crete (Chania, Damnoni, Paleochora) were analyzed for the purpose of a first classification of the widespread Pleistocene coastal deposits and terraces. Furthermore, the ages of coastal features such as aeolianites and calcareous algal reefs could be determined, and, lastly, nature and intensity of the successive terrestrial and littoral transformation processes could be identified. This enabled us to draw conclusions on the quantity of neotectonic dislocations, on their type of movement (persistently, continuing or abruptly, coseismic) as well as on eustatic changes of sea level. The answers to these questions permit statements whether an extrapolation of movement rates from the age and position of Pleistocene sea-level indicators is generally tolarable, or whether they only fit on a regional scale with evidence for sudden vertical movements up to 10 m in historical times.

The first absolute datings confirm different dynamics for the northern and southern coasts of Crete in younger geological periods. At the same time it is shown that definite sea-level indicators, now at various altitudes (e.g. bioconstructions such as calcareous algal reefs of considerable size), are supposed to have formed within one single interglacial, implying that pre-Holocene sudden dislocations of relevant range might probably have occurred. This underlines the impossibility of an age determination by altimetric correlations and calculations of average neotectonic movement rates – not even on the base of such multiple and high reaching terrace sequences as in western Crete.

1 Einführung und Problemstellung

Die Insel Kreta gehört sicher zu den am besten untersuchten Regionen der Erde hinsichtlich der holozänen Entwicklungsgeschichte ihrer Küsten – vor allem, was neotektonische Bewegungen, Meeresspiegelschwankungen und dadurch ausgelöste Milieuveränderungen angeht. Dieses ist für einen Raum, der im wesentlichen aus Felsküsten besteht, nicht selbstverständlich, weil hier sedimentologische und stratigraphische Methoden kaum zum Einsatz kommen können.

Allerdings gibt es auf Kreta eine Fülle destruktiver und konstruktiver biogener Formelemente im Litoral, welche in ihrer genetischen Zusammengehörigkeit interpretiert werden können und bei deren konstruktiven Gebilden aus Kalkalgen und Vermetiden gute Radiokohlenstoffdatierungen möglich sind. Sie sind auch in großer Zahl (weit über 100 allein von Westkreta) durch Forschungen französischer, griechischer und deutscher Wissenschaftler beigebracht worden (für eine Übersicht über den Forschungsstand und die wichtigste Literatur siehe KELLETAT 1979, 1994, KELLETAT & ZIMMERMANN 1991 und PIRAZZOLI et al. 1996). Als Ergebnis ist festzuhalten, daß für einen großen Bereich Westkretas und darüber hinaus, d.h. für eine Region von vielen tausend Quadratkilometern, coseismische Dislokationen mit Hebungsbeträgen von wenigen Zentimetern bis zu 10 m allein in historischer Zeit nachgewiesen wurden (vgl. Abb. 1).

Über entsprechende Vorgänge im Pleistozän wissen wir dagegen nur sehr wenig. Zwar sind etliche Vorkommen pleistozäner Litoralbildungen auf ganz Kreta bekannt (vgl. u.a. DERMITZAKIS 1972, 1973, PSARIANOS 1961, PAPAPETROU-ZAMANIS 1971, SYMEONIDIS 1967 oder KELLETAT 1979), über ihr absolutes Alter dagegen herrscht Unklarheit, zumal eine altimetrische Einstufung sich schon wegen der starken tektonischen Bewegungen und der allein für das Jungholozän nachgewiesenen coseismischen Dislokationen verbietet. Lediglich aus dem Vorkommen einiger Leitfossilien wie *Strombus bubonius* Lmk. aus dem Osten und Süden der Insel waren vorsichtige Schlüsse auf "tyrrhen"-zeitliches Alter und damit eine wahrscheinliche Einstufung in das letzte Interglazial möglich.

Die einzigen bisher publizierten absoluten Daten, welche von Litoralbildungen Kretas stammen und eindeutig älter als holozän sind, wurden von HEMPEL (1991: 129, 143) publiziert, welcher Mollusken und eine Bryozoenbank von der Nordküste auf 33.690 BP bei Gouves bzw. 19.440 BP sieben km östlich von Rethimnon ^{14}C-datierte; er ordnete diese Bildungen innerwürmzeitlichen Klima- und Meeresspiegelschwankungen zu. Weil gerade an der mittleren Nordküste jedoch höherliegende pleistozäne Litoralablagerungen oder andere Spuren von Meereseinwirkung fehlen, war die Interpretation dieser Daten bzw. die Annahme ihrer Richtigkeit riskant: Es würde nämlich bedeuten, daß entsprechende Strandsäume aus Lagen unter dem Meeresspiegel tektonisch in eine Position knapp über das gegenwärtige Meeresniveau gebracht worden wären, ursprünglich höher angelegte interglaziale Strände dagegen nicht existieren bzw. selbst im flacheren Gelände nicht erhalten sind.

KELLETAT (1979) hatte daher entsprechende Ablagerungen in das letzte Interglazial gestellt, zumal sie an der Basis immer noch morphologisch gut erhaltener – jetzt versteinerter – Dünensäume liegen, deren Aufwehung an den Beginn einer direkt anschließenden Regressionsphase zu stellen wären.

Im Anschluß an ein Internationales Symposium der "Commission on Coastal Systems" der "International Geographical Union" auf der Insel Kreta im Frühjahr 1994 wurden daher eine Reihe offener und wichtiger Fragen zur Küstenentwicklung Kretas formuliert (KELLETAT 1996) und einige davon anschließend durch Profilaufnahme, Probennahme und absolute Altersdatierungen einer Lösung nähergebracht. Als Beispiele aus diesem Fragenkreis werden hier erste absolute Datierungen von Lokalitäten der Nord- und Südküste Kretas vorgestellt.

Abb. 1 verdeutlicht die Küstenregionen, an denen präholozäne Küstenformen und -ablagerungen bekannt geworden sind. Es sind dies die Ostküste mit Ausnahme der nordöstlichen Kaps, die eindeutig Absenkungserscheinungen aufweisen, große Abschnitte der Südküste mit einer Vielzahl von pleistozänen Küstenspuren, die Westküste auf nahezu ihrer gesamten Länge sowie der westliche Abschnitt der Nordküste, soweit wie die holozäne coseismische Hebung des 21. Juli 365 n.Chr. (vgl. PIRAZZOLI et al. 1996) auch ältere Formen und Ablagerungen über das gegenwärtige Meeresniveau gebracht hat. Im Mittelabschnitt der Nordküste, der im wesentlichen ein Senkungsgebiet mit zahlreichen morphologischen Belegen für Untertauchung bzw. Ingression darstellt, sind dagegen nur wenige Lokalitäten mit wenig über dem Meeresspiegel befindlichen älteren Strandablagerungen bekannt – eben die von HEMPEL (1991: 129, 143) angeführten sowie jene bei Mallia, östlich Chania oder bei Mochlos (vgl. KELLETAT 1979, 1996).

Abb. 1: Küstenstreifen der Insel Kreta mit pleistozänen Litoralspuren und Isobasen der Hebung Westkretas im Jungholozän

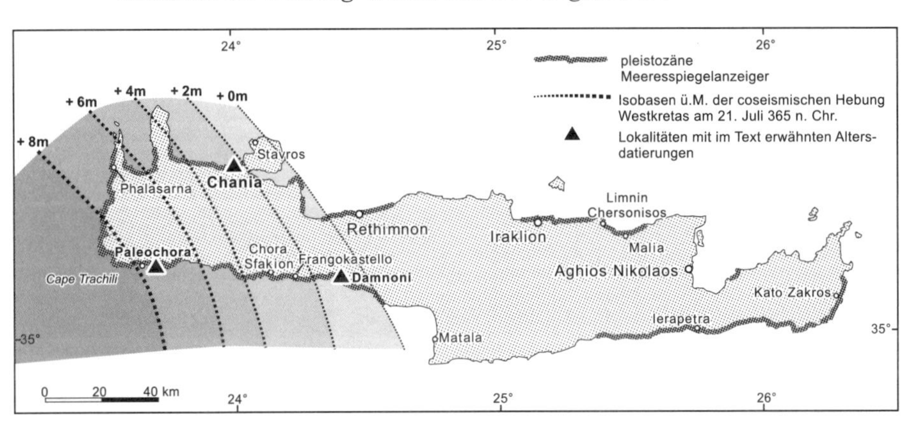

Für erste absolute Datierungen wurden zunächst jene Abschnitte ausgesucht, die neben dem Alter der Ablagerungen auch noch weitere Fragen klären sollten. So wurden Mollusken an der Basis von Äolianiten als ehemaligen Küstendünen geborgen, um damit auch ein Maximalalter dieser Aufwehungen zu erhalten, und gleichzeitig wurden die Äolianite zur Altersbestimmung mittels TL und OSL beprobt. Bedauerlicherweise konnten hier noch keine akzeptablen Ergebnisse gewonnen werden, was einerseits an Problemen der Probennahme selbst, zum anderen aber auch an den prinzipiellen Schwierigkeiten der Lumineszenz-Datierung recht alter, grobkörniger und kalkreicher Substrate liegen mag. Deshalb stehen Daten von der Westküste immer noch aus, wogegen solche von der Nord-und der westlichen Südküste nunmehr vorgelegt werden können. Die untersuchten Lokalitäten sind in Abb. 1 gekennzeichnet.

2 ESR-Altersbestimmungen

Die ESR-Messungen wurden am Geographischen Institut der Universität zu Köln auf einem Bruker ESP 300E unter Verwendung einer niedrigen Mikrowellenleistung von 10 mW bzw. 2 mW und einer Modulationsamplitude von

0,49 G bzw. 0,97 G durchgeführt. Nur bei den Proben K 2804 und K 2806 war es notwendig, die Mikrowellenleistung auf 0,5 mW zu erniedrigen, um das Datierungssignal von den auftretenden Mn-Linien zu trennen.

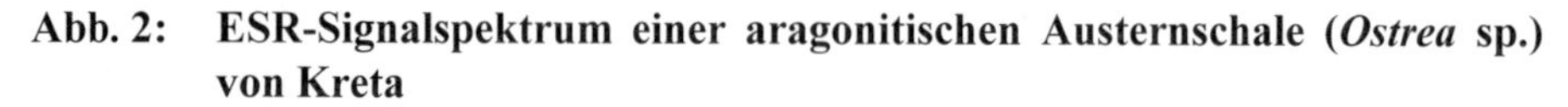

Abb. 2: ESR-Signalspektrum einer aragonitischen Austernschale (*Ostrea* sp.) von Kreta

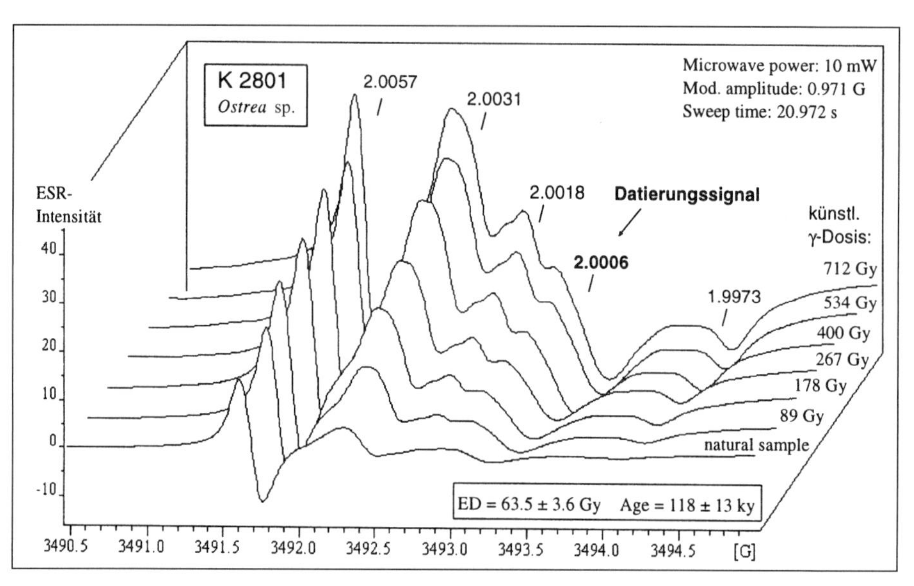

Bei allen Proben diente das γ-sensitive Hauptsignal bei g = 2,0006 ± 0,0001 als Datierungssignal (Abb. 2.). Obwohl dieses Signal von dem sogenannten "A-Signal-Komplex" (u.a. BARABAS et al. 1992) überlagert wird, hat es sich in den letzten Jahren als das bei der ESR-Datierung aragonitischer Substanzen – wie den hier altersbestimmten Mollusken (*Glycymeris* sp., *Cerithium vulgatum, Venus verrucosa, Cerastoderma* sp.) und Austernschalen (*Ostrea* sp.) sowie den Bruchstücken einer Rasenkoralle (*Cladocora caespitosa*) – am besten geeignete ESR-Signal erwiesen.

Die Bestimmung der in den untersuchten Proben gespeicherten Äquivalenzdosis (ED) erfolgte an 20 Aliquots der Siebfraktion 150-250 µm zu je 200 mg. Vor dem vorsichtigen manuellen Zerkleinern der Proben wurden die äußeren Partien je nach Größe der Probe ein bis zwei Stunden in 0,1%iger Salzsäure (HCl) unter jeweils halbstündigem Wechseln der Säure abgeätzt. Von den 20 Aliquots wurden anschließend 19 mit der ^{60}Co-Quelle der Strahlenklinik der Universität Düsseldorf bis maximal 712 Gy (K 2800 bis K 2806) bzw. 1246 Gy (K 2717 bis K 2724) bestrahlt. Die Dosisleistung der Strahlenquelle betrug 1,5 Gy/min (K 2717 bis K 2724) bzw. 0,91 Gy/min (K 2800 bis K 2806). Mit den ESR-Messungen wurde frühestens sechs Wochen nach der künstlichen Bestrahlung begonnen, damit eine eventuelle künstlich erzeugte anomale "Übersättigung" der ESR-Intensität (GRÜN 1989: 12) abklingen konnte. Die additive Dosis-Wirkungskurve wurde über eine softwaregesteuerte Messung der Signalamplituden erstellt.

Bei ESR-Aufbaukurven aragonitischer Mollusken- und Austernschalen können als Folge einer Überlagerung des Datierungssignals g = 2,0006 durch Nebensignale Inflexionspunkte auftreten, oberhalb derer das Kurvenwachstum erneut stark ansteigt. Daher wurden mit Hilfe des "plateau screening"-Verfahrens – wie bei SCHELLMANN (1998) sowie SCHELLMANN & RADTKE (1997) beschrieben – die oberhalb solcher Inflexionen gelegenen ESR-Meßwerte bei der ED-Berechnung nicht verwendet. Die ED wurde mit dem Programm "fit-sim" von R. GRÜN (Version 1993) berechnet.

Die Quantifizierung der internen und externen Dosisraten erfolgte über die Urangehalte der Mollusken- und Austernschalen sowie der Rasenkoralle und über die Uran-, Thorium- und Kaliumgehalte der Umgebungssedimente (Tab. 1). Die Uran- und Thoriumgehalte wurden per NAA-Methode (Neutronenaktivierungsanalyse; durchgeführt von der Fa. XRAL Laboratories, Ontario, Canada), die Kaliumgehalte über die AAS- (Labor des Geographischen Instituts der Universität zu Köln) bzw. über die RFA-Methode (Röntgenfluoreszenzanalyse; Labor des Mineralogisch-Petrographischen Instituts der Universität zu Köln) bestimmt. Die Wassergehalte der Umgebungssedimente wurden über Gewichtsverlust bei 105 °C im Trockenschrank ermittelt und aufgerundet in Klassen von 5, 5-10, 10-15 Vol.-% mit einem Fehlerquotienten von ± 30 % in den Altersberechnungen berücksichtigt. Alle ESR-Alter wurden unter Verwendung einer α-Effektivität ("k-Faktor") von 0,1 ± 0,02 mit Hilfe des Programms "data" von R. GRÜN (Version 1990) berechnet.

Wie von SCHELLMANN & RADTKE (1997) anhand der hohen Urangehalte holozäner Muschelschalen von der patagonischen Küste nachgewiesen werden konnte, ist bei deren ESR-Altersbestimmung – und damit wahrscheinlich auch bei der an Austernschalen und Korallen – dem Modell einer frühen U-Aufnahme eindeutig der Vorzug zu geben. In Tab. 1 sind jedoch auch die bei Annahme einer linearen U-Aufnahme resultierenden ESR-Alter aufgeführt.

3 Küstenablagerungen und ihre Altersstellung im Raum Chania

Ca. 3 km westlich Chania am sog. EOT-Gelände sind – mit Tomboli ans Festland angebunden – drei ehemalige Inselchen aus Äolianit erhalten (vgl. Abb. 3 und KELLETAT 1996: Abb. 9). Sie zeigen in noch gut erkennbaren Dünenformen und ihrer Aufreihung von West nach Ost (und weiteren Relikten entlang der Nordküste), daß es sich um Reste eines ehemals direkt küstenparallel aufgewehten Dünenstreifens handelt, also keine nennenswerte Regression des Meeres vorauszusetzen ist.

Tab. 1: ESR-Alter pleistozäner und holozäner Mollusken- und Austernschalen sowie Bruchstücke einer Rasenkoralle von Kreta

Lokalitäten	**Probe**	**Labor-**	**Proben-**	**Gattung, Art**	**U-Gehalt**	**U**	**Th**	**K**	**Akkum.**	**Dosis/Jahr**			**ESR-Alter**			
	Höhe	**Nr.**	**Nr.**		**Muschel**	**Sediment**			**Dosis (ED)**	Do int.	Do ext. β	Do ext. γ	frühe U.		lineare U.	
	(m ü.M.)				*(ppm)*	*(ppm)*	*(ppm)*	%	*(Gy)*	*(mGy/a)*	*(mGy/a)*	*(mGy/a)*	***(ka)***	±	*(ka)*	±
Damnoni	6	K 2717	Kr 1B	*Ostrea* sp.	1,1	0,50	0,30	0,21	54,3 ± 7,70	268 ± 34	4 ± 2	240 ± 20	**106**	17	146	23
Damnoni	8	K 2719	Kr 1D	*Ostrea* sp.	0,5	0,50	0,30	0,01	42,6 ± 4,40	126 ± 25	3 ± 2	240 ± 20	**116**	16	116	16
Damnoni	8	K 2721	Kr 1A	*Ostrea* sp.	0,3	0,50	0,30	0,15	41,8 ± 2,70	71 ± 24	4 ± 2	343 ± 33	**100**	12	100	12
Damnoni	18	K 2722	Kr 2A	*Ostrea* sp.	0,3	0,50	0,30	0,19	29,3 ± 4,81	68 ± 23	10 ± 3	240 ± 20	**92**	18	92	18
Damnoni	13	K 2800	Kr 7	*Ostrea* sp.	0,5	0,80	1,40	0,24	62,4 ± 3,30	120 ± 27	15 ± 3	450 ± 40	**107**	10	107	10
Damnoni	10	K 2801	Kr 8B	*Ostrea* sp.	0,2	0,80	1,90	0,24	63,5 ± 3,30	50 ± 25	12 ± 3	474 ± 41	**118**	13	118	13
Damnoni	9	K 2802	Kr 8A	*Ostrea* sp.	0,3	0,80	1,90	0,21	65,4 ± 5,80	76 ± 26	6 ± 2	467 ± 41	**119**	15	119	15
Paleochora	2 - 2,5	K 2723	Kr 3A	*Cladocora caesp.*	0,5	0,50	0,40	0,01	44,7 ± 6,60	89 ± 35	65 ± 63	240 ± 20	**113**	27	113	27
Paleochora	2 - 2,5	K 2724	Kr 3B	*Ostrea* sp.	0,7	0,50	0,30	0,04	47,8 ± 3,60	174 ± 28	4 ± 1	240 ± 20	**114**	13	147	16
Chania-W	2,5	K 2803	Kr 9	*Venus verruc.*	0,5	1,00	4,40	0,29	5,5 ± 0,30	60 ± 14	44 ± 11	607 ± 45	**< 7,7**			
Chania-W	2,3	K 2804	Kr 10	*Cerithium vulg.*	0,6	1,00	3,10	0,18	62,0 ± 3,30	114 ± 25	111 ± 28	532 ± 42	**83**	8	91	8
Chania-W	1,7	K 2805	Kr 12	*Glycymeris* sp.	1,6	0,40	0,70	0,10	96,4 ± 5,70	417 ± 48	3 ± 2	334 ± 39	**128**	13	179	19
Chania-W	1,4	K 2806	Kr 13	*Cerastoderma* sp.	2,9	0,30	0,70	0,08	130 ± 16,40	719 ± 77	11 ± 6	320 ± 39	**124**	19	190	29

Abb. 3: Verbreitung der Äolianite von Chania mit Eintragung der Profile und Entnahmestellen für die ESR-Datierung

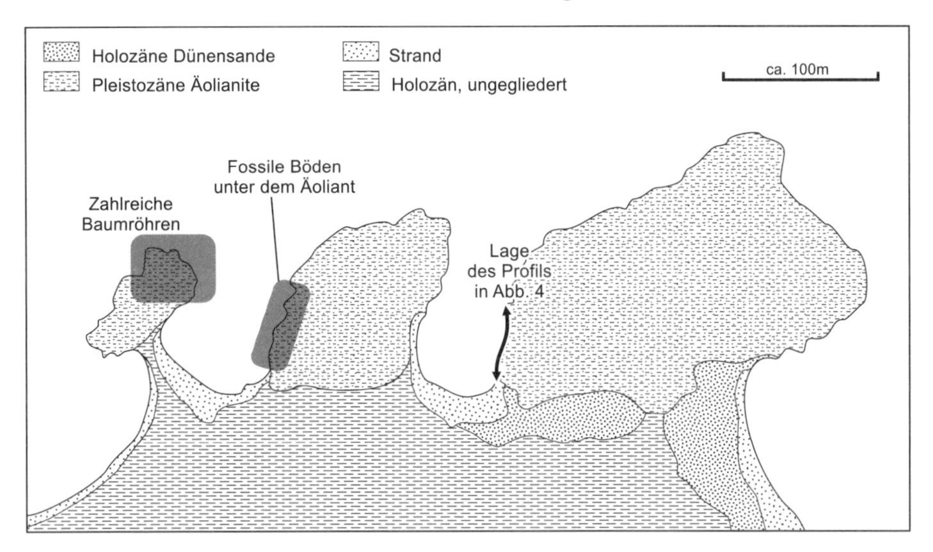

Bereits früher wurde an der Basis dieser Dünen – die übrigens zahlreiche Baumröhren und versteinerte Wurzeln als Kennzeichen ehemaliger Waldbedeckung bzw. -überschüttung aufweisen – zuunterst ein oft mehrere Dezimeter mächtiger Rotlehm als Rest intensiver Bodenbildung festgestellt (Abb. 4), auf den direkt ein Sand- bzw. Kiesstrand mit zahlreichen Mollusken transgredierte (ohne die älteren Feinmaterialien zu beseitigen). Ein ähnliches Profil mit allen diesen charakteristischen Elementen einschließlich der Baumröhren wurde bereits von KELLETAT (1979: 24, Abb. 2) bei Malia abgebildet. Frühere Schlußfolgerungen auf die Altersstellung dieser Strandablagerungen stützten sich auf ihre niedrige Lage (max. 1-2 m über dem heutigen Meeresniveau), die Ausbildung als Transgressionshorizont nach langer Zeit terrestrischer Bodenbildung, den unmittelbaren stratigraphischen Anschluß von Dünenaufwehung bei einsetzender Regression sowie die Tatsache, daß diese Dünen (natürlich auch wegen ihrer Verfestigung zu Äolianiten) morphologisch sehr gut erhalten sind.

Die Äolianite selbst sind von keinem weiteren pleistozänen Meeresspiegel mehr angenagt; ausschließlich geringfügige holozäne Kliffbildung ist an ihnen zu erkennen. Allerdings zeigen sie bis in mehrere Meter Tiefe Verfärbungen durch spätere Bodenbildung bzw. "Entkalkungsrötung" an. Damit ergab sich fast zwangsläufig eine Zuordnung zum letzten interglazialen Meereshochstand, dem Eem.

HEMPEL (1991) hatte aus diesen Positionen an zwei Stellen der Nordküste Mollusken bzw. Bryozoen mit der Radiokohlenstoffmethode auf 33.690 bzw.

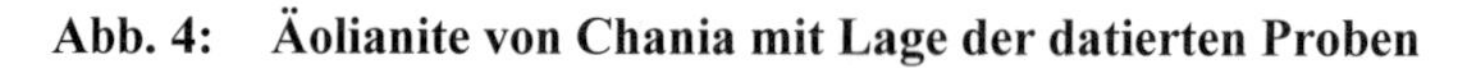

Abb. 4: Äolianite von Chania mit Lage der datierten Proben

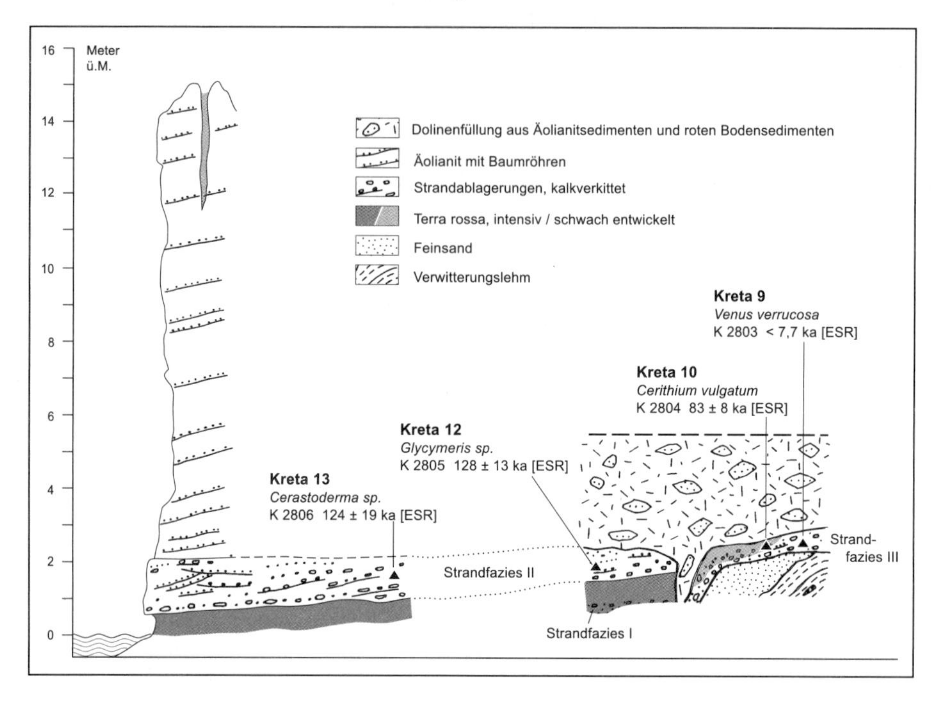

19.440 BP datiert und sie innerwürmzeitlichen Wärmeschwankungen zugeordnet.

Die ESR-Datierungen von zwei Stellen bei Chania ergeben dagegen eindeutig letztinterglaziale Alter: an *Cerastoderma* sp. 124.000 BP und an *Glycymeris* sp. 128.000 BP (zur Lage der Proben vgl. die Profilskizze in Abb. 4, zu Einzelheiten der Analysen Tab. 1). Ohne Widerspruch fügt sich in diese lagemäßig, stratigraphisch, vom Erhaltungszustand und der Höhenlage sowie den ESR-Altern ermittelte Zeitstellung auch das Vorkommen von *Strombus bubonius* Lmk. (so bei Mochlos) ein. Innerhalb einer Doline in den Äolianiten wurden *Cerithium vulgatum* auf 83.000 BP und eine Molluskenschale auf jünger als 7.700 BP datiert; sie sind damit erst nach Entstehen dieser Hohlform hier eingetragen worden.

4 Befunde von Paleochora

Im Jahre 1979 wurden von KELLETAT anhand einer Skizze (KELLETAT 1979: 63, Abb. 7) die geomorphologischen Verhältnisse und die Ablagerungen einer kleinen Halbinsel wenige Kilometer westlich Paleochora an der Südküste Kretas dargestellt (Trakhili-Halbinsel, 1979 aufgrund falscher Karten irrtümlich als Grammos-Halbinsel bezeichnet).

Hier existiert vom Meeresniveau bis maximal 6 m Höhe ein sehr fossilreiches, teilweise grobes Strandsediment, welches später von holozänen Kalkalgen umkrustet und 365 n.Chr. coseismisch mehrere Meter herausgehoben wurde. Sein Alter wurde auf letztes Interglazial geschätzt, weil es sich auch hier um die unterste vorhandene präholozäne Küstenablagerung handelt, vor allem aber, weil die üppige Fauna – darunter große Stöcke der Rasenkoralle *Cladocora caespitosa* und ausgesprochen große, dickschalige und stark skulpturierte *Spondylus gaedoropus* mit gut erkennbaren Farbresten – sowie die geringe Überformung dieser Sedimente ein relativ junges Alter vermuten ließen. Aus den größeren Stöcken von *Cladocora caespitosa* wurde in 2-3 m ü.M. ein ESR-Alter von 113.000 BP, an *Ostrea* sp. ein weiteres von 114.000 BP bestimmt.

Dieses Niveau – in der Nachbarschaft manchmal auch lediglich als geschliffene Felsplattform und große eingeschliffene Hohlkehle ausgebildet – wird gegen den Ort Paleochora hin stellenweise von einigen höheren Hohlkehlenleisten, Brandungstoren und Brandungstunneln begleitet, deren Erhaltungszustand auf junge Alter schließen läßt, weil sie praktisch keinerlei Spuren irgendwelcher Überformung (auch keine Verkarstung trotz reiner mesozoischer Kalke) aufweisen. Ihr präholozänes Alter steht aber zweifelsfrei fest, da die Geschichte der holozänen Küstenbildungen gerade an diesen Stellen durch weitere Hohlkehlen und radiokohlenstoffdatierte Kalkalgensäume praktisch lückenlos belegt ist (ab ca. 5.700 BP, vgl. KELLETAT & ZIMMERMANN 1991: 113). Ob sie ebenfalls dem letzten Interglazial angehören und bei positiven bzw. negativen Erdkrustenbewegungen als Spuren kurzfristig stabiler Meeresspiegelstände angelegt wurden, wie dieses für das Holozän in Westkreta typisch ist, kann nur vermutet werden. Die absolute Gleichartigkeit der Ausbildung und Erhaltung von Destruktionsformen zwischen ca. 6 m und mehr als 20 m ü.M. spricht dafür (vgl. KELLETAT 1979: 66, Abb. 8).

5 Befunde von der kretischen Südküste bei Damnoni

Sechs weitere ESR-Alter wurden aus dem Küstenbereich von Damnoni gewonnen, und zwar aus der Region direkt östlich der letzten kleinen Strände (Amoudi Beach). Hier sind die holozänen Bildungen durch ausgeprägte lebende Kalkalgen- und Vermetidenriffe sowie durch die 365 n.Chr. bis 1,8 m coseismisch herausgehobenen Algenriffe mit schönen Kelchbiohermata und begleitenden Hohlkehlen vertreten. Höher im steileren Hangbereich und Felsgelände finden sich offenbar ältere Kalkalgenriffe – ebenfalls noch in mehreren Partien neben- und vor allem übereinander mustergültig erhalten und weder durch Verkarstung noch andere Abtragungsvorgänge wesentlich umgestaltet. Die Situation ist bei KELLETAT (1996: Abb. 2) schematisch angedeutet, ebenso hier in Abb. 5.

Abb. 5: Damnoni-Algenriffe (Foto) mit einigen Eintragungen und Erläuterungen

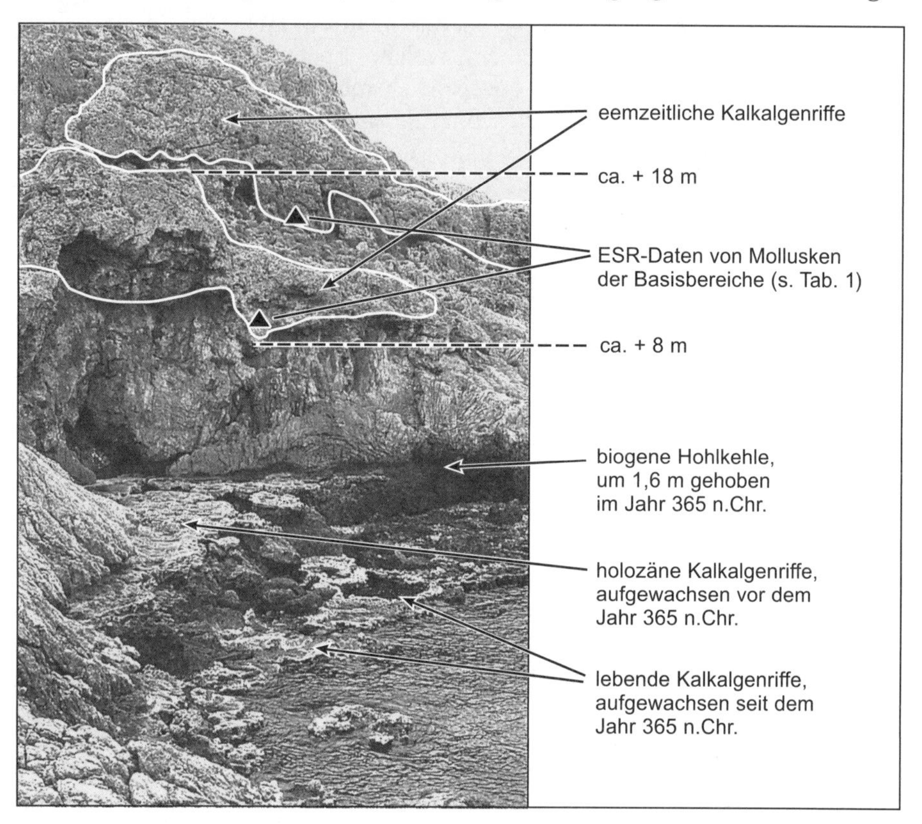

Diese Kalkalgenriffe, die bisher von keiner anderen Lokalität des Mittelmeerraumes in dieser prachtvollen Ausbildung als pleistozäne Relikte bekannt sind, unterscheiden sich in ihrer Farbe und Struktur nur wenig vom umgebenden Felsgelände, was dazu geführt hat, daß sie lange übersehen und erstmals bei KELLETAT & ZIMMERMANN (1991: Photo 17) erwähnt wurden.

Das untere Kalkalgenriff weist an seiner Basis in 8-10 m ü.M. gewöhnlich einen gut ausgebildeten Trangressionshorizont aus Kiesen und Sanden auf, über und auf dem es später bei steigendem Meeresspiegel (bzw. weiterer Absenkung des Küstenstreifens) in sedimentfreiem Milieu aufgewachsen ist (siehe Abb. 6). In diesen trangressiven Sedimenten finden sich zahlreiche Molluskenschalen, welche ESR-datiert wurden. Aus der Basis des unteren Kalkalgenriffes ergaben sich Alter von 100.000 BP, 106.000 BP, 116.000 BP, 118.000 BP und 119.000 BP (vgl. auch Tab. 1) – also eindeutig eine eemzeitliche Einstufung.

Es muß festgehalten werden, daß die darauf aufgewachsenen Kalkalgenriffe aufgrund ihrer Mächtigkeit von mehreren Metern sicher noch einen Zeitraum von einigen tausend Jahren benötigten, was aus den Dimensionen der gut datierten holozänen Riffe gleichartiger Zusammensetzung an gleicher Stelle abgeleitet werden kann.

Von der Basis des nächsthöheren Riffs in ca. 18 m ü.M. (mindestens ein weiteres höheres existiert hier, maximal wohl bis etwa 40 m ü.M.) wurde an *Ostrea* sp. ein ESR-Alter von 92.000 BP bestimmt. Ein Zwischenniveau mit der Basis in 12-13 m ü.M. datiert auf 107.000 BP (vgl. Abb. 6).

Die enge Nachbarschaft der Daten bei den verschiedenen pleistozänen Algenriffen scheint darauf hinzuweisen, daß sie prinzipiell dem gleichen letztinterglazialen Meeresspiegelhochstand angehören. Ob sie dabei durch tatsächliche Meeresspiegelbewegungen innerhalb der eemzeitlichen Klimaschwankungen angelegt wurden oder an der neotektonisch (bis ins junge Holozän ruckhaft) bewegten Steilküste in verschiedenen Niveaus während des gleichen Meeresspiegelhochstandes aufwuchsen, muß offen bleiben. Die Ergebnisse über die holozänen Küstenbildungen dieser Lokalität (vgl. auch Abb. 5) machen aber neotektonische und plötzliche Vertikalbewegungen von vielen Metern sehr wahrscheinlich. Für mindestens drei verschieden hohe jungpleistozäne Kalkalgenriffe an dieser Stelle werden allerdings wegen ihrer Mächtigkeit von jeweils einigen Metern Zeiträume von vielen Jahrtausenden zum Aufwachsen benötigt.

Für die Anlage von mindestens drei übereinander angeordneten Kalkalgenriffen (ca. + 8 m bis gegen + 40 m ü.M.) innerhalb einer einzigen interglazialen Hochstandsphase des Meeresspiegels (hier: Eem bzw. Sauerstoffisotopenstufe 5) bei gleichzeitig starken neotektonischen Vertikalbewegungen von einigen Dekametern sprechen auch weitere Geländebefunde.

Alle Riffe haben morphologisch ein sehr ähnliches Erscheinungsbild mit fehlender beziehungsweise ganz geringer Abtragung, Verkarstung oder sonstiger Überformung, guter Originalerhaltung mit Erkennbarkeit der ursprünglichen Wachstumsstrukturen und nahezu fehlender Materialbedeckung selbst an mittelsteilen und steilen (über 30°) Hängen. Sie sollten schon von daher nicht durch lange Phasen terrestrischer Verwitterung und Formbildung getrennt sein. Außerdem weist nur das unterste Riff ein teilweise mehr als 2 m mächtiges Transgressionskonglomerat an der Basis auf; bei den höherliegenden fehlt dieses nahezu vollständig.

Man gewinnt daher den Eindruck, daß beim ersten eemzeitlichen Meeresspiegelanstieg der vorher angefallene Hangschutt zu litoralen Sedimenten (Sand- und Kiesfraktion) umgearbeitet wurde, bei den folgenden Schwankungen innerhalb dieser Phase aber ähnliche Sedimente nicht mehr zur Verfügung standen und die oberen Kalkalgenriffe (wie die holozänen) demnach im sedimentfreien Milieu aufwuchsen.

Abb. 6: Aufschlußskizzen der Damnoni-Riffe (A, B) mit Lagestellen der datierten Proben

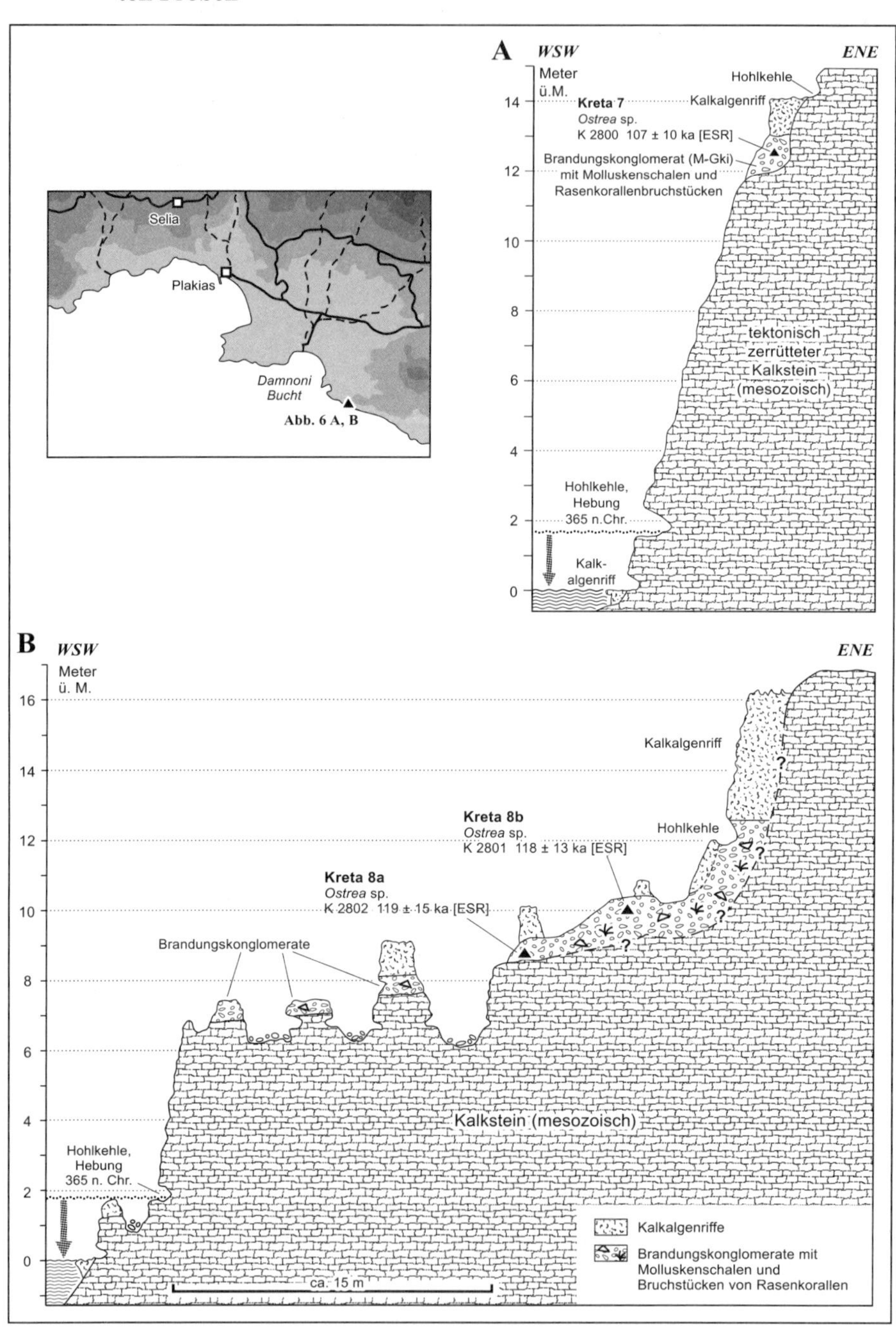

6 Schlußfolgerungen

Neben den geomorphologischen und stratigraphischen Befunden wird auch durch die hier mitgeteilten absoluten Daten wahrscheinlich, daß das prägende pleistozäne Litoralelement Kretas im letzten Interglazial angelegt wurde.

Entlang großer Teile der Nordküste bleibt es der einzige subaerisch erhaltene präholozäne Strand und liegt zudem sehr nahe am heutigen Meeresspiegel (wie bei Mochlos, Malia oder Chania). An Teilen der westlichen Südküste (z.B. bei Damnoni und Paleochora) scheint es durch eemzeitliche neotektonische und ruckhafte Vertikalbewegungen in mehrere Stockwerke gegliedert zu sein, so daß gleichartig ausgebildete und erhaltene Hohlkehlen oder Algenriffe übereinander vorkommen können. Entlang der gesamten Westküste, kleinen Abschnitten der westlichen Nordküste und großen Strecken der Südküste sowie dem Zentralteil der Ostküste um Kato Zakros (vgl. Abb. 1) gibt es darüberhinaus noch sicher ältere und höherliegende Reste von pleistozänen Küstenformen und -ablagerungen, die jedoch schlechter erhalten, weitgehend umgestaltet oder verschüttet bzw. deren Fossilien stark verwittert sind. Sie enthalten auch nicht mehr das Leitfossil *Strombus bubonius* Lmk.

Hier müßten weitere Datierungen vorgenommen werden (ebenso an den begleitenden Äolianiten), um die quartäre Entwicklung von Meeresspiegelschwankungen und Neotektonik an den Küsten Kretas noch umfassender klären zu können.

7 Literatur

BARABAS, M., BACH, A., MUDELSEE, M. & MANGINI, A. (1992): General properties of the paramagnetic centre at g = 2.0006 in carbonates. - Quaternary Science Reviews, 11: 173-179; Oxford.

DERMITZAKIS, D.M. (1972): Pleistocene deposits and old strandlines in the Peninsula of Gramboussa, in relation to the recent tectonic movements of Crete Island. - Ann. Géol. Pays. Helléniques, 24: 205-240; Athènes.

DERMITZAKIS, D.M. (1973): Recent tectonic movements and old strandlines along the coasts of Crete. - Bull. Geol. Soc. Greece, 10 (1): 48-64; Athens.

GRÜN, R. (1989): Die ESR-Altersbestimmungsmethode. - Berlin.

HEMPEL, L. (1991): Forschungen zur Physischen Geographie der Insel Kreta im Quartär. Ein Beitrag zur Geoökologie des Mittelmeerraumes. - Abh. Akad. Wiss. Göttingen, Mathem.-Phys. Klasse, 3. Folge, 42; Göttingen.

KELLETAT, D. (1979): Geomorphologische Studien an den Küsten Kretas. Beiträge zur regionalen Küstenmorphologie des Mittelmeerraumes. - Abh. Akad. Wiss. Göttingen, Mathem.-Phys. Klasse, 3. Folge, 32; Göttingen.

KELLETAT, D. (1994): Holocene neotectonics and coastal features in Western Crete, Greece, Field Guide. - In: Field methods and models to quantify rapid coastal changes. Crete Field Symposium, April 9-15, 1994. International Geographical Union, Commission on Coastal Systems: 40-78; Essen.

KELLETAT, D. (1996): Perspectives in coastal geomorphology of Western Crete, Greece. - Zeitschrift f. Geomorphologie, N.F., Suppl.-Bd. 102: 1-19; Berlin, Stuttgart.

KELLETAT, D. & ZIMMERMANN, L. (1991): Verbreitung und Formtypen rezenter und subrezenter organischer Gesteinsbildungen an den Küsten Kretas. - Essener Geogr. Arb., 26; Essen.

PAPAPETROU-ZAMANIS, A. (1971): Dépôt du Tyrrhénien dans la côte septentrionale de l'île de Crète. - Ann. Géol. Pays. Helléniques, 23: 301-397; Athènes.

PIRAZZOLI, P.A., LABOREL, J. & STIROS, S.C. (1996): Coastal indicators of rapid uplift and subsidence: Examples from Crete and other Eastern Mediterranean sites. - Zeitschrift f. Geomorphologie, N.F., Suppl.-Bd. 102: 21-35; Berlin, Stuttgart.

PSARIANOS, P.J. (1961): Die tyrrhenischen Ablagerungen der Insel Kreta. - Ann. Géol. Pays. Helléniques, 12: 12-17; Athènes.

SCHELLMANN, G. (1998): Jungkänozoische Landschaftsgeschichte Patagoniens (Argentinien) – Andine Vorlandvergletscherungen, Talentwicklung und marine Terrassen. - Essener Geogr. Arb., 29; Essen.

SCHELLMANN, G. & RADTKE, U. (1997): Electron Spin Resonance (ESR) techniques applied to mollusc shells from South America (Chile, Argentina) and implications for the palaeo sea-level curve. - Quaternary Science Reviews, 16: 465-475; Oxford.

SYMEONIDIS, N.K. (1967): Die marinen Ablagerungen des südöstlichen Teils der Insel Kreta und der gegenüberliegenden Eiländer Chrysi (Gaidouronisi), Strongylo, Koufonisi. - Ann. Géol. Pays. Helléniques, 18: 407-420; Athènes.

Marburger Geographische Schriften	134	S. 101-115	Marburg 1999

Zur Geomorphologie der Eşen-Deltaebene und des antiken Hafens von Patara, Südwesttürkei

Ertuğ Öner

Zusammenfassung

Das Ziel der paläogeographischen Arbeiten in Patara ist die Aufklärung der natürlichen Umweltveränderungen und des geomorphologischen Entwicklungsprozesses, den der Hafen von Patara erfahren hat, bis er zu seinem heutigen sumpfigen Erscheinungsbild gelangte. Zu diesem Zweck wurden in der Eşen-Ebene, im Sumpf von Patara und in der näheren Umgebung Bohrungen durchgeführt. Die Sedimentproben der Bohrkerne wurden im Labor der Abteilung Physische Geographie der Ägäis-Universität Izmir untersucht, mit dem Ziel, die verschiedenen natürlichen Milieus, in denen sie entstanden sind, zu ermitteln. Die ^{14}C-Datierung von sieben Proben organischen Ursprungs halfen zur Erstellung einer Chronostratigraphie.

Aufgrund von Bohrsequenzanalysen und geomorphologischen Beobachtungen konnte der ehemalige Küstenverlauf der Bucht von Patara ermittelt werden. Der Versumpfungsprozeß des Hafens steht in enger Verbindung mit den Entwicklungsphasen der Deltaebene von Eşen, obwohl der Fluß dort nicht direkt Sediment anlieferte.

Summary

Aspects of the geomorphology of the Eşen deltaplain and the ancient harbour of Patara, Southwestern Turkey.

The palaeogeographical research in Patara aims at deciphering the environmental changes and the geomorphological evolution of the former harbour of Patara to its present state as a swamp. To reach this goal, corings were carried out in the Eşen deltaplain, in the Patara swamp and its surroundings. The sediment cores were analyzed in the laboratories of the Department of Geography at Ege University, Izmir in order to identify the different milieus of deposition. With the radiocarbon-dating of seven organic samples a chronostratigraphy could be established.

Due to the analyses of the coring profiles and the geomorphological observation, the progression of the shoreline in the former Bay of Patara could be detected. The siltation process of the harbour is closely connected with the evolution of the Eşen deltaplain, although the river did not directly deposit its sediments into the harbour.

1 Einleitung

Der Küstenverlauf der West- und Südwestküste der Türkei ist sehr ungleichmäßig geformt. Es gibt an diesen Küsten zahlreiche größere und kleinere Buchten, von denen die meisten seit frühgeschichtlicher Zeit als Häfen genutzt werden. In ihrer Umgebung entstanden wichtige antike Städte.

Auch die Küste der Teke-Halbinsel in Südwestanatolien weist diese vorgenannten Charakteristika auf. Das Mündungsgebiet des Flusses Eşen war ehemals eine breite Bucht, wurde dann aber mit den Sedimenten verfüllt, die der Eşen anschwemmte, und ist heute eine Deltaebene. Ihre Entstehung hat nicht nur die Bucht beeinflußt, in der sie liegt, sondern auch das geomorphologische Erscheinungsbild einer südöstlich gelegenen kleinen Bucht verändert. In der Antike wurde die Bucht wegen ihrer günstigen natürlichen Eigenschaften als Hafen genutzt, um den die Stadt Patara entstand. Der damals sehr bedeutende Hafen ist heute ein Sumpf, in dessen Umgebung die Ruinen liegen.

In Patara führt eine Arbeitsgruppe der Archäologischen Abteilung der Akdeniz Universität Ausgrabungen durch. Die hier vorgestellten paläogeographischen Arbeiten unterstützen diese archäologischen Forschungen.

2 Geologische und geomorphologische Eigenschaften des Eşen-Tals und seiner Umgebung

Der Eşen ist ein Fluß im Südwesten der Türkei (Karten 1a, b, c), der nach Süden zum Meer entwässert. Eingebettet in einen tektonischen Graben erreicht er das Meer über eine Deltaebene, die er durch Auffüllen einer Bucht an seiner südlichen Mündung schuf. Aus diesem Grund nahm das Gebiet, das der Eşen durchfließt, eine besondere geologisch-geomorphologische Entwicklung. Der Fluß erreicht die Deltaebene durch die enge Kısık-Schlucht. Dadurch werden die großen Partikel des transportierten Sediments ausgangs der Schlucht abgelagert, während in das Delta selbst vorwiegend feineres Material gelangt.

Der Eşen erreicht das Deltagebiet, nachdem er die Schlucht von Kısık (Xanthos) in Form eines eingesenkten Mäanders durchquert hat. Der breiteste Teil der Deltaebene in Richtung West-Ost ist die Entfernung zwischen der Mündung des Flusses Özlen im Westen und den Ausläufern des bergigen Gebietes östlich des Sumpfes Ovagölü. Die 90 km^2 große Deltaebene ist topographisch gesehen im Norden, Osten und Südsüdosten von hohen Kalksteinmassiven umrahmt (Karte 2).

Karte 1: Übersichtskarte mit Lage des Arbeitsgebietes

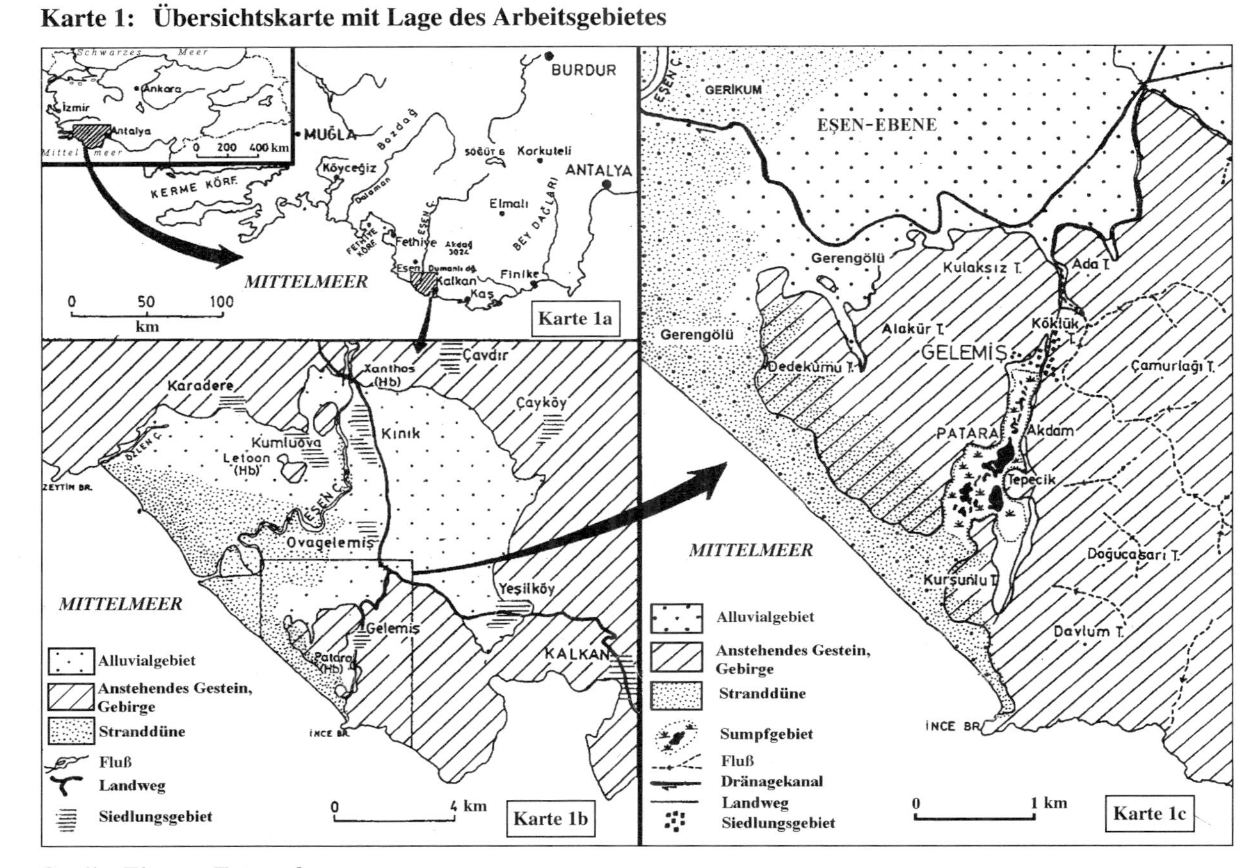

Quelle: Eigener Entwurf

Karte 2: Geologische Karte der Teke-Halbinsel

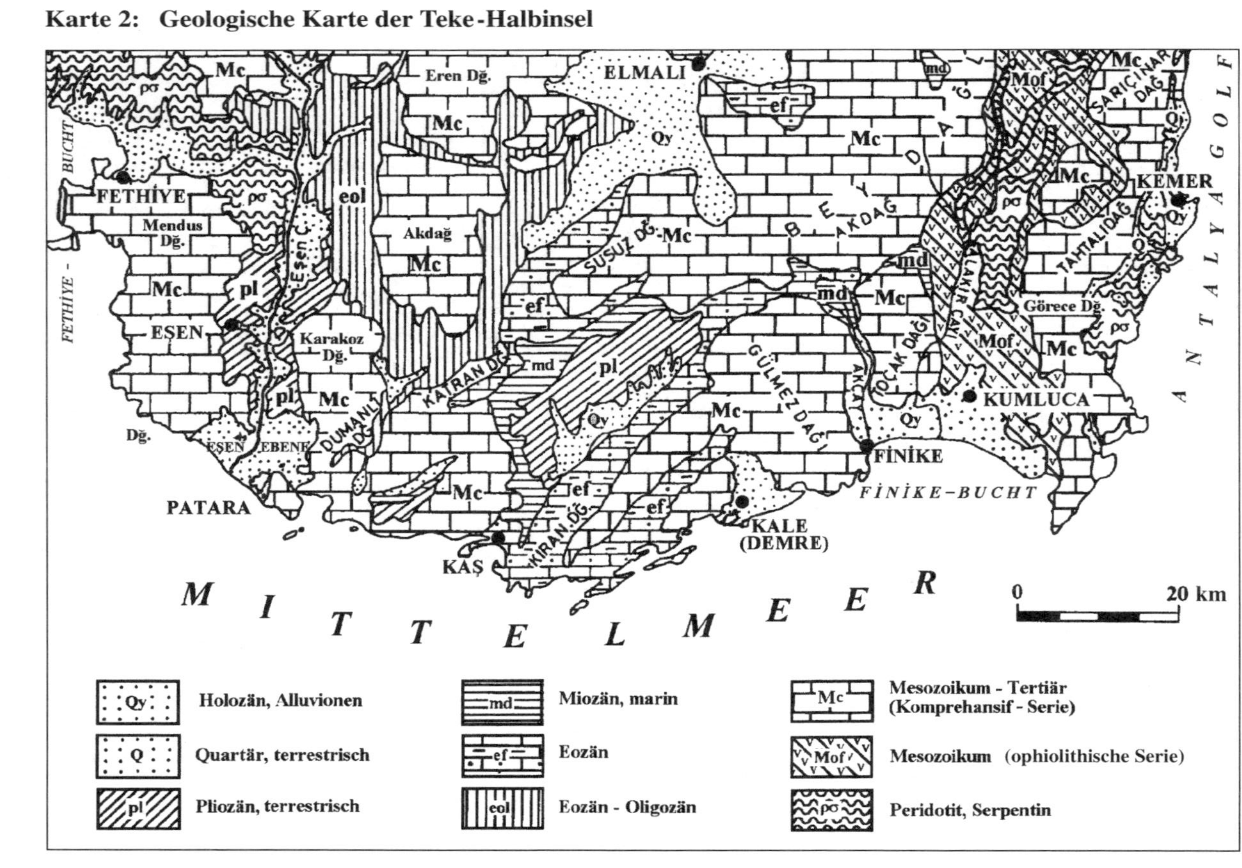

Quelle: Geologische Karte der Türkei, 1:500000, Blatt Denizli/Konya

Viele geomorphologische Chrakteristika einer Deltaebene sind in der Ebene von Eşen vorhanden. Daneben ist eine weitere bemerkenswerte Eigenschaft, daß ca. ein Drittel ihrer Fläche mit Dünen bedeckt ist. Sie erstrecken sich von der Küste in Form eines Dreiecks bis ungefähr in die Mitte der Ebene. Die Dünen haben im Südosten die Versandung des Hafens von Patara und die Entstehung des heutigen Sumpfes bewirkt.

3 Paläogeographische Veränderungen in der Umgebung des Hafens von Patara

Patara war eine der bedeutendsten Städte Lykiens und besaß den größten Hafen. Die antike Stadt liegt in einer kleinen tektonischen Störung, deren südliche Seite zum Mittelmeer hin geöffnet ist. Diese Störung trennt die Eşen-Ebene von der aus Kalkstein bestehenden Gürlen-Höhe. Sie war zuvor eine Vertiefung, die mit Residuallehm aus dem umgebenden Kalkgebirge verfüllt wurde. Die Verbindung des südlichen Teils von Patara mit dem Meer entstand durch den Einbruch eines Grabens. Die Transgression im Holozän bildete dann eine natürliche Meeresbucht (Karte 3).

Eine begehbare Verbindung zwischen der Störung und der Ebene gab es nur über die Kısık-Schlucht. Erst als sich ein Teil der großen Ebene gebildet hatte, war die kleine Bucht im Südosten durch die Kısık-Schlucht erreichbar und wurde als Siedlungsgebiet mit Hafen vor ca. 3.000 Jahren ausgebaut. Die neu entstandene Siedlung brauchte ein entsprechendes Hinterland, um Ackerbau betreiben zu können und um einen Verkehrsanschluß mit dem Binnenland zu bekommen.

Später wurden der Hafen und sein Küstengebiet durch marine und äolische Sande verfüllt, wodurch sich das Gebiet in einen Sumpf verwandelte. Auch der Mündungsteil im Süden des Hafens ist ca. 500 m weit mit Küstensand bedeckt und dadurch vom Meer getrennt worden.

Zwar stammt das terrestrische Material aus dem Eşen, der Fluß ist aber nicht direkt in die Patara-Störung geflossen. Als die Alluvionen des Eşen die Küste erreichten, wurden die feinen Bestandteile ins offene Meer gespült, während der gröbere Sand an der Küste zurückblieb. Er wurde durch Wind und Wellen aufgearbeitet und verdriftet. So gelangte er von Süden her in die Patara-Störung, wo er den Hafen zusedimentierte (Abb. 1).

Die erwähnten Veränderungen in der Umgebung von Patara hängen zweifellos mit der Entwicklung der Eşen-Ebene zusammen. Um deren alluviale Prägung festzustellen, wurden Rammkernsondierungen abgeteuft. Die Ergebnisse führten zur Rekonstruktion der Entwicklungsphasen der Deltaüberschwemmungsebene im Holozän (Karten 4a - 4f).

Mit der holozänen Transgression, die vor etwa 15.000 Jahren einsetzte, begann der Meeresspiegel zu steigen und näherte sich von -120 m mit großer

Karte 3: **Paläogeographische Situation im Patara-Gebiet etwa 3.000 BP**

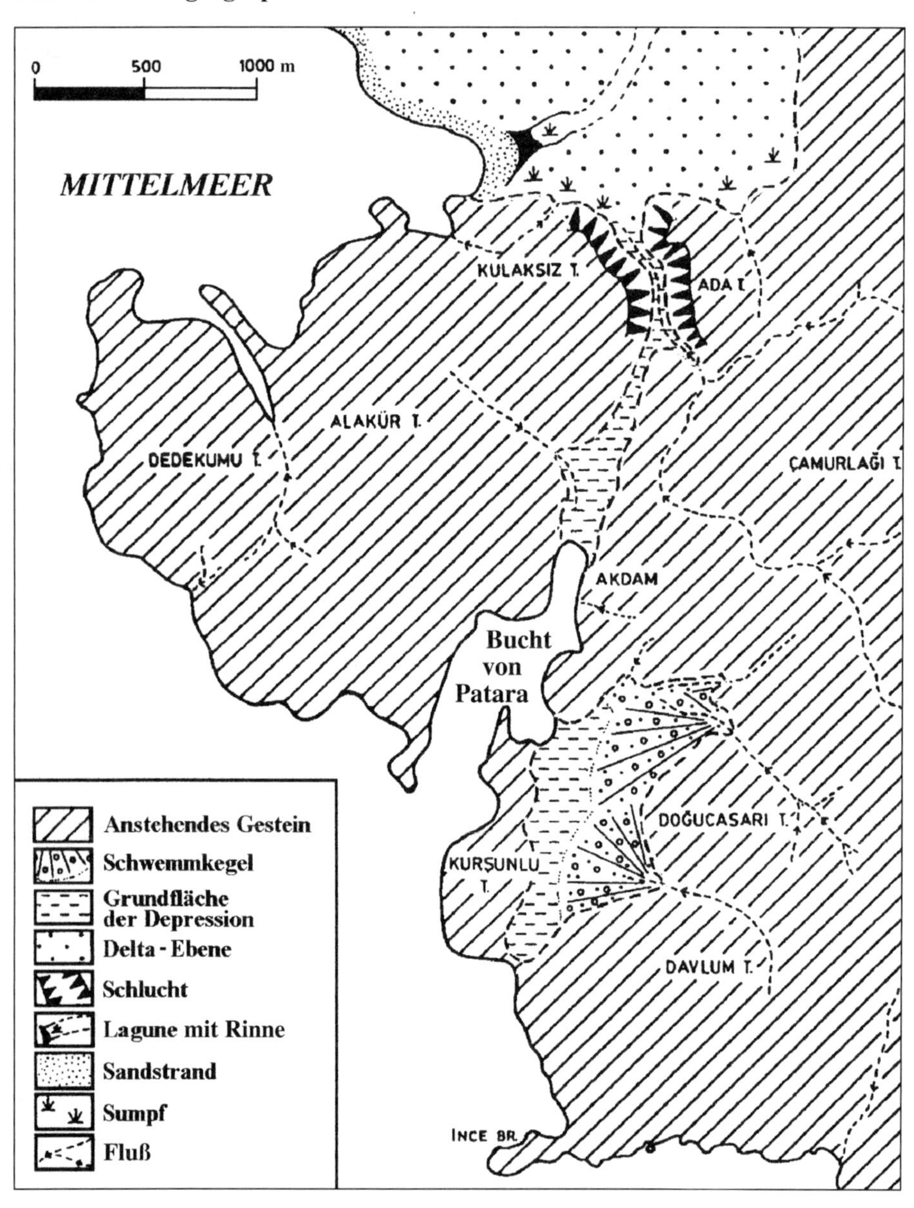

Quelle: Eigener Entwurf

Abb. 1: S-N-Profil durch das Patara-Sumpfgebiet, sein bergwärtiges Hinterland und einen Teil der Eşen-Ebene

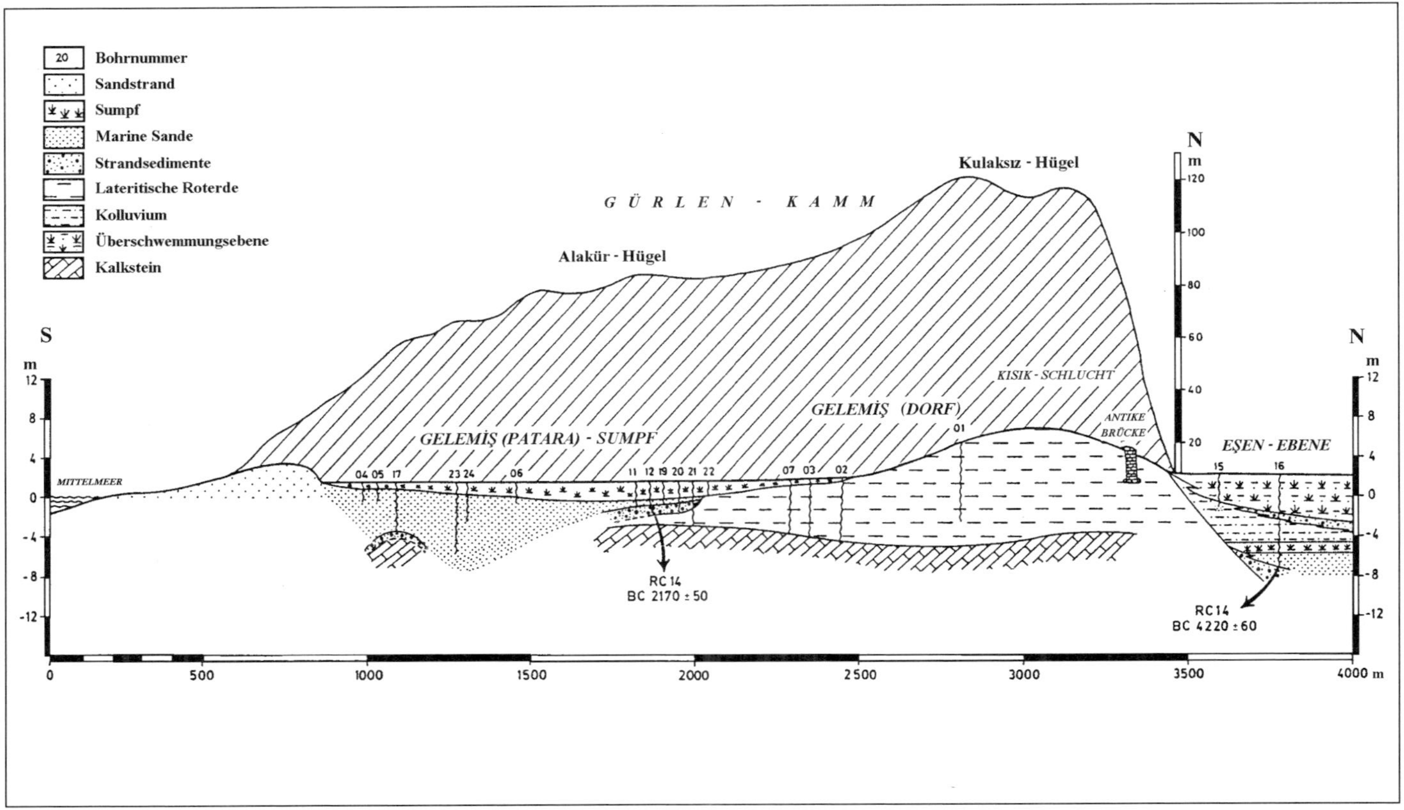

Quelle: Eigener Entwurf

Geschwindigkeit seinem heutigen Stand. Während in der Patara-Störung dadurch eine Meeresbucht entstand, bildete sich auf dem Gebiet der späteren Eşen-Ebene ein breiter Golf. Wie auch heute, passierte der Eşen eine Meerenge, sobald er aus seinem nördlichen Tal in die Meeresbucht mündete. Dabei blieben die groben Bestandteile zurück, während überwiegend feinkörnige Sedimente in die Meerenge gelangten.

Karte 4a: Paläogeographische Situation der Eşen-Deltaebene etwa 6.000 BP

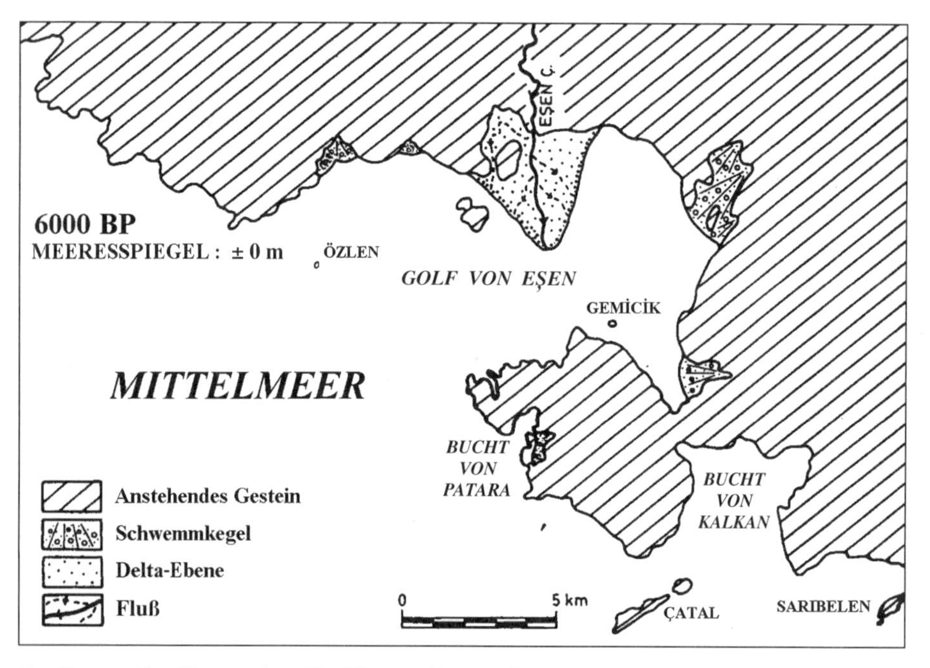

Quelle zu allen Karten 4a - 4f: Eigener Entwurf

Vor 6.000 Jahren erreichte der Meeresspiegel etwa seinen heutigen Stand (Karte 4a). Die Sedimente des Eşen akkumulierten in der Bucht ein sich nach Süden ausdehnendes Delta. Diese Entwicklung hat dazu geführt, daß sich der Buchtbereich östlich des Deltas allmählich in eine Lagune verwandelte (Ovagölü-Lagune; Karte 4b).

Gemäß den Untersuchungen von KAYAN (1988, 1991) lag vor 3.500 Jahren der Meeresspiegel an der Küste Westanatoliens 2 m tiefer als heute. Das trifft im Prinzip auch auf den Bereich der späteren Eşen-Ebene zu. Sondierungen in der Nähe der Meerenge zwischen dem Flußbett bei Patara und dem Eşen zeigten ein kolluviales rotes Sediment, das den 5-6 m unter dem heutigen Meeresspiegel befindlichen marinen oder lagunären, muschelschalenhaltigen Ton überlagert. Auf den oberen Meeressedimenten hatte sich eine dünne, glasartige, kristalline vulkanische Asche abgesetzt (Abb. 2). Sie stammt wahrscheinlich von Santorin und kann sich nur unter der Voraussetzung eines ruhigen, seichten Wassers akkumuliert haben. Eine derartige Deposition ist terrestrisch oder in einem wellenbewegten, tiefen Meer nicht möglich. Somit muß der Meeresspiegel 4-5 m niedriger gewesen sein als heute.

Karte 4b: Paläogeographische Situation der Eşen-Deltaebene etwa 4.000 BP

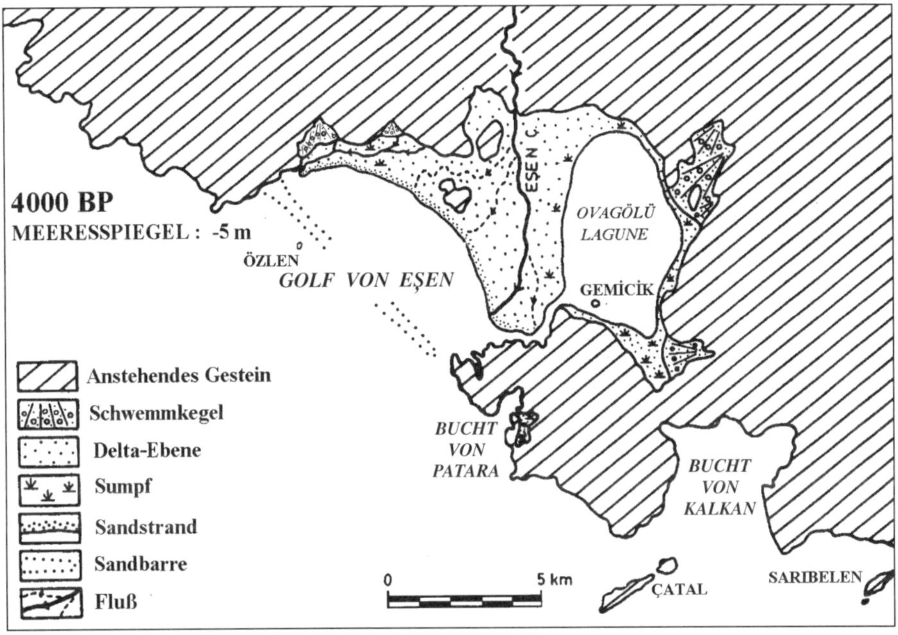

4000 BP
MEERESSPIEGEL : -5 m
ÖZLEN
GOLF VON EŞEN
EŞEN Ç.
OVAGÖLÜ LAGUNE
GEMİCİK
BUCHT VON PATARA
BUCHT VON KALKAN
ÇATAL
SARIBELEN
0 5 km
Anstehendes Gestein
Schwemmkegel
Delta-Ebene
Sumpf
Sandstrand
Sandbarre
Fluß

Die Sondierungen, die etwas nördlicher im Sumpf des Ova-Sees und in seiner Umgebung abgeteuft wurden, bestätigten, daß der aus dem Meer bzw. der Lagune stammende, molluskenreiche Ton 4-5 m unter dem heutigen Meeresspiegel endet. Die vulkanische Aschenlage konnte auch in weiteren Bohrungen etwas unterhalb des erwähnten Strandes identifiziert werden. Bei Sondierungen im Ausgrabungsgebiet von Letoon ist ebenfalls eine ca. 5 m unter dem heutigen Meeresspiegel liegende dicke Torfschicht und darüber eine vulkanische Aschenschicht erbohrt worden.

Die Beispiele zeigen, daß es 4-5 m unter dem heutigen Meeresspiegel eine alte Landoberfläche gibt. Um die Zeit ihrer Entstehung festzustellen, steht nur ein ^{14}C-Alter aus der bei der Meerenge von Kısık gemachten Bohrung zur Verfügung. Dank der durch die Asche gegebenen Event-Stratigraphie ist es aber möglich, dieses Alter auf die restlichen Sondierungen zu übertragen. Danach muß die Absenkung des Meeresspiegels und in Verbindung damit die Landwerdung vor 4.200 Jahren stattgefunden haben (Karte 4b).

Abb. 2: Schematisches S-N-Profil durch die Eşen-Ebene

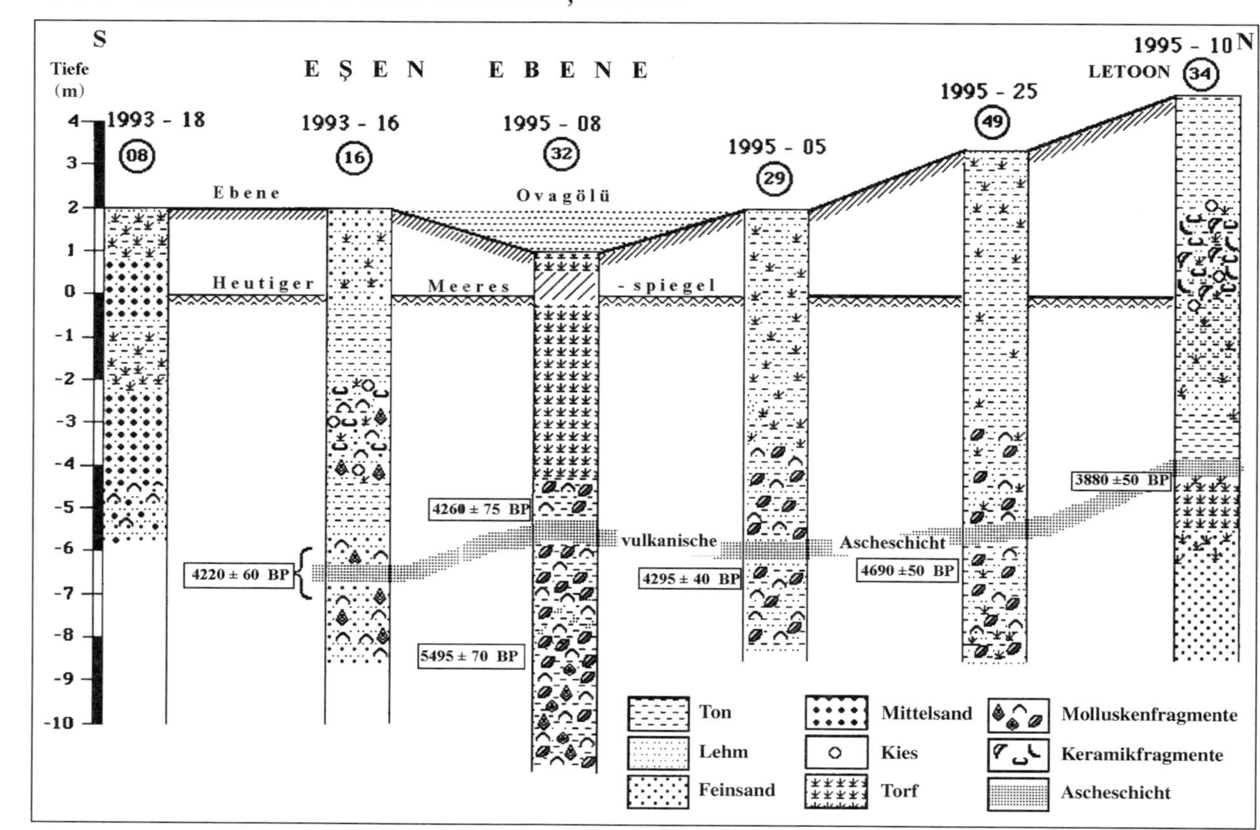

Quelle: Eigene Erhebungen, Bohrungen 1993-1995

Durch das genannte Ereignis wurde die Auffüllung der Eşen-Ebene mit Alluvionen beschleunigt und die Verlagerung der Küstenlinie rasch vorangetrieben. Es ist bekannt, daß die ersten Siedlungen in diesem Gebiet vor ca. 2.500 bis 3.000 Jahren entstanden. Auch die erste Verwendung der Patara-Bucht als Hafen fällt in diese Zeit. Die Ausweitung der Ebene bis vor die Meerenge von Kısık läßt vermuten, daß die entstandene Ebene auch die Landverbindung zu anderen Städten erleichtert hat (Karte 4c).

Um Christi Geburt stieg der Meeresspiegel erneut und erreichte schließlich seinen heutigen Stand. Die Küstenlinie hat sich jedoch einerseits wegen der weiteren Schüttung terrestrischer Sedimente und andererseits wegen der langsamen Transgression nicht sehr weit landeinwärts verlagern können. Dennoch läßt sich aus der Aussage Strabos: "Die Entfernung von der Mündung des Flusses Eşen nach Letoon beträgt 10 Stadien" (2 km) folgern, daß die Küste zumindest dort deutlich in die Bucht hineinreichte (Karte 4c). Heute beträgt die kürzeste Entfernung zwischen der Mündung des Flusses und Letoon 4 km.

Karte 4c: Paläogeographische Situation der Eşen-Deltaebene ca. 3.000-2.000 BP

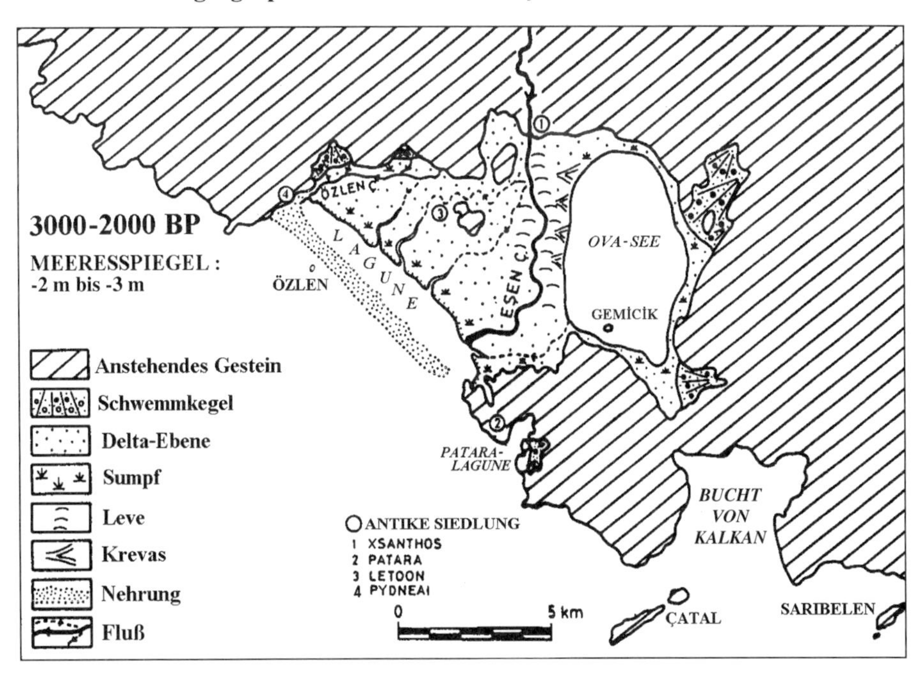

In den folgenden Phasen hat sich die Eşen-Ebene aufgrund der raschen Schüttung der Alluvionen weiter meerwärts ausgebreitet (Karte 4d). Durch die Wirkung des Meeres hat die Sedimentation an der Küste zugenommen. Der Sand wurde durch starke Westwinde nach Osten in die Ebene befördert, wo breite Dünengebiete entstanden, und gleichzeitig durch Strömungen an der Küste verdriftet, so daß er begann, sich vor dem Hafen von Patara zu akkumulieren. Auf diese Weise ist der Hafen allmählich verlandet und hat sich in einen Sumpf verwandelt. Schließlich wurde seine Verbindung mit dem Meer gänzlich unterbrochen (Karte 4e).

Karte 4d: Paläogeographische Situation der Eşen-Deltaebene 1.000 n.Chr.

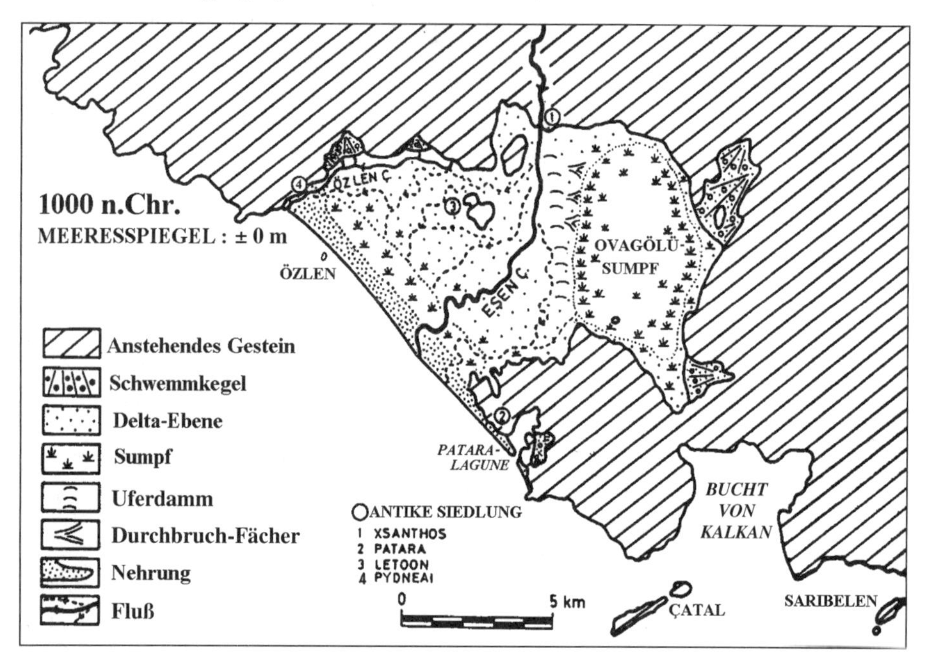

In literarischen Quellen wird darauf hingewiesen, daß der Hafen Pataras noch bis zum 15. Jh. – wenn auch selten – von Schiffen angefahren wurde. In der darauffolgenden Zeit ist er dann völlig verlandet. Heute ist auch die frühere Lagune des Ova-Sees ein Sumpfgebiet. Wenn man davon ausgeht, daß sich diese Entwicklung in der Zukunft fortsetzt, könnte sich die Kalkan-Bucht im Osten ebenfalls zunächst in eine Lagune und dann in einen Sumpf verwandeln (Karte 4f).

4 Schlußbemerkung

Das erste Ergebnis unserer Untersuchungen an der Küste der Teke-Halbinsel (Südwestanatolien) ist die Bestätigung der bisherigen Befunde, daß keine alten Küstenlinien über dem heutigen Meeresniveau existieren. Geologische Sondierungen in der Alluvialebene des Eşen und ^{14}C-Datierungen belegen aber, daß diese Ebene einst eine Meeresbucht war.

Karte 4e: Heutige geographische Situation der Eşen-Deltaebene

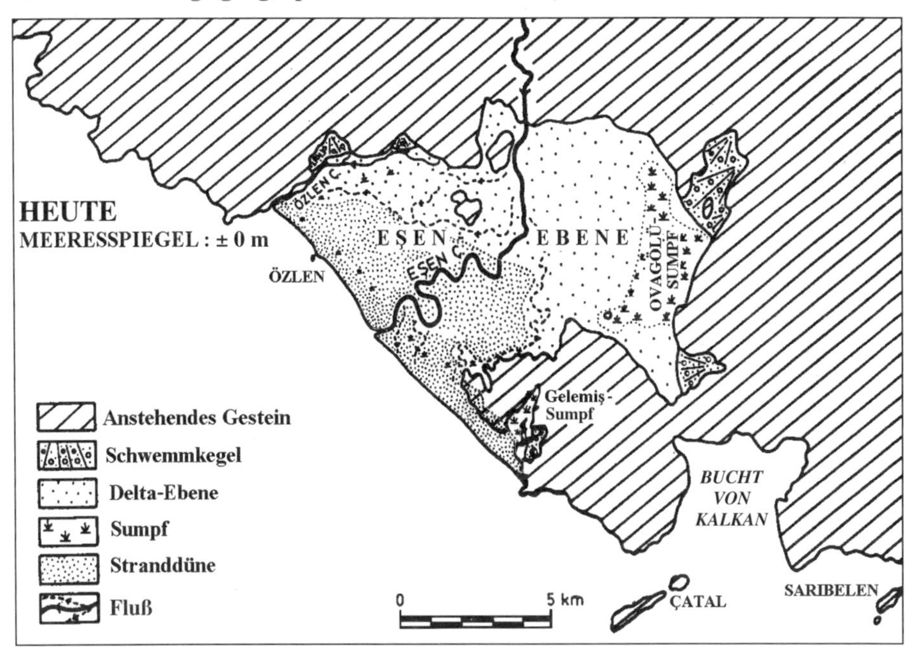

Karte 4f: Zukünftige geographische Situation der Eşen-Deltaebene

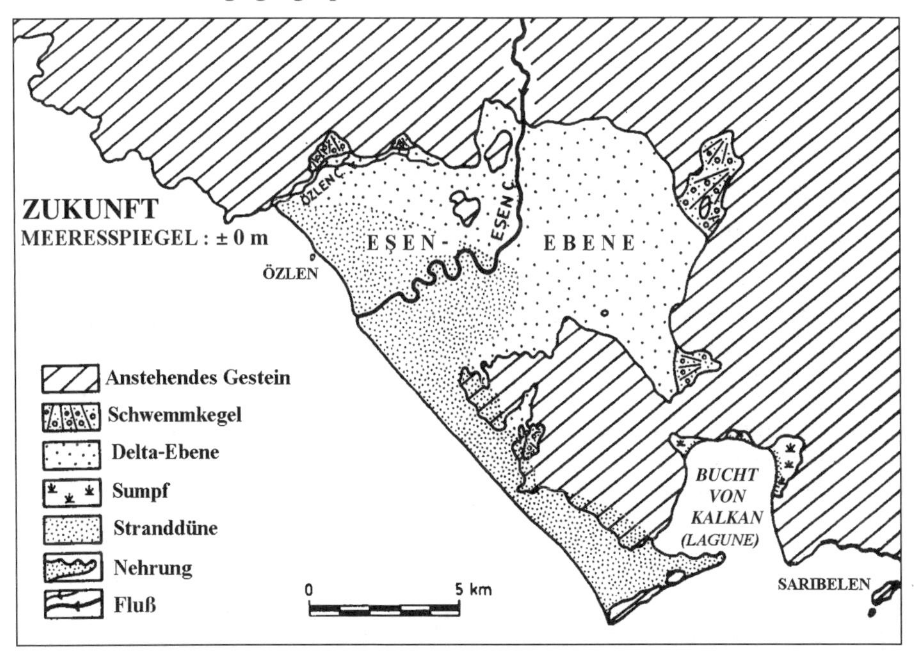

Mit der Zeit verfüllten Alluvionen des Eşen die Bucht und formten sie zu einer Deltaebene um. Gegen Ende dieses Prozesses wurden durch starke Westwinde große Mengen Sand aus dem unmittelbaren Küstenbereich ausgeweht und in das Innere der Ebene transportiert. In der letzten Phase beschleunigte sich dieser Prozeß dadurch, daß – bedingt durch eine Meeresspiegelabsenkung – die Strandlinie deutlich meerwärts wanderte. Unter der Einwirkung von Strömungen und Wellen sowie vor allem der Westwinde wurde der Sand in den antiken Hafen von Patara getragen. Infolge der Versandung der ehemaligen Hafeneinfahrt entstand der heutige Sumpf.

Aufgrund von Bohrungen in der Eşen-Ebene und in der antiken Stadt Patara sowie ihrer Umgebung konnte festgestellt werden, daß es im östlichen Teil der Ebene ehemals eine große Lagune gab. Ihre Basis liegt ca. 4 m unter dem heutigen Meeresspiegel. In dieser Tiefe ist auch eine dünne Schicht vulkanischer Asche vorhanden. Es ist bemerkenswert, daß bei Sondierungen in der antiken Stadt Letoon im Nordwesten der Ebene in gleicher Tiefe ebenfalls diese Aschenlage sowie eine die Verlandung widerspiegelnde Torfzone gefunden wurden, die sich auf 4.000-3.500 v.Chr. datieren lassen.

5 Literatur

AKSIT, O. (1967): Likya tarihi. - Istanbul Üniversitesi Edebiyat Fakültesi Yayinlari, 1218; Istanbul.

ISIK, F. & YILMAZ, H. (1989): Patara 1988. - XI. Kazi Sonuçlari Toplantisi II. T.C. Kültür Bakanliği Anitlar ve Müzeler Genel Müdürlügü: 1-20; Ankara.

KAYAN, I., KELLETAT, D. & VENZKE, J.-F. (1985): Küstenmorphologie der Region zwischen Karaburun und Figlaburun westlich Alanya, Türkei. - Beiträge zur Geomorphologie des Vorderen Orients. Beihefte zum Tübinger Atlas des Vorderen Orients. Reihe A (Naturwissenschaften), 9: 17-70; Wiesbaden.

KAYAN, I. (1988): Late Holocene sea-level changes on the Western Anatolian coast. - Palaeogeography, Palaeoclimatology, Palaeoecology, 68, 2-4: 205-218; Amsterdam.

KAYAN, I. (1991): Holocene geomorphic evolution of the Beşik plain and changing environment of ancient man. - Studia Troica, 1: 79-92; Mainz.

KELLETAT, D. & KAYAN, I. (1983): Alanya batisindaki kiyilarda ilk C-14 tarihlendirmelerinin isigianda Geç Holosen tektonik hareketleri. (First C-14 datings and Late Holocene tectonic events on the Mediterranean coastline, West of Alanya, Southern Turkey). - Türkiye Jeoloji Kurumu Bülteni, 26, 1: 83-87; Ankara.

ÖNER, E. (1995): Patara ve Cevresinin Jeomorfolojisi, TÜBITAK YBAG 106 no'lu Proje Raporu.

ÖNER, E. (1997): Eşen Çayı Taskin - Delta Ovaasinin Jeomorfolojisi ve Antik Patara Kenti. - Ege Cografya Dergisi, 9: 89-130; Izmir.

ÖNER, E. (1997): Finike Ovasinin Alüvyal Jeomorfolojisi ve Antik Limyra Kenti. - Ege Cografya Dergisi, 9: 131-157; Izmir.

PEKMAN, A. (1991): Strabon - Cografya, Anadolu (Kitap: XII, XIII, XIV). - Arkeoloji ve Sanat Yayinlari Antik Kaynaklar Dizisi, 1a; Istanbul.

PIRAZZOLI, P.A., LABOREL, J., SALIEGE, J.F., EROL, O., KAYAN, I. & PERSON, A. (1991): Holocene raised shorelines on the Hatay coasts (Turkey): Palaeoecological and tectonic implications. - Marine Geology, 96: 295-311; Amsterdam.

RIEDEL, H. (1996): Die holozäne Entwicklung des Dalyan-Deltas (Südwest-Türkei) unter besonderer Berücksichtigung der historischen Zeit. - Marburger Geographische Schriften, 130; Marburg.

Marburger Geographische Schriften	134	S. 116-153	Marburg 1999

Ostracodenforschung als Werkzeug der Paläogeographie

Mathias Handl, Nasser Mostafawi & Helmut Brückner

Zusammenfassung

Im Rahmen der paläogeographischen Untersuchungen im Deltagebiet des Büyük Menderes wurden in der antiken Hafenstadt Milet und ihrer Umgebung (Westtürkei) zahlreiche Bohrungen in den holozänen Sedimenten abgeteuft. Die Bohrkerne wurden anschließend u.a. mikrofaunistisch hinsichtlich der Ostracoden (Muschelkrebse) untersucht. Exemplarisch wird dies hier an dem Bohrprofil MIL 39 P dargestellt. Insgesamt konnten 71 bereits aus dem Mittelmeerraum bekannte Arten identifiziert werden. Bei einigen ist jedoch die taxonomische Zugehörigkeit unsicher; sie werden daher unter offener Nomenklatur angegeben (Tab. 1).

Häufigkeit und Artenzusammensetzung der Fauna hängen von verschiedenen ökologischen Faktoren ab. In den entsprechenden Ostracodenspektren spiegeln sich deutlich die Unterschiede zwischen mariner, brackischer und limnisch-fluvialer Faziesentwicklung wider. Damit hilft die Ostracodenforschung wesentlich, den Ablauf der holozänen Meerestransgression, die zur Entstehung des Latmischen Golfs führte, und die späteren Phasen seiner Verlandung durch den Deltavorbau des Büyük Menderes zu rekonstruieren.

Abstract

In the frame of palaeogeographical research in the vicinity of the ancient harbour city Miletos (Western Turkey), drill cores from the Holocene sediments of the Büyük Menderes deltaplain were studied for their ostracod faunal content. At drill core MIL 39 P, a total of 71 species was identified. If the taxonomy is uncertain, the species are presented under open nomenclature (cf. Tab. 1).

Quantity and distribution of the fauna depend on different ecological factors of their environment. The faunal composition very well reveals marine, brackish and limnic-fluvial facies. The ostracod analysis is a vital tool for deciphering the progress of the Holocene transgression, with the evolution of the Latmian Gulf and the successive phases of its complete silting-up due to the progradation of the Büyük Menderes delta.

1 Einleitung

Milet, in der Schwemmebene des Büyük Menderes (Großer Mäander) in Westanatolien gelegen, war in der Antike eine bedeutende Hafenstadt. Durch den Deltavorbau des früher "Maiandros" genannten Flusses kam es im Laufe der Jahrtausende zur allmählichen Verlandung, so daß heute die Stadtruine 7 km von der Ägäisküste entfernt ist (Abb. 1). Zur 100jährigen archäologischen Forschung ist seit Beginn der 90er Jahre die geowissenschaftliche Umfelderkundung gekommen (SCHRÖDER et al. 1995, BRÜCKNER 1996, 1997a, 1997b, 1998, BAY 1999). Ihr Ziel ist es, die Landschaftsgeschichte zu rekonstruieren. Dabei sind besonders die Phasen des Deltavorbaus interessant, da hierdurch das Leben der Stadt und die paläoökologische Situation einem ständigen Wandel unterzogen waren. Im folgenden soll an einer Bohrlokalität in unmittelbarer Nähe zur antiken Stadt dieser Landschaftswandel exemplarisch demonstriert werden.

2 Geologische Entwicklung der Umgebung von Milet

In Westanatolien bildeten sich – ausgelöst durch die Kollision zwischen Afrikanischer und Eurasischer Platte – gegen Ende des Tertiärs Horste und Gräben. Die Fortdauer der Tektogenese bezeugen immer wieder auftretende Erdbeben. Einer der Gräben ist der des Büyük Menderes. In seinem meerwärtigen Teil wird er im Nordwesten vom Samsun Dağı (1.237 m) begrenzt, einem Horst aus Marmoren und Glimmerschiefern mit lokalen Einschaltungen von Amphiboliten, und im Osten vom Latmos (1.375 m), einem Gebirge aus granitoiden Gneisen des Menderes-Kristallins. Die aus dem Paläozoikum stammenden Gesteine wurden im Zuge der anatolischen Gebirgsbildung im Tertiär metamorph überprägt. Jungtertiäre, überwiegend limnische Sedimente (Kalksandsteine und Kalke der Balat- bzw. Akbük-Formation) begrenzen den Graben nach Süden, wo sie dem Kristallinsockel auflagern (Näheres zur Geologie in BRINKMANN 1976, EROL 1981, LÜTTIG & STEFFENS 1976, PHILIPPSON 1912, SCHRÖDER et al. 1995, WIPPERN 1964).

Im Zuge des postglazialen Meeresspiegelanstiegs transgredierte das holozäne Meer in diesen Grabenbruch, wodurch der Latmische Golf entstand. Bisher sind Zeitpunkt (5.000 - 6.000 BP?) und Ort (bis zu dem jetzt 60 km landeinwärts gelegenen Aydın?) des Transgressionsmaximums umstritten (Näheres in BRÜCKNER 1996, SCHRÖDER & BAY 1996, SCHRÖDER 1998, BAY 1999). Nachfolgend kam es dann durch den Deltavorbau des Büyük Menderes zum allmählichen Verlanden der ehemaligen Meeresbucht. Belege dafür sind: (a) der ehemalige Südostteil des Latmischen Golfs wurde durch das Delta abgeschnitten und damit zum heute brackischen Bafa-See; (b) ehemalige Hafenstädte – Myus, Priene, Milet – liegen jetzt viele Kilometer landeinwärts; (c) die frühere Insel Lade, Ort der Seeschlacht zwischen Persern und Milesiern

Abb. 1: Lage des untersuchten Bohrprofils MIL 39 P unmittelbar westlich der antiken Stadt Milet

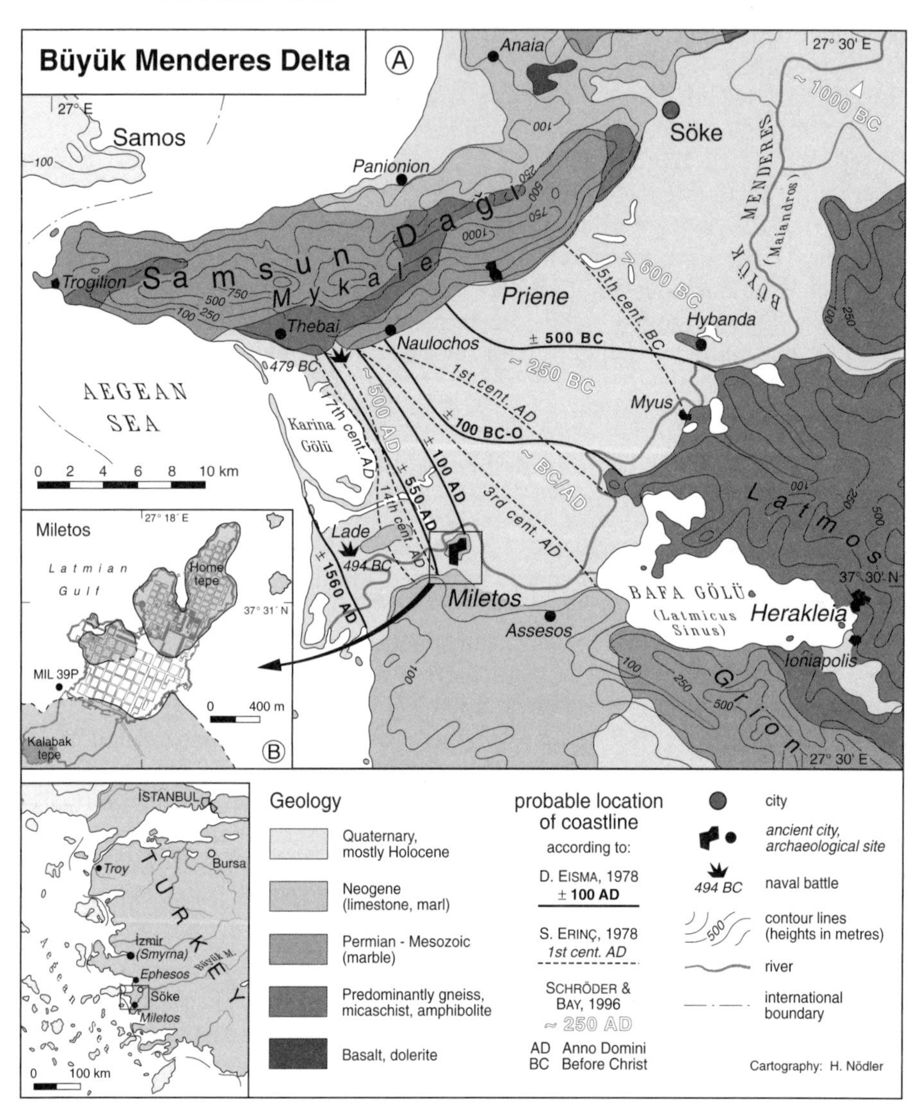

A zeigt die geologischen Verhältnisse sowie die Verlandungsszenarien des Latmischen Golfs. Zur Zeit des Transgressionsmaximums bestand das Gebiet von Milet aus Inseln (B).

Quelle: BRÜCKNER 1998: Fig. 6a und Fig. 6b, verändert

Abb. 2: Methoden der Geoarchäologie

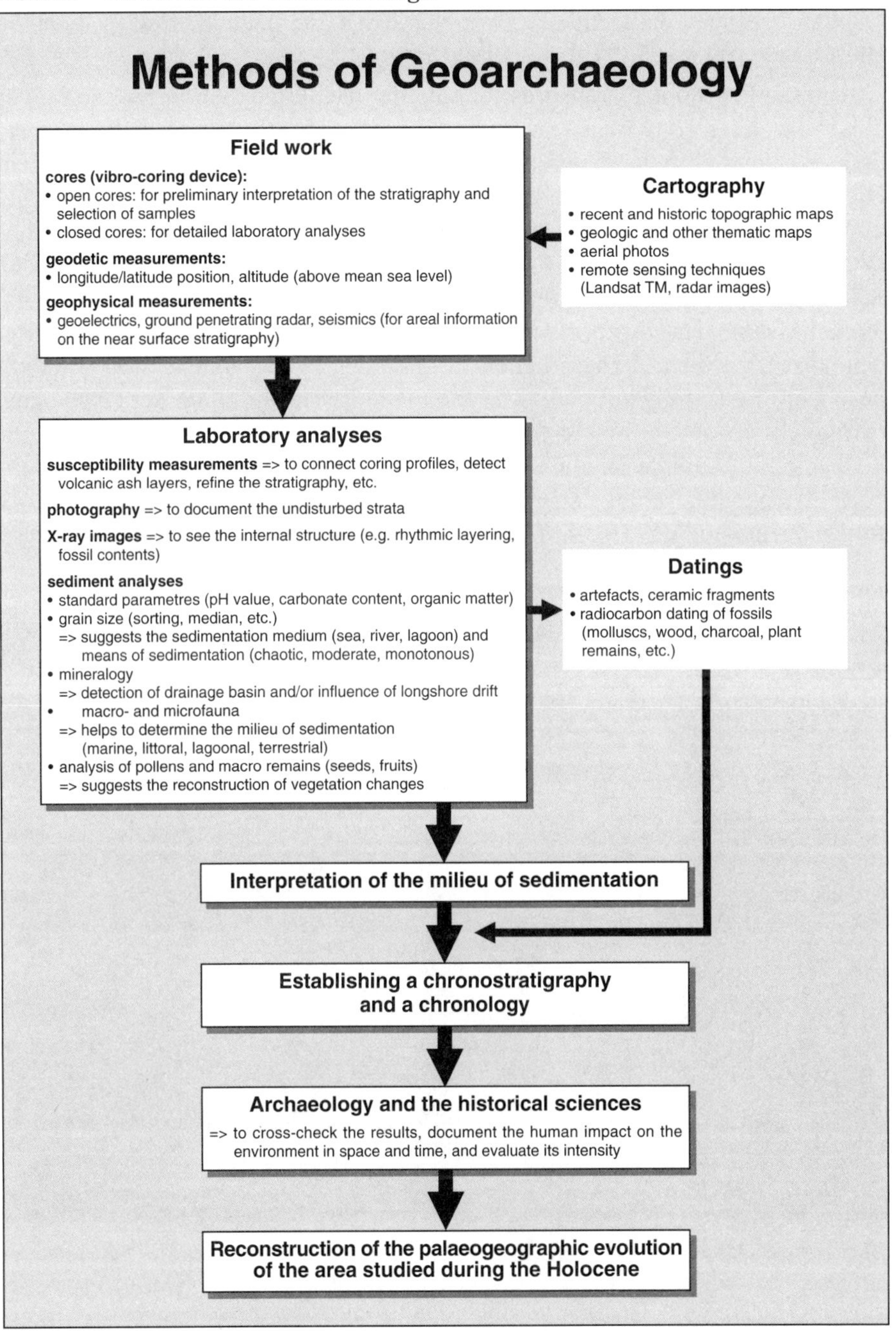

Quelle: BRÜCKNER 1998: Tab. 1

494 v.Chr., ist mittlerweile längst in die Ebene integriert; (d) literarische Quellen bezeugen die stetige Verlagerung der Küste nach Westen (Näheres in BRÜCKNER 1996, 1998; vgl. auch Foto 1).

Um die Phasen der Transgression und der nachfolgenden Regression – vor allem die des Deltavorbaus in Raum und Zeit – nachvollziehen zu können, bedient man sich paläogeographischer und geoarchäologischer Forschungen. Die verschiedenen dabei zum Einsatz kommenden Arbeitsweisen sind in Abb. 2 dargestellt. Bei der Geländearbeit in einer Deltaebene ist dabei das wichtigste Werkzeug die Rammkernsondierung. Die gezogenen Bohrkerne bieten den Schlüssel, um den paläoökologischen Wandel, vor allem die Verlandungsdynamik samt den zugehörigen Begleiterscheinungen, zu entschlüsseln. Bei den anschließenden Laborarbeiten kommt der mikrofaunistischen Analyse besondere Bedeutung zu, und zwar vor allem der Bestimmung der Ostracoden (Muschelkrebse). Sie reagieren nämlich bereits auf geringe fazielle und milieubedingte Veränderungen ihres Lebensraums, was in ihrer unterschiedlichen Artengemeinschaft und Abundanz zum Ausdruck kommt. Dies soll im folgenden anhand des 10,50 m langen Bohrprofils MIL 39 P gezeigt werden.

Foto 1: Die Bohrlokalität MIL 39 P

Blick vom Kalabak Tepe (archaisches Milet) auf die Deltaebene des Büyük Menderes mit dem Theaterberg von Milet (oberer rechter Bildrand) und dem Samsun Dağı (Gebirge im Hintergrund). Die Bohrlokalität ist mit Kreuz gekennzeichnet.

Quelle: H. BRÜCKNER, 09.1997

3 Methodik

Der Bohrpunkt MIL 39 P liegt in der Schwemmlandebene des Großen Mäanders, unmittelbar westlich der antiken Stadt Milet (siehe Abb. 1 u. Foto 1). Die Koordinaten – bezogen auf das für Milet übliche BENDTsche Netz (nach BENDT 1965) – lauten: RE = 1355.659, HO = 1338.116, Höhe über Meer: 1,25 m. Das Profil wurde mittels Rammkernsonde erbohrt (jeweils geschlossene 1 m-Rohre mit einem Innendurchmesser von 5 cm; Foto 2). Die Beprobung der im Labor geöffneten Kernrohre erfolgte in größeren oder kleineren Abständen gemäß sedimentologischer Kriterien oder anderer auffälliger Merkmale. Für die Ostracodenanalyse wurden jeweils 10 cm^3 Naßvolumen entnommen. Vor dem Schlämmen war eine Behandlung mit verdünntem Wasserstoffperoxid (H_2O_2) erforderlich. Die Ostracoden der Siebfraktionen >400 µm und 200-400 µm wurden analysiert, teilweise auch die Fraktion 125-200 µm miteinbezogen. Zur Vermeidung von Schimmelbildung wurden die Proben in einem Gemisch aus Wasser und Alkohol bis zur Untersuchung in Döschen aufbewahrt. Das Auslesen und Bestimmen der Mikrofauna erfolgte unter dem Binokular. Weitere artspezifische Studien sowie die Fotodokumentation erfolgten mit Hilfe des Rasterelektronenmikroskops. Alle identifizierten 71 Arten sind in Tab. 1 zusammengestellt, die wichtigsten Vertreter in den Tafeln 2-5 abgebildet.

Foto 2: Ausschnitt des aufgeschnittenen Bohrkerns MIL 39 P im Tiefenbereich 4-5 m

Bei 456 cm u.F. (unter der Geländeoberfläche) eingeschwemmtes Holz, um 466 und 471 cm u.F. Schalen von *Cerastoderma edule.*

Quelle: H. BRÜCKNER, 11.1997

4 Ostracodenfauna im Bohrkern MIL 39 P und ihre paläoökologische Deutung

Abb. 3 zeigt synoptisch das Bohrprofil MIL 39 P mit dem Ergebnis zur Ostracodenanalyse samt begleitender Fauna und den Angaben zu Stratigraphie, Sedimentologie und Körnung. Es folgt nun die Beschreibung der einzelnen Abschnitte des Bohrkerns mit dem Schwerpunkt auf der Ostracodenanalyse sowie der Interpretation bezüglich des jeweiligen Sedimentationsmilieus. Die Tiefenangaben sind in cm unter der heutigen Geländeoberfläche (= unter Flur, u.F.), die Beschreibung des Profils erfolgt von unten nach oben.

4.1 Anstehendes Neogen

Der wenig verwitterte, dem Kristallinsockel aufliegende Neogenkalk wurde in 1040 cm u.F. erbohrt. Die darüberliegende Schicht (1040-960 cm) besteht aus überwiegend sandig-kiesigen Sedimenten. Sie sind faunistisch steril und können als Neogenfazies gedeutet werden.

4.2 Erster Stranddurchgang im Zuge der holozänen Transgression

Im Profilabschnitt 960-940 cm weisen sporadisch auftretende Molluskenschalen und Foraminiferengehäuse sowie eine Einzelklappe der Ostracodenart *Aurila* sp. auf einen ersten marinen Einfluß hin. Dies bezeugt den Beginn der holozänen Transgression. Die gut gerundeten Sedimentkomponenten (max. 1 cm Korngröße) und der hohe Quarzanteil sprechen für eine Strandfazies mit intensiver Brandungsdynamik. Dies erklärt auch, warum eine rasche Besiedlung durch benthische Organismen noch nicht möglich war. Die quarz- und glimmerhaltigen Sedimente mit Schwermineralführung (Granat, Magnetit, Turmalin) sind Erosionsmaterial des kristallinen Hinterlandes (Glimmerschiefer, Granite und Gneise). Wahrscheinlich wurde es von einem Vorläufer des heutigen Mäanders in der damals noch terrestrischen Milesischen Bucht akkumuliert und dann im Zuge des postglazialen Meeresspiegelanstiegs vom Meer aufgearbeitet.

Ab 940 cm entfaltet sich – zunächst zögernd und mit Unterbrechungen, dann aber deutlich – eine artenreiche, marine Ostracodenfauna. Sie umfaßt *Acanthocythereis hystrix*, *Aurila* sp., *Bosquetina tarentina*, *Cistacythereis reymenti*, *Costa batei*, *Ghardaglaia* sp., *Loxoconcha bairdi*, *Loxoconcha stellifera*, *Loxoconcha* sp., *Propontocypris* cf. *mediterranea*, *Semicytherura inversa*, *Tenedocythere prava*, *Xestoleberis communis*, *Xestoleberis dispar* und *Xestoleberis margaritea*. Diese Faunengemeinschaft charakterisiert ein küstennahes, flachmarines Milieu mit sandig-schluffigem Meeresgrund (BARBEITO-GONZALEZ 1971, BONADUCE et al. 1977, MOSTAFAWI 1981, 1986, 1989, 1994a, b). Zusätzlich vermochte sich eine artenreiche Molluskenfauna diesem Biotop anzupassen (Muscheln: *Cardita sulcata*, *Chlamys* sp., *Dosinia exoleta*, *Nucula sulcata*, *Venus* sp.; Schnecken: *Bittium reticulatum*, *Cerithium vulgatum*, *Hinia reticulata*, *Jujubinus unidentatus*, *Natica* sp., *Turbonilla lactea*; Scaphopoden: *Dentalium* sp.; vgl. D'ANGELO & GARGIULLO 1978); Stachelreste von Echinodermen treten vor allem bei 924, 915 und 907 cm auf.

Bei 915 cm ist die Entwicklung einer noch artenreicheren Ostracodenfauna zu erkennen. Außer den zuvor erwähnten Arten treten vereinzelte Individuen von *Aurila convexa*, *Caudites calceolatus*, *Neonesidea longevaginata* und *Xestoleberis fuscomaculata* auf, die ebenfalls flachmarine, sublitorale Zonen mit feinkörnigem Grund besiedeln (BONADUCE et al. 1977, MOSTAFAWI 1981, 1994a, b).

4.3 Flachmarines Milieu

Im Bereich 910-900 cm vollzieht sich ein allmählicher fazieller Wechsel in der Beschaffenheit des Meeresgrundes. Er wird in zunehmendem Maße schlammiger, was auf eine leichte Vertiefung des Gewässers in Küstennähe zurückzuführen ist. Gelegentlich darin vorkommende dünne Fein- bis Grobsandlagen können als kurzfristige Schüttungen vom Land her gedeutet werden. In den nun überwiegend schluffigen bis schluffig-feinsandigen Schichten kommen vereinzelt folgende Individuen vor: *Acanthocythereis hystrix*, *Basslerites berchoni*, *Callistocythere littoralis*, *Caudites calceolatus*, *Costa batei*, *Cytherois frequens*, *Ghardaglaia* sp., *Hemicytherura videns*, *Loxoconcha* sp., *Paracytherois* cf. *rara*, *Paracytherois* sp. (2), *Paradoxostoma* cf. *fuscum*, *Paradoxostoma versicolor*, *Paradoxostoma* sp., *Pontocythere rubra*, *Propontocypris pirifera*, *Pseudopsammocythere reniformis*, *Semicytherura inversa*, *Semicytherura mediterranea*, *Semicytherura psila*, *Semicytherura* sp., *Tenedocythere prava*, *Xestoleberis communis*, *Xestoleberis dispar*, *Xestoleberis* cf. *fabacea* und *Xestoleberis fuscomaculata*.

Nach PURI et al. (1964) und MALZ & JELLINEK (1984) sind dies typische Weichgrundbewohner, wobei die Gattung *Paradoxostoma* auch in algenbewachsenen Habitaten anzutreffen ist (vgl. KLIE 1942). *Callistocythere littoralis* besiedelt sowohl flache als auch tiefe marine Lebensräume; sie wurde in der Adria bis in 135 m Wassertiefe nachgewiesen (BONADUCE et al. 1977). *Hemicytherura videns* lebt auf Weichgrund mit Kalkalgenbewuchs der Litoral-Sublitoral-Zonen (vgl. ATHERSUCH 1979). Alles in allem spricht das Ostracodenspektrum für eine Flachwasserassoziation.

Eine erste kleine Ostracodenblüte (>600 Individuen) zeichnet sich im Bereich 865-860 cm ab. Sowohl die Zusammensetzung der Faunen (zu den bereits oben genannten Arten kommen noch vereinzelte Individuen von *Callistocythere crispata*, *Hiltermannicythere rubra*, *Paracypris* sp. und *Propon-*

tocypris cf. *succinea* hinzu), als auch diejenige der Molluskenspezies (z.B. *Acanthocardia deshayesi, Acanthocardia tuberculata, Cerastoderma edule, Mytilus galloprovincialis, Nucula sulcata, Venus verrucosa* bzw. *Bittium reticulatum, Cerithium vulgatum, Gibbula* sp., *Hinia reticulata*) sowie die Foraminiferen (z.B. *Elphidium* sp., *Ammonia* sp.) sprechen für ein flachmarines, gut durchlüftetes Milieu, in welchem diese Tiergruppen verschiedenartige ökologische Nischen besetzen konnten. Als weitere Ostracodenarten treten vereinzelt auf: *Acanthocythereis hystrix, Aglaia* cf. *rara, Aurila arborescens, Callistocythere badia, Callistocythere* cf. *intricatoides, Cytheretta adriatica, Hemicytherura gracilicosta, Leptocythere crepidula, Leptocythere ramosa, Loxoconcha stellifera, Macrocypris succinea, Paradoxostoma* cf. *atrum, Paradoxostoma* cf. *maculatum, Paradoxostoma* cf. *rarum, Pontocythere rubra, Propontocypris* cf. *dispar, Propontocypris* cf. *subfusca, Semicytherura inversa, Xestoleberis communis* und *Xestoleberis margaritea*. Ihre Verbreitung im mediterranen Raum haben ATHERSUCH (1976, 1979), BARRA (1997), HAJAJI et al. (1998), KLIE (1942), MOSTAFAWI (1981, 1986), PURI et al. (1964) und STRAMBOLIDIS (1985) nachgewiesen. Teilweise ist dieser Abschnitt reich an Pflanzenhäckseln (Seegras?) und enthält auch Individuen von *Paradoxostoma versicolor*, welche nach ATHERSUCH (1979) und KLIE (1942) auf schluffigen Sedimenten mit Algenbewuchs lebt. Eine gleichartige Faziesentwicklung wie vorher ist somit auch für diesen Abschnitt zu folgern.

Im Profil treten immer wieder Lagen mit gröberer Körnung auf. Hierbei kann es sich um einen möglichen "Event" handeln, z.B. eine außergewöhnliche Sturmflut oder einen starken Süßwasserimpuls vom Land her aufgrund heftiger Niederschläge. Das kann einen deutlichen Rückgang des Benthos verursachen (kaum Ostracoden, wenig Molluskenfragmente). Die stärkeren episodischen Sandschüttungen bei gleichzeitiger Abnahme der Ostracodenfauna (<60 Stück) im Bereich 860-840 cm können so gedeutet werden. Hier fanden sich nur vereinzelte Exemplare von *Paradoxostoma* cf. *fuscum* und *Semicytherura psila*. Derartige Events – vor allem Süßwasserimpulse – haben häufig das Ende einer mikrofaunistischen Blüte zur Folge. Die Population bricht dabei zusammen und muß sich dann erst wieder sukzessive etablieren.

Zwischen den einzelnen Schüttungsphasen herrschte aber auch ein ruhiges Sedimentationsmilieu. Wie unter Stillwasserbedingungen kam es dabei zeitweise zu einem Abfall des Sauerstoffgehalts im Habitat, worauf feinverteilter Pyrit sowohl im Sediment (mittel- bis dunkelgraue Lagen) als auch in den Gehäusen der Fossilien hinweist. Die Empfindlichkeit der Ostracoden gegenüber der Sauerstoffzehrung dokumentiert sich in anschaulicher Weise in einem deutlichen Rückgang der Artenvielfalt und der Gesamtabundanz.

In dem Profilabschnitt 840-600 cm dominieren *Cyprideis torosa, Loxoconcha stellifera, Xestoleberis communis* und vor allem *Xestoleberis margaritea*; untergeordnet erscheinen *Acanthocythereis hystrix, Aurila arborescens,*

Basslerites berchoni, Bosquetina tarentina, Callistocythere littoralis, Costa batei, Cytherelloidea sordida, Cytherois cf. *fuscum, Ghardaglaia* sp., *Hemicytherura videns, Loxoconcha* sp., *Microceratina pseudamphibola, Paradoxostoma* cf. *fuscum, Pontocythere rubra, Propontocypris mediterranea, Propontocypris pirifera, Pseudopsammocythere reniformis, Semicytherura psila* und *Xestoleberis cypria.*

Vergesellschaftung und Abundanz der Arten resultieren aus den Gegebenheiten des Lebensraums. Die häufig auftretenden Arten sind offenbar weniger wählerisch bezüglich des jeweiligen Milieus als solche, die an das Habitat höhere Ansprüche stellen und daher seltener vorkommen. Hierfür sind vor allem sedimentologische (Grob- bzw. Feinsediment) als auch ökologische Parameter (z.B. Nahrungsangebot, Pflanzenbewuchs, Wassertemperatur, Strömungen, Salinität) verantwortlich. Diese Überlegung gewinnt für die Interpretation des Profils MIL 39 P zusätzlich an Bedeutung, wenn man die faunistisch-ökologischen Untersuchungsergebnisse an Sublitoralsedimenten von Zypern (ATHERSUCH 1979) bzw. der Adria (PURI et al. 1964, BONADUCE et al. 1977) heranzieht und mit diesen vergleicht.

In den Quarzsandlagen zwischen 840-800 cm und 760-740 cm ist *Cytherelloidea sordida* präsent. Von diesem grabenden Sedimentbewohner (GRAF 1940) fanden PURI et al. (1964) und BONADUCE et al. (1977) lebende und tote Individuen in Wassertiefen >15 m im Golf von Neapel bzw. >100 m in der Adria. Das kann darauf hindeuten, daß die Sedimente der oben genannten Abschnitte in etwas tieferem Wasser abgelagert wurden. Allerdings war der Latmische Golf selbst beim holozänen Transgressionsmaximum an der Lokalität MIL 39 P höchstens 9 m tief.

Bis 610 cm ist die Ostracodenfauna mit einer stärker fluktuierenden Individuenanzahl vertreten – ein Anzeichen für häufig wechselnde Milieubedingungen des insgesamt flachmarinen Habitats. Die tonig-schluffigen Sedimente des Abschnitts 760-610 cm enthalten öfters organogenreiche Einschaltungen von sapropelartigem Charakter (örtlich mit Pyritbildungen). Sie belegen ein sauerstoffarmes bis fast anoxisches Milieu (Stillwasserfazies), in dem das Benthos keine geeigneten Lebensbedingungen vorfand. Das äußert sich beispielsweise darin, daß die Lage bei 740 cm – neben der anpassungsfähigen *Cyprideis torosa* – ein wenig repräsentatives Faunenbild aus *Callistocythere badia, Callistocythere littoralis* und *Xestoleberis* cf. *fabacea* aufweist, deren Individuen zudem überwiegend aus Larvalstadien bestehen.

Im Bereich 645-625 cm läßt sich eine vorübergehende Stabilisierung des Lebensmilieus unter euhalinen Bedingungen erkennen, was sich auch am vermehrten Auftreten von diversen Foraminiferen- und Molluskenspezies abzeichnet. An Ostracoden kommen neben der häufigen *Cyprideis torosa* sowie den selteneren *Loxoconcha stellifera* und *Xestoleberis margaritea* vereinzelt *Leptocythere bacescoi* und *Propontocypris pirifera* vor. Für größtenteils ruhige Sedimentationsbedingungen sprechen sowohl die Feinkörnigkeit des Substrats als auch der relativ hohe Anteil an Doppelklappen (17-23 %).

Die starke Abnahme der Individuen bei 615-610 cm liegt an einer kurzfristigen Änderung der Zusammensetzung des Sediments, das kleine kantige Kalkpartikel und rötliche Ziegelfragmente (?) enthält. Hierin dokumentiert sich bereits anthropogener Einfluß (die tiefsten Keramikpartikel wurden in 848 cm Tiefe gefunden; s. Kap. 5).

4.4 Flachmarines bis brackisches Übergangsmilieu

Oberhalb 610 cm nimmt die Ostracodenabundanz wieder stark zu (ca. 1.100 Individuen bei 603 cm). Unter ihnen ist erneut *Cyprideis torosa* dominant, während *Leptocythere bacescoi* nur untergeordnet vorkommt. Typisch marine Vertreter fehlen, ebenso Foraminiferen. Somit sprechen die Befunde für brakkische Bedingungen des Gewässers (vgl. WAGNER 1964). Möglich ist auch der zunehmende Einfluß des herannahenden Mäanders, wodurch das flachmarine Milieu immer wieder in der Salinität schwankt.

Der Abschnitt 600-455 cm setzt sich, wie schon der vorherige, vorwiegend aus schluffigen Sedimenten zusammen, welche besonders bei 570-545 cm und um 490 cm mit reichlich Makrophyten (wahrscheinlich Seegras) durchsetzt sind. Das Gesamtbild der Ostracoden- und der Begleitfauna spricht für einen sublitoralen, brackischen Ablagerungsraum, was die Exemplare von *Leptocythere crepidula, Leptocythere* sp., *Paradoxostoma* cf. *fuscum*, *Propontocypris* cf. *dispar* belegen. Teilweise ruhige Sedimentation (z.B. bei 555 und 535 cm) bezeugen der hohe Anteil an erhaltenen Doppelklappen (28 %), Pyritbildungen im Sediment sowie der deutliche H_2S-Geruch. Auf eine Ablagerung unter dem Einfluß von Brandungsenergie (z.B. 473-467 cm) deutet dagegen häufiger Muschelschalenbruch hin.

Um 510 cm läßt sich aufgrund einer drastischen Abnahme an Ostracodenindividuen (nur wenige Klappen von *Cyprideis torosa*) sowie dem völligen Fehlen von mariner Begleitfauna erneut eine deutliche Schwankung in der ökologischen Stabilität des Lebensraums ableiten. Als mögliche Ursache kommt wieder der Einfluß des Großen Mäanders in Frage (z.B. eine "Jahrhundertflut"), verbunden mit einer vorübergehenden deutlichen Verminderung der Salinität, wodurch das bisherige Benthos jeglicher Existenzgrundlage beraubt wurde. Funde von eingeschwemmtem terrestrischen Pflanzenmaterial unterstreichen diese Annahme.

In den Lagen zwischen 490 und 470 cm erscheinen *Cyprideis torosa* (mit klarer Dominanz), *Cytheridea neapolitana, Leptocythere bacescoi, Leptocythere crepidula, Loxoconcha stellifera, Paracytherois* sp. (1), *Paradoxostoma* cf. *atrum, Paradoxostoma* cf. *fuscum, Paradoxostoma* sp., *Propontocypris mediterranea, Propontocypris* cf. *succinea* und *Xestoleberis decipiens.*

Zusammen mit der begleitenden Mollusken- und Foraminiferenfauna kann hier auf eine nochmalige Etablierung eines flachmarinen, eventuell mesohalinen Milieus geschlossen werden.

Bei 455 cm enthalten die schluffigen, teilweise feinen Phytaldetritus führenden Sedimente eine individuenreiche marine Ostracodenfauna (ca. 1.200 Exemplare). Die *Cyprideis-Loxoconcha-Xestoleberis*-betonte Assoziation wird – in weitaus geringerer Anzahl – von *Aurila arborescens*, *Basslerites berchoni, Cytheridea neapolitana, Leptocythere bacescoi, Leptocythere* sp., *Paradoxostoma* cf. *fuscum*, *Paradoxostoma versicolor* und *Propontocypris* cf. *succinea* begleitet.

4.5 Lagunäres Milieu

Die markante Änderung in der Faunenzusammensetzung bei 450-440 cm ist die Folge einer tiefgreifenden faziellen Umstellung des aquatischen Lebensraums. Gegenüber den sonst überwiegend marinen Bedingungen, von kurzen Brackwasserphasen unterbrochen, zeichnet sich aufgrund der einzig noch durchgehend vorkommenden Ostracodenart *Cyprideis torosa* ein meist rein lagunär-brackisches Milieu ab. Der Faziesübergang liegt ebenfalls etwa bei 450-440 cm. *Cyprideis torosa* konnte sich auf dem überwiegend schlammigen Grund einer Lagune mitunter gut entfalten (>600 Individuen bei 410 cm).

Die faunistische Auswertung des Abschnitts ab 440 cm ergab insgesamt eine arten- und individuenarme Population, hauptsächlich aus brackischen Vertretern wie *Cyprideis torosa* (am häufigsten vorkommend), *Leptocythere bacescoi* und *Leptocythere* sp. sowie dem flachmarinen Ostracoden *Paradoxostoma* cf. *fuscum*. Sowohl ein Großteil der Faunen als auch im Sediment verteilte feine Phytalreste weisen messingfarbene Pyritbildungen auf. REM-Aufnahmen zeigen Framboide und hauptsächlich Kuboktaeder-Kristalle von wenigen µm Größe (s. Tafel 1; vgl. auch PSENNER 1983). Dies belegt anoxische und stagnierende Bedingungen im Habitat, wie sie am Grund einer Lagune vorkommen. Nach eigenen Beobachtungen laufen solche Prozesse gegenwärtig im Lagunenareal des Büyük Menderes-Deltas ab.

Bei 435-430 cm weisen rund 8 % der ausgezählten Individuen mittel- bis dunkelgraue Schalen auf; bei etlichen können außerdem Korrosionsspuren auf der Schalenoberfläche beobachtet werden. Damit scheinen Hinweise für ein leicht saures Milieu vorzuliegen. Ähnliche Phänomene wurden von HANDL (1990) an limnischen Ostracoden aus besonders organogenhaltigen Sedimenten des Mondsees (Österreich) beobachtet. In Anlehnung an ALLER (1982) ist dies wohl auf ein wechselvolles Geschehen zwischen Kalklösung der Schalen einerseits und sulfidhaltigem Niederschlag in Gegenwart der sich zersetzenden Biomasse (im Sinne von OERTLI 1971) andererseits zurückzuführen. Der in diesem Profilabschnitt relativ hohe Anteil an doppelklappigen Exemplaren läßt eine autochthone Vergesellschaftung erkennen, was für ein ruhiges Milieu spricht und eine Verdriftung ausschließt.

Ab etwa 405 cm tritt die Süßwasserform *Heterocypris salina* sporadisch in Erscheinung. Daran wird der Charakter einer typischen Verlandungsfazies erkennbar. Dennoch blieb das insgesamt brackische Milieu weitgehend erhalten, worauf *Cyprideis torosa* und *Leptocythere bacescoi* hinweisen.

Im Abschnitt 380-370 cm führten wiederum ökologisch einschneidende Bedingungen zu einem Rückgang der Ostracodenassoziation; die Begleitfauna (Mollusken, Foraminiferen) fehlt völlig. Sulfidgehalte im Sediment unterstreichen die lebensfeindlichen Bedingungen. Eine vorübergehende Verbesserung der Lebensqualität im Biotop zeichnet sich im Profilbereich 360-345 cm ab, so daß sich die Brackwasserart *Cyprideis torosa* gut zu entfalten vermochte (ca. 600 Individuen). Dies steht im Einklang mit dem überwiegend schluffig-tonigen Sediment, das diese Art bevorzugt. Sandige Lagen (z.B. bei 370, 350 und 325 cm) dagegen boten ihr ungünstigere Existenzmöglichkeiten (vgl. VESPER 1972, 1975).

Im Zuge des Deltavorbaus kam es auch in der Lagune zu weiterer Verlandung, so daß der fluviale Sedimenteintrag aufgrund von Überschwemmungen in der Mäanderebene zunahm. Entsprechend macht sich im Profil vermehrt fluvialer Einfluß bemerkbar. Das zeigt sich sedimentologisch am erneuten Auftreten von Schwermineralen (Granat, Hornblende, Magnetit, Turmalin) in der ausgesiebten Fraktion 200-400 µm. In den Lagen 385 cm und 350 cm tritt der limnische Ostracode *Iliocypris bradyi* auf (VAN HARTEN 1979, SCHÄFER 1954). Bei 340 cm kommen noch *Heterocypris salina* und *Sarscypridopsis aculaeata* vor. Dies sind ebenfalls limnische Vertreter (MARTENS 1984) und nach BERTELS & MARTINEZ (1990) in quartärzeitlicher Verlandungsfazies weltweit verbreitet. Letztgenannte Art fand FREELS (1980) in Bohrprofilen aus dem südwestanatolischen Raum (z.B. Acıgöl-Becken östlich Denizli). Vereinzelte Exemplare von *Candona* sp. sowie von Characeen-Oogonien und Ephippien-Dauereiern unterstreichen diesen Befund.

Hinweise für einen letztmaligen, kurzfristigen marinen Einfluß (Sturmflut?) belegen in 325 cm Tiefe neben *Cyprideis torosa* vereinzelte Individuen von *Aurila arborescens*, *Loxoconcha stellifera*, *Propontocypris* cf. *dispar* und *Semicytherura* sp.

4.6 Zunehmende Verlandung

Danach kam es zum erneuten ökologischen Umbruch im aquatischen Lebensraum. Die marine Ostracodenfauna scheidet – bis auf die fast ubiquitäre *Cyprideis torosa* – endgültig aus. Stattdessen tauchen nun *Candona* sp., *Heterocypris salina, Iliocypris bradyi* und *Sarscypridopsis aculaeata* teilweise häufiger auf (Lagen 320, 295, 235 und 220 cm), die ein überwiegend limnisches, allenfalls oligohalines Milieu belegen (vgl. MOSTAFAWI 1988). Das beweist, daß zu diesem Zeitpunkt der Deltavorbau des Großen Mäanders bereits weiter nach Westen vorgerückt ist, die Lagune immer weiter aussüßt und sich insgesamt eine Sumpflandschaft entwickelt hat, wie sie noch heute im Mündungsbereich des Flusses existiert (Schilfgürtelzonen im Deltafrontbereich).

Ab 285 cm sind nur noch ganz vereinzelte Individuen von *Cyprideis torosa* vohanden; ab 220 cm fehlt selbst diese so anpassungsfähige Art. Damit zeichnet sich der Wechsel von einer brackisch-limnischen zu einer rein fluvialen Fazies ab. Die letzten 200 cm des Profils bestehen aus Alluvionen des Mäanders – Hochflutsedimente, die sich bei den alljährlichen Überschwemmungen ablagerten. Sie enthalten viel Kulturschutt mit Keramikresten, Essensabfällen und Ziegelstücken sowie Holzkohle; Fossilien fehlen.

4.7 Statistische Auswertung der Ostracodenanalyse

Eine statistische Auswertung aller Proben aus dem Bohrprofil MIL 39 P ergab folgende Häufigkeitsverteilung (in %, bezogen auf die Gesamtanalyse aller Proben; aufgeführt sind alle Arten über 1 %):

Eindeutig dominieren *Cyprideis torosa* (44,3 %), *Loxoconcha stellifera* (20,8 %) und *Xestoleberis margaritea* (15,8 %). Diese drei Arten machen bereits 81 % aller ausgezählten Ostracodenklappen aus. Weit dahinter folgen *Xestoleberis communis* (3,9 %), *Propontocypris* cf. *mediterranea* (2,5 %), *Loxoconcha bairdi* (2,2 %), *Leptocythere* sp. (1,3 %) und *Sarscypridopsis aculaeata* (1,1 %). Die Vorherrschaft von *Cyprideis torosa* (Tafel 2, Fig. 3) mit fast der Hälfte aller Individuen ist bemerkenswert. Dieses "Chamäleon" unter den Ostracoden hat die Fähigkeit, sich an viele unterschiedliche Umweltbedingungen anzupassen. Vor allem im brackischen Milieu kann sich *Cyprideis torosa* massenhaft ausbreiten, wohingegen die meisten anderen Arten dem Streß der starken Salinitäts- und Temperaturschwankungen nicht gewachsen sind. Gleiches gilt übrigens bei den Bivalvia für *Cerastoderma edule*.

In der Umgebung der Lokalität MIL 39 P herrschte also fast durchgängig ein flachmarines bzw. vorwiegend lagunäres Milieu. Das deckt sich mit den Befunden von anderen bereits datierten Bohrprofilen, etwa im Löwenhafen von Milet (BRÜCKNER 1996: Abb. 3b) oder um die antike Stadt Ephesos aus dem Deltagebiet des Küçük Menderes (Kleiner Mäander) (BRÜCKNER 1997a: Abb. 2 u. Abb. 5, 1998: 247 ff.): Auf die Transgressionsfazies folgt eine lange Zeit mit vollmarinem Milieu aber geringer Sedimentationsrate; erst im Zuge der Regression kommt es mit dem Heranrücken des Deltas zu rascher Ablagerung unter flachmarinen und lagunären Bedingungen. Somit stammen die meisten Schichten aus diesen beiden Sedimentationsmilieus.

5 Datierung

Die holozäne Transgression erreicht die Bohrstelle in 950 cm, also 825 cm unter dem heutigen Meeresspiegel. Gemäß Befunden aus benachbarten Bohrungen (BRÜCKNER 1996, 1997a) und den weltweiten Werten zum nacheiszeitlichen Meeresspiegelanstieg dürfte das etwa vor 6.500 Jahren gewesen sein. Die direkte Datierung dieses Bohrkerns ist aber leider noch weitgehend offen. Die tiefsten Keramikfunde stammen aus 816 cm u.F. Die sehr kleinen Fragmente können nur mit großer Vorsicht in den Zeitraum Späte Bronzezeit bis Archaische Zeit (15./6. Jh. v.Chr.) gestellt werden (MIL 39 P/9/816 K). Ein Dachziegelfragment in 704 cm Tiefe muß – soweit bestimmbar – aus klassisch-hellenistischer Zeit (5./1. Jh. v.Chr.) stammen, wobei die Indizien eher für eine Zuordnung zur klassischen Zeit spricht (MIL 39 P/8/704).

Aus der Umgebung der Lokalität gibt es einige Hinweise für eine Datierung. Bergwärts nach Süden, also Richtung Kalabak Tepe, liegen römische Gräber aus dem 2./3. Jh. n.Chr. (PARAKENINGS & KERSCHNER 1991), die nach ihrer Anlage von etwa 1-1,2 m mächtigen Alluvionen seitlich zusedimentiert wurden. Der nordöstlich gelegene Theaterhafen von Milet wurde offenbar in römischer Zeit gereinigt, weil er zu verlanden drohte (BRÜCKNER 1996: 574). Aus beidem läßt sich schließen, daß es in römischer Zeit in der Umgebung von MIL 39 P zumindest eine starke Verlandung gab oder das Gelände bereits landfest war.

Leider sind die bisherigen ^{14}C-AMS-Datierungen widersprüchlich (Tab. 2). Das Alter der Holzkohle in 755 cm u.F. ist mit 135 cal AD (70-245 n.Chr.) eindeutig zu jung. Vielleicht wurde das Stück beim Bohren aus höheren Schichten verschleppt. Die doppelklappige Muschel *Cerastoderma edule* hat für die geringe Tiefe von nur 374 cm u.F. (nach der Ostracodenfauna bereits im lagunären Milieu; Kap. 4.4) ein recht hohes Alter (1.110 cal BC, 1265-940 v.Chr.); da es sich um ein doppelklappiges Exemplar handelt, ist eine Verlagerung aus älteren Schichten unwahrscheinlich. Weitere Altersbestimmungen müssen dieses Problem lösen helfen.

Für die Frage des Deltavorbaus ist es dabei vor allem wichtig, den Übergang vom marinen zum lagunären Milieu zu datieren. Sobald an einer Lokalität definitiv lagunäres Milieu herrscht, hat sich zu diesem Zeitpunkt westwärts ein Strandwall gebildet, hinter dem landeinwärts eine Lagune entstehen konnte. Damit ist der zweite Stranddurchgang an der betrachteten Lokalität vollzogen. Der erste Stranddurchgang geschieht im Zuge der Transgression an der Basis des Profils.

Bei MIL 39 P liegt dieser Übergang in etwa 450 cm Tiefe. Leider gibt es dort keine datierbaren Makrofossilien. Daher sollen in einem nächsten Schritt aus diesem Bereich Ostracodenklappen unter dem Mikroskop ausgelesen und dann ^{14}C-AMS-datiert werden. Bei der Auslese kann auch an der Beschaffenheit und dem Erhaltungszustand der Ostracodenklappen festgestellt werden, ob es sich um *in situ*-Sedimentation handelte oder ob mit Umlagerung gerechnet werden muß.

Tab. 2: Radiokohlenstoffalter (^{14}C-AMS) von zwei Proben aus dem Bohrprofil MIL 39 P

a	b	c	d	e	f
MIL 39 P/4/374 (Beta-121055)	*C. edule* (geschlossen)	355 cm u.F. 231 cm u.M.	-5,5	2920 ± 50 BP 1110 cal BC	1265-940 cal BC
MIL 39 P/8/755 (Beta-121056)	Holzkohle	715 cm u.F. 591 cm u.M.	-28,3	1870 ± 40 BP 135 cal AD	70-245 cal AD

a Probennummer / darunter: Labornummer (Beta Analytic Radiocarbon Dating Laboratory, Miami, FL.)

b datiertes Material

c cm unter Flur (= unter der Oberfläche) / darunter: cm unter dem heutigen Meeresspiegel

d ^{13}C/^{12}C-Verhältnis

e konventionelles ^{14}C-AMS-Alter / darunter: kalibriertes ^{14}C-Alter

f kalibriertes ^{14}C-Alter (2 Sigma). [Die Kalibrierung der Alter erfolgte nach den in Radiocarbon 35 (1) und 35 (2) 1993 publizierten Angaben. Für die Meeresmuschel *Cerastoderma edule* wurde die für marine Karbonate übliche Reservoir-Korrektur von 402 Jahren vorgenommen.]

6 Schlußfolgerung

Geologisch-sedimentologischer Kontext und mikrofaunistische Anlayse bezüglich der Ostracodenassoziation sind der Schlüssel, um die verschiedenen Sedimentationsmilieus an der Bohrlokalität MIL 39 P in der unmittelbaren Nähe der antiken Stadt Milet zu identifizieren.

Die holozäne Transgression erreicht die Lokalität in 9,60 m unter der heutigen Geländeoberfläche (u.F., unter Flur), also 8,35 m unter dem heutigen Meeresspiegel (u.M.). Sie ist mit Feinkies in sandiger, kalkhaltiger Matrix sowie litoraler Fauna belegt. Mit dem steigenden Meeresspiegel nehmen Korngröße und Sedimentationsrate ab, und es kommt ab etwa 9,10 m u.F. (7,85 m u.M.) zur Entfaltung der vollmarinen Ostracodenfauna einschließlich der begleitenden Foraminiferen und Mollusken. Typische Vertreter sind *Loxoconcha bairdi* und *Xestoleberis communis*. Schwankungen der Abundanz korrelieren vermutlich mit Änderungen des Ökosystems. Das geschieht z.B. in kurzer Zeit durch starken Süßwassereintrag aufgrund von sog. Jahrhundertfluten. Ab etwa 4,50 m u.F. (3,25 m u.M.) beginnt sich ein lagunärbrackisches Milieu zu etablieren. Damit ist es zum zweiten Stranddurchgang im Zuge der Regression gekommen; meerwärts der untersuchten Lokalität hat sich ein Strandwall aufgebaut, hinter dem sich landeinwärts eine Lagune entwickelte. In ihr kommt es zur massenhaften Ausbreitung von *Cyprideis torosa*, die sich gegenüber Salinitäts- und Temperaturschwankungen sehr tolerant zeigt. Erster Süßwassereintrag ist in etwa 4,05 m Tiefe (2,80 m u.M.) durch das Auftreten von *Heterocypris salina* belegt. Die Verlandung verstärkt sich ab 3,20 m u.F. (1,95 m u.M.), worauf die deutliche Ausbreitung von *Heterocypris salina*, *Iliocypris bradyi* und *Sarscypridopsis aculaeata* hinweisen. In 1,95 m Tiefe (0,70 m u.M.) ist die Verlandung an dieser Stelle praktisch abgeschlossen; Ostracoden fehlen, die anthropogenen Zeugnisse (Keramikfragmente, Essensabfälle, Knochenreste, Holzkohle) treten verstärkt auf.

7 Danksagung

Die vorgestellten Studien sind Teil des Forschungsprojektes zur Paläogeographie der Deltaebene des Büyük Menderes (Westtürkei), das dankenswerterweise von der Deutschen Forschungsgemeinschaft finanziell gefördert wird (DFG-AZ: Br 877/17-1). Die Arbeiten waren eingebunden in die Milet-Grabung (Leitung: Prof. Dr. Volkmar von Graeve, Bochum) und den Milet-Survey (Leitung: PD Dr. Hans Lohmann, Bochum). Den beiden Leitern verdanken wir anregende Diskussionen, finanzielle und logistische Unterstützung. Bei den Geländearbeiten halfen tatkräftig Dr. Walter Wilhelm Jungmann und Studierende der Universität Marburg. Die REM-Aufnahmen entstanden im Labor von Dr. Andreas Schaper, Marburg. Für die graphische Gestaltung danken wir vielmals Herrn Helge Nödler.

8 Literatur

ALLER, R.C. (1982): Carbonate dissolution in nearshore terrigenous muds: The role of physical and biological reworking. - J. Geol., 90: 79-95; Chicago.

ATHERSUCH, J. (1976): The genus *Xestoleberis* (Crustacea, Ostracoda) with particular reference to recent Mediterranean species. - Pubbl. Staz. Zool. Napoli, 40: 282-343; Napoli.

ATHERSUCH, J. (1979): The ecology and distribution of the littoral ostracods of Cyprus. - J. Nat. Hist., 13: 135-165; London.

BARBEITO-GONZALEZ, P.J. (1971): Die Ostracoden des Küstenbereichs von Naxos (Griechenland) und ihre Lebensbereiche. - Mitt. Hamburg. Zool. Mus. Inst., 67: 255-326; Hamburg.

BARRA, D. (1979): The shallow-water marine ostracods of Tripoli (Libya) and their geographical distribution in the Mediterranean. - Rev. Esp. Micropaleontol., 29: 71-106; Madrid.

BAY, B. (1999): Geoarchäologie, anthropogene Bodenerosion und Deltavorbau im Büyük Menderes Delta (SW-Türkei). - Als Manuskript gedruckt; Herdecke.

BENDT, W. (1965): Topographische Karte 1:2000 von Milet. - Aufgenommen von den Deutschen Ausgrabungen - Alman Hafriyati, Milet 1965, Nord- und Südblatt; Bochum.

BERTELS, A. & MARTINEZ, D.E. (1990): Quaternary ostracodes of continental and transitional littoral - shallow marine environments. - Cour. Forsch.-Inst. Senckenberg, 123: 141-159; Frankfurt/Main.

BONADUCE, G., CIAMPO, G. & MASOLI, M. (1977): Distribution of ostracoda in the Adriatic Sea. - Pubbl. Staz. Zool. Napoli, 40, Suppl. 1: 1-155; Napoli.

BRINKMANN, R. (1976): Geology of Turkey. - Stuttgart.

BRÜCKNER, H. (1996): Geoarchäologie an der türkischen Ägäisküste - Landschaftswandel im Spiegel geologischer und archäologischer Zeugnisse. - Geographische Rundschau, 48, 10: 568-574; Braunschweig.

BRÜCKNER, H. (1997a): Geoarchäologische Forschungen in der Westtürkei - das Beispiel Ephesos. - Passauer Schriften zur Geographie, 15: 39-51; Passau.

BRÜCKNER, H. (1997b): Coastal changes in Western Turkey - Rapid delta progradation in historical times. - In: BRIAND, F. & MALDONADO, A. (eds.): Transformations and evolution of the Mediterranean coastline. Bulletin de l'Institut océanographique, Monaco, n° spécial, 18: 63-74 (CIESM Science Series, 3); Monaco.

BRÜCKNER, H. (1998): Coastal research and geoarchaeology in the Mediterranean region. - In: KELLETAT, D. (ed.): German geographical coastal research - The last decade. - Institute for Scientific Cooperation, Tübingen, and Committee of the Federal Republic of Germany for the International Geographical Union: 235-257; Tübingen.

D'ANGELO, G. & GARGIULLO, S. (1978): Guida alle conchiglie mediterranee. - Milano.

EROL, O. (1981): Neotectonic and geomorphological evolution of Turkey. - Z. Geomorph., N.F., Suppl.-Bd. 40: 193-211; Berlin, Stuttgart.

FREELS, D. (1980): Limnische Ostracoden aus Jungtertiär und Quartär der Türkei. - Geol. Jb., 39: 3-169; Hannover.

GRAF, H. (1940): Marine Ostracoden von Arbe (Adria). - Zool. Anz., 130: 25-30; Berlin.

HAJAJI, M., BODERGAT, A.-M., MOISSETTE, P., PRIEUR, A. & RIO, M. (1998): Signification écologique des associations d'ostracodes de la coupe de Kritika (Pliocène supérieur, Rhodes, Greece). - Rev. Micropaleontol., 41, 3: 211-233; Paris.

HANDL, M. (1990): Paläolimnologische Untersuchungen an spät- und postglazialen Sedimenten des Halleswies- und Mondsees (Oberösterreich) (Palynologie und Ostracoda). - Diss., Univ. Salzburg.

HARTEN, D. VAN (1979): Some new shell characters to diagnose the species of the *Iliocypris gibba-biplicata-bradyi* group and their ecological significance. - VII. Int. Symposium on Ostracods: 71-78; Beograd.

KLIE, W. (1942): Adriatische Ostracoden I. Die Gattung Paradoxostoma. - Zool. Anz., 138: 85-89; Berlin.

KRAFT, J.C., BRÜCKNER, H. & KAYAN, I. (1999): Paleogeographies of ancient coastal environments in the environs of the Feigengarten excavation and the "Via(e) Sacra(e)" to the Artemision at Ephesos. - In: SCHERRER, P., TAEUBER, H. & THÜR, H. (Hrsg.): Steine und Wege. Festschrift für Dieter Knibbe zum 65. Geburtstag. Österreichisches Archäologisches Institut, Sonderschriften, 32: 91-100; Wien.

LÜTTIG, G. & STEFFENS, P. (1976): Explanatory notes for the paleogeographic Atlas of Turkey from the Oligocene to the Pleistocene. - Bundesanstalt Geowiss. u. Rohstoffe; Hannover.

MALZ, H. & JELLINEK, T. (1984): Marine Plio/Pleistozän-Ostracoden von SE-Lakonien (Peloponnes, Griechenland). - Senckenbergiana biol., 65, 1/2: 113-167; Frankfurt/Main.

MARTENS, K. (1984): On the freshwater ostracodes (Crustacea, Ostracoda) of the Sudan, with special reference to the Red Sea Hills, including a description of a new species. - Hydrobiol., 110: 137-161; Dordrecht.

MOSTAFAWI, N. (1981): Marine Ostracoden aus dem Oberpliozän im Mittelteil der Insel Kos (Griechenland). - Meyniana, 33: 133-188; Kiel.

MOSTAFAWI, N. (1986): Pleistozäne Ostracoden aus der Nikolaos-Formation von Ost-Kos, Griechenland. - Senckenbergiana lethaea, 67, 1/4: 275-303; Frankfurt/Main.

MOSTAFAWI, N. (1988): Süßwasser-Ostracoden aus dem Plio-Pleistozän der Insel Kos (Griechenland). - Meyniana, 40: 175-193; Kiel.

MOSTAFAWI, N. (1989): Limnische und marine Ostracoden aus dem Neogen der Insel Rhodos (Griechenland). - Cour. Forsch.-Inst. Senckenberg, 113: 117-157; Frankfurt/Main.

MOSTAFAWI, N. (1994a): Süßwasser-Ostracoden aus dem Ober-Pliozän von N-Euböa (Griechenland). - N. Jb. Geol., Mh., 5: 309-319; Stuttgart.

MOSTAFAWI, N. (1994b): Ostracoden aus dem Ober-Pliozän und dem Ober-Pleistozän der N-Peloponnes, Griechenland. - N. Jb. Geol. Paläont. Abh., 194, 1: 95-114; Stuttgart.

OERTLI, H. (1971): The aspect of ostracode faunas - A possible new tool in petroleum sedimentology. - Bull. Centre Rech. Pau - SNPA, 5, Suppl.: 137-151; Pau.

PARAKENINGS, B. & KERSCHNER, M. (1991): Eine Notgrabung in der römischen Nekropole. - Istanbuler Mitteilungen, 41: 141-148; Istanbul.

PHILIPPSON, A. (1912): Das Gebirge zwischen unterem Kayster und unterem Mäander (III. Abschnitt). - Petermanns Geogr. Mitt., Erg.-H., 172: 77-99; Gotha.

PSENNER, R. (1983): Die Entstehung von Pyrit in rezenten Sedimenten des Piburger Sees. - Schweiz. Z. Hydrobiol., 45, 1: 219-232; Basel.

PURI, H.S., BONADUCE, G. & MALLOY, J. (1964): Ecology of the Gulf of Naples. - Pubbl. Staz. Zool. Napoli, 33, Suppl.: 87-199; Napoli.

SCHÄFER, H.-W. (1954): Über Süßwasser-Ostracoden aus der Türkei. - Istanbul Üniv. Fen. Fak. Hidrobiol. Arast. Enst. Yayınlarından, Ser. B, 1, 1: 7-32; Istanbul.

SCHRÖDER, B. (1998): Mittel- bis jungholozäne Landschaftsgeschichte am Unterlauf des Großen Mäander (W-Anatolien). - GeoArchaeoRhein, 2: 91-101; Münster.

SCHRÖDER, B., BRÜCKNER, H., STÜMPEL, H. & YALÇIN, Ü. (1995): Geowissenschaftliche Umfelderkundung. - In: GRAEVE, V. VON (Hrsg.): Milet 1992-1993. - Archäol. Anzeiger: 238-244; Berlin, New York.

SCHRÖDER, B. & BAY, B. (1996): Late Holocene rapid coastal changes in western Anatolia - Büyük Menders Plain as a case study. - Z. Geomorph., N.F., Suppl.-Bd., 102: 61-70; Berlin, Stuttgart.

STRAMBOLIDIS, A. (1985): Zur Kenntnis der Ostracoden des Evros-Delta (Nord-Ägäisches Meer) Griechenland. - Mitt. Hamb. Zool. Mus. Inst., 82: 155-254; Hamburg.

TUTTAHS, G. (1998): Milet und das Wasser, ein Beispiel für die Wasserwirtschaft einer antiken Stadt. - Forum Siedlungswasserwirtschaft und Abfallwirtschaft Universität GH Essen, 12; Essen.

VESPER, B. (1972): Zur Morphologie und Ökologie von *Cyprideis torosa* (Jones, 1850) (Crustacea, Ostracoda, Cytheridae) unter besonderer Berücksichtigung seiner Biometrie. - Mitt. Hamburg. Zool. Mus. Inst., 68: 21-77; Hamburg.

VESPER, B. (1975): To the problem of noding on *Cyprideis torosa* (Jones, 1850). - Bull. Amer. Paleont., 65, 282 (Biology and Paleobiology of Ostracoda): 205-216; Ithaca, New York.

WAGNER, C.W. (1964): Ostracods as environmental indicators in Recent and Holocene estuarine deposits of The Netherlands. - Pubbl. Staz. Zool. Napoli, 33, Suppl.: 480-495; Napoli.

WIPPERN, J. (1964): Die Stellung des Menderes-Massivs in der alpidischen Gebirgsbildung. - Bull. Miner. Res. Explor. Inst. Turkey, 62: 74-82; Ankara.

Tab. 1: Verzeichnis aller im Bohrprofil MIL 39 P vorkommenden Ostracodenarten (Arten mit * sind in Abb. 3 aufgeführt)

marin

Acanthocythereis hystrix (REUSS, 1850)*
Aglaia cf. *rara* (G.W. MÜLLER 1894)
Aurila arborescens (BRADY, 1865)*
Aurila convexa (BAIRD, 1850)*
Aurila sp.*
Basslerites berchoni (BRADY, 1869)*
Bosquetina tarentina (BAIRD, 1850)*
Callistocythere badia (NORMAN, 1863)
Callistocythere crispata (BRADY, 1868)*
Callistocythere cf. *intricatoides* (RUGGIERI, 1953)
Callistocythere littoralis (G.W. MÜLLER, 1894)
Caudites calceolatus (COSTA, 1853)*
Cistacythereis reymenti STRAMBOLIDIS, 1985*
Costa batei (BRADY, 1866)*
Cytherelloidea sordida (G.W. MÜLLER, 1894)*
Cytherella sp.*
Cytheretta adriatica RUGGIERI, 1952*
Cytheridea neapolitana KOLLMANN, 1960
Cytherois frequens (G.W. MÜLLER, 1894)*
Cytherois cf. *fuscum* (G.W. MÜLLER, 1894)
Cytheroma variabilis (G.W. MÜLLER, 1894)
Ghardaglaia sp.
Hemicytherura gracilicosta (RUGGIERI, 1953)
Hemicytherura videns (G.W. MÜLLER, 1894)*
Hiltermannicythere rubra (G.W. MÜLLER, 1894)*
Krithe sp.
Loxoconcha bairdi (G.W. MÜLLER, 1912)*
Loxoconcha ovulata (COSTA, 1853)
Loxoconcha stellifera (G.W. MÜLLER, 1894)*
Loxochoncha sp.*
Macrocypris succinea (G.W. MÜLLER, 1894)
Microceratina pseudamphibola (BARBEITO-GONZALEZ, 1971)
Neonesidea longevaginata (G.W. MÜLLER, 1894)*
Paracypris sp.*
Paracytherois cf. *rara* (G.W. MÜLLER, 1894)*
Paracytherois sp. (1)*
Paracytherois sp. (2)*
Paradoxostoma cf. *atrum* G.W. MÜLLER, 1894
Paradoxostoma cf. *fuscum* G.W. MÜLLER, 1894*
Paradoxostoma cf. *maculatum* G.W. MÜLLER, 1894
Paradoxostoma cf. *rarum* G.W. MÜLLER, 1894
Paradoxostoma versicolor G.W. MÜLLER, 1894*
Paradoxostoma sp.
Pontocythere rubra (G.W. MÜLLER, 1894)
Propontocypris cf. *dispar* (G.W.MÜLLER, 1894)*
Propontocypris mediterranea (G.W. MÜLLER, 1894
Propontocypris pirifera (G.W. MÜLLER, 1894)*
Propontocypris cf. *subfusca* (G.W. MÜLLER, 1894)*
Propontocypris cf. *succinea* (G.W. MÜLLER, 1894)
Pseudopsammocythere reniformis (BRADY, 1869)*
Semicytherura inversa (SEGUENZA, 1880)*
Semicytherura mediterranea (G.W. MÜLLER, 1894)*
Semicytherura psila (BARBEITO-GONZALES, 1971)*
Semicytherura rara (G.W. MÜLLER, 1894)
Semicytherura sulcata (G.W. MÜLLER, 1894)
Semicytherura sp.*
Tenedocythere prava (BAIRD, 1850)
Xestoleberis cf. *fabacea* (TERQUEM, 1878)
Xestoleberis communis (G.W. MÜLLER, 1894)*
Xestoleberis cypria ATHERSUCH, 1976*
Xestoleberis decipiens (G.W. MÜLLER, 1894)
Xestoleberis dispar (G.W. MÜLLER, 1894)*
Xestoleberis fuscomaculata G.W. MÜLLER, 1894*
Xestoleberis margaritea (BRADY, 1866)*

brackisch

Cyprideis torosa (JONES, 1850)*
Leptocythere bacescoi (ROME, 1942)*
Leptocythere crepidula (RUGGIERI, 1950)*
Leptocythere ramosa (ROME, 1942)
Leptocythere sp.*

limnisch

Candona sp.
Heterocypris salina (BRADY, 1868)*
Iliocypris bradyi (SARS, 1890)*
Sarscypridopsis aculaeata (COSTA, 1847)*

Tafel 1

Aufgeklappter Ostracodencarapax von *Propontocypris pirifera* G.W. MÜLLER, 1894 mit Pyritkriställchen auf den Innenseiten beider Klappen (Vergrößerungsfaktor in Klammern angegeben).

a) Gesamtansicht (x 187);

b) Detailansicht; Kristallgruppe in den Kombinationen Hexaeder-Oktaeder (= Kuboktaeder) (x 3129);

c) Detailansicht von Pyrit (x 7030).

a
b
c

Tafel 2*

Fig. 1 ***Leptocythere* sp.**
R von außen, x 120

Fig. 2 ***Leptocythere bacesoi* (ROME, 1942)**
R von außen, x 120 - SMF Xe 19634

Fig. 3 ***Cyprideis torosa* (JONES, 1850)**
L von außen, x 50 - SMF Xe 19630

Fig. 4 ***Loxoconcha bairdi* G.W. MÜLLER, 1912**
L von außen, x 80 - SMF Xe 19635

Fig. 5 ***Semicytherura* sp.**
L von außen, x 120 - SMF Xe 19648

Fig. 6 ***Leptocythere crepidula* RUGGIERI, 1950**
R von außen, x 120

Fig. 7 ***Loxoconcha* sp.**
L von außen, x 80 - SMF Xe 19636

Fig. 8 ***Cistacythereis reymenti* STRAMBOLIDIS, 1985**
L von außen, x 80 - SMF Xe 19629

Fig. 9 ***Iliocypris bradyi* (SARS, 1890)**
R von außen, x 50

Fig. 10 ***Callistocythere badia* (NORMAN, 1862)**
R von außen, x 120 - SMF Xe 19628

*Bemerkungen zu den Tafeln 2 bis 5:

1. L = linke Klappe, R = rechte Klappe
2. Die abgebildeten Exemplare sind im Forschungsinstitut Senckenberg, Frankfurt/Main hinterlegt (Katalog SMF Xe 19627 - 19651). In einigen Fällen sind die fotografierten Belegstücke stark beschädigt bzw. gingen verloren und wurden durch andere Exemplare aus der gleichen Probe ersetzt. Alle Stücke stammen aus dem Profilbereich 865-860 cm u.F. Der Vergrößerungsfaktor ist jeweils angegeben.

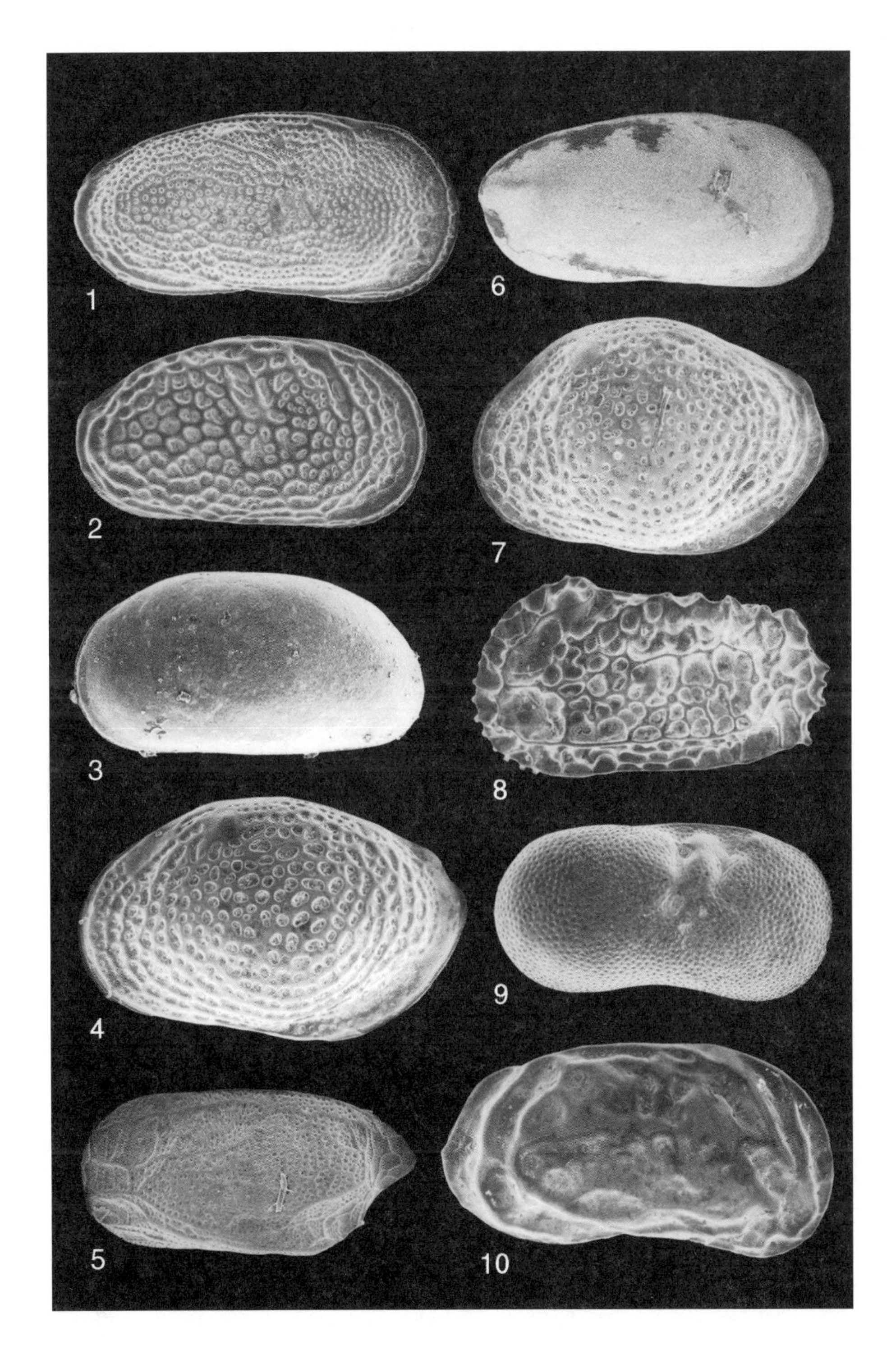
1
2
3
4
5
6
7
8
9
10

Tafel 3

Fig. 1 ***Aurila* sp.**
L von außen, x 80 - SMF Xe 19627

Fig. 2 ***Xestoleberis margaritea* (BRADY, 1866)**
R von außen, x 80 - SMF Xe 19651

Fig. 3 ***Ghardaglaia* sp.**
L von außen, x 80 - SMF Xe 19633

Fig. 4 ***Sarscypridopsis aculaeata* (COSTA, 1847)**
R von außen, x 80

Fig. 5 ***Paracytherois* cf. *rara* G.W. MÜLLER, 1894**
L von außen, x 80 - SMF Xe 19637

Fig. 6 ***Xestoleberis communis* G.W. MÜLLER, 1894**
R von innen, mit einer sich weit geöffneten Larve
x 80 -SMF Xe 19637

Fig. 7 ***Xestoleberis fuscomaculata* G.W. MÜLLER, 1894**
L von außen, x 80 - SMF Xe 19650

Fig. 8 ***Xestoleberis dispar* G.W. MÜLLER, 1894**
L von außen, x 80

Fig. 9 ***Cytherois* cf. *frequens* G.W. MÜLLER, 1894**
L von außen, x 80 - SMF Xe 19631

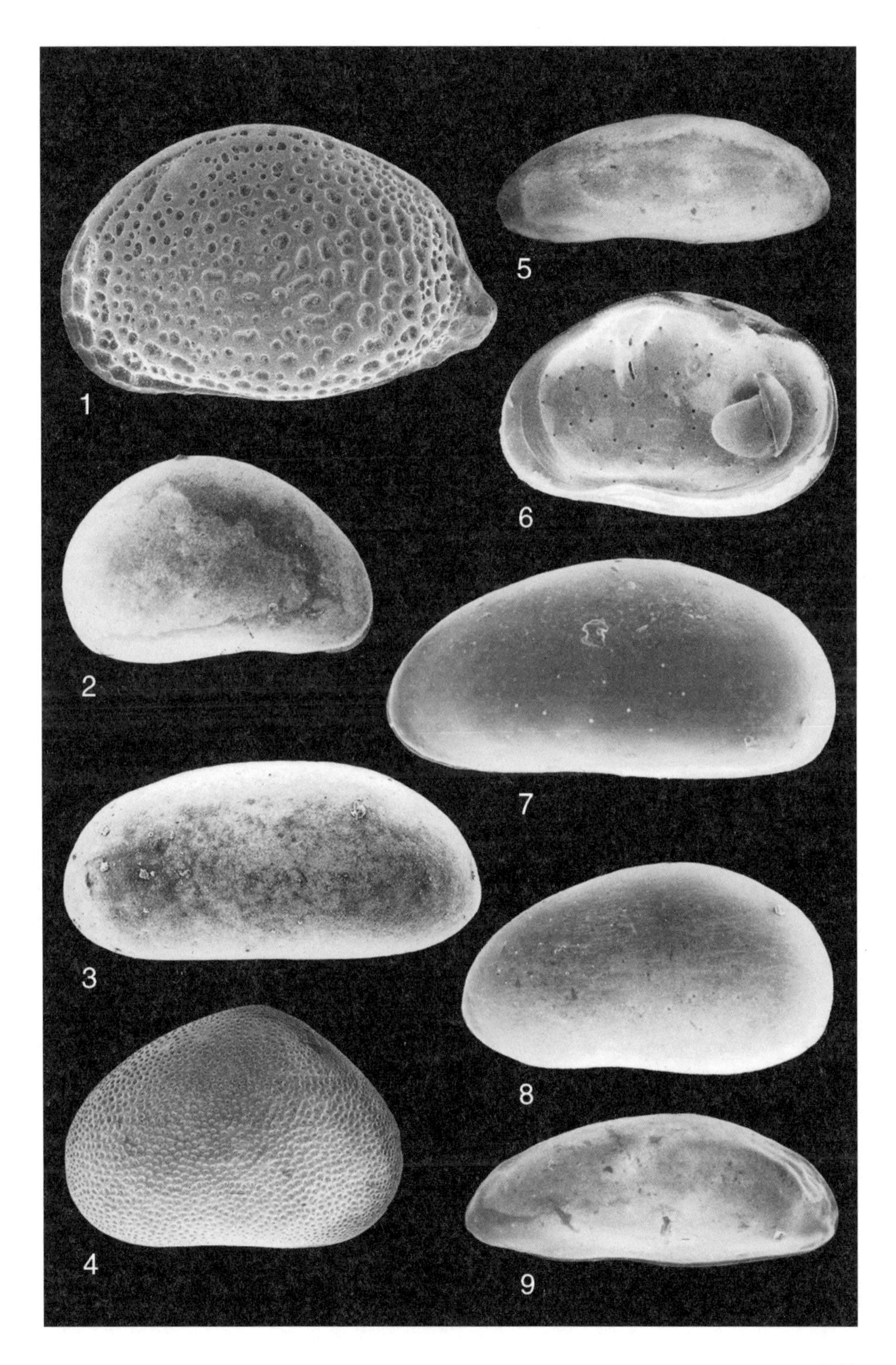
1
2
3
4
5
6
7
8
9

Tafel 4

Fig. 1 ***Propontocypris pirifera*** **G.W. MÜLLER, 1894**
R von außen, x 50 - SMF Xe 19645

Fig. 2 ***Propontocypris*** **cf.** ***dispar*** **G.W. MÜLLER, 1894**
R von außen, x 50 - SMF Xe 19644

Fig. 3 ***Paradoxostoma versicolor*** **G.W. MÜLLER, 1894**
L von außen, x 80 - SMF Xe 19643

Fig. 4 ***Paradoxostoma*** **cf.** ***fuscum*** **G.W. MÜLLER, 1894**
R von außen, x 80 - SMF Xe 19640

Fig. 5 ***Cytheretta adriatica*** **RUGGIERI, 1952**
R von außen, x 50 - SMF Xe 19632

Fig. 6 ***Propontocypris*** **cf.** ***subfusca*** **G.W. MÜLLER, 1894**
R von außen, x 80 - SMF Xe 19646

Fig. 7 ***Paracytherois*** **sp. (1)**
L von außen, x 80

Fig. 8 ***Paracytherois*** **sp. (2)**
L von außen, x 80 - SMF Xe 19638

Fig. 9 ***Semicytherura mediterranea*** **G.W. MÜLLER, 1894**
R von außen, x 120 - SMF Xe 19647

1
2
6
3
7
4
8
5
9

Tafel 5

Fig. 1 *Aurila convexa* (BAIRD, 1850)
L von außen, x 130 - SMF Xe 19652

Fig. 2 *Aurila arborescens* (BRADY, 1865)
L von außen, x 130 - SMF Xe 19653

Fig. 3 *Basslerites berchoni* (BRADY, 1869)
L von außen, x 230 - SMF Xe 19654

Fig. 4 *Loxoconcha stellifera* G.W. MÜLLER, 1894
L von außen, x 130 - SMF Xe 19655

Fig. 5 *Caudites calceolatus* (COSTA, 1853)
R von außen, x 130 - SMF Xe 19656

Fig. 6 *Bosquetina tarentina* (BAIRD, 1850)
R von außen, x 80 - SMF Xe 19657

Fig. 7 *Hiltermannicythere rubra* (G.W. MÜLLER, 1894)
R von außen, x 130 - SMF Xe 19658

Fig. 8 *Cytherelloidea sordida* (G.W. MÜLLER, 1894)
R von außen, x 80 - SMF Xe 19659

Fig. 9 *Acanthocythereis hystrix* (REUSS, 1850)
R von außen, x 110 - SMF Xe 19660

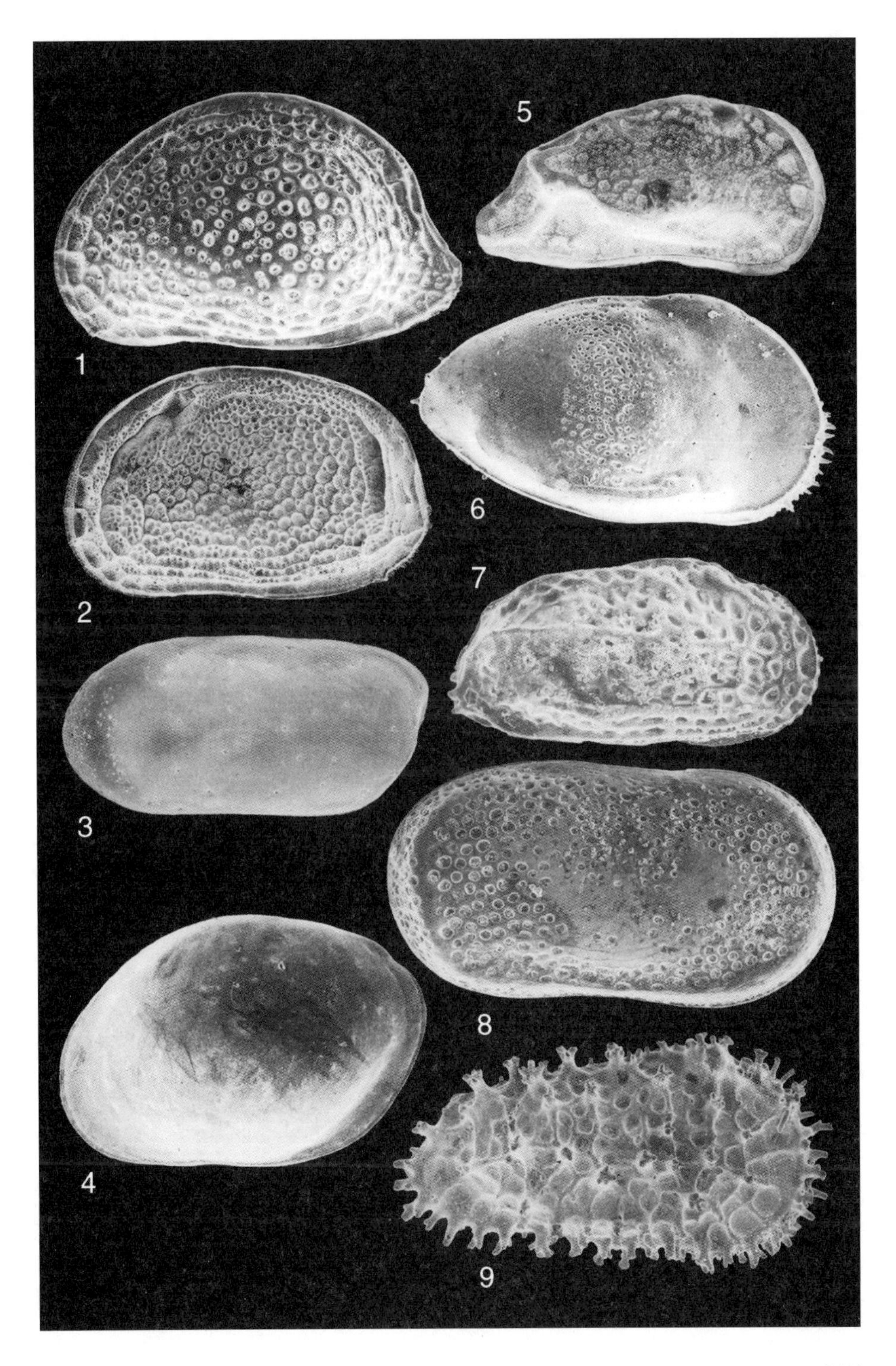

1
2
3
4
5
6
7
8
9

Abb. 3: Das Bohrprofil MIL 39 P und seine Interpretation (S. 148-153)

Zeichenerklärung zum Bohrprofil MIL 39 P

1 anstehender Neogenkalk

2 hellgraugrüner, tw. lehmiger Fein- bis Mittelsand mit etwas Kies

3 Kies und Sand

4 Mittel- bis Grobsandlagen

5 Feinsandlagen

6 hell- bis dunkelgraubrauner sandiger Lehm

7 mittel- bis dunkelbrauner, tw. lehmiger Schluff

8 mittel- bis dunkelbrauner toniger Schluff

9 dunkelgrauer, tw. organogenreicher Schluff

10 hellgrauer bis hellgrauolivfarbener Schluff

11 laminierte Schichten

12 Brandschichtlage

13 Kulturschicht

14 Pflughorizont

σ Makrofossilien

Keramikreste

Seegrasreste

○ Turmalin

□ Granat

Hornblende

◇ Magnetit

Vorkommen

+ sporadisch

++ deutlich

+++ häufig

s.w. sehr wenig

s.v. sehr viel

ü.M. über dem Meer (Mittelwasser)

Bohrung mit Rammkernsonde, 5 cm ø. Zur Lage des Bohrpunktes in der Nähe der antiken Stadt Milet siehe Abb. 1.

Das Diagramm zeigt die Ostracodenführung mit begleitender Fauna sowie die Stratigraphie, Sedimentologie und Körnung. Von den insgesamt 71 verschiedenen Arten sind nur die wichtigsten aufgeführt.

Entwurf: M. HANDL, Zeichnung: H. NÖDLER

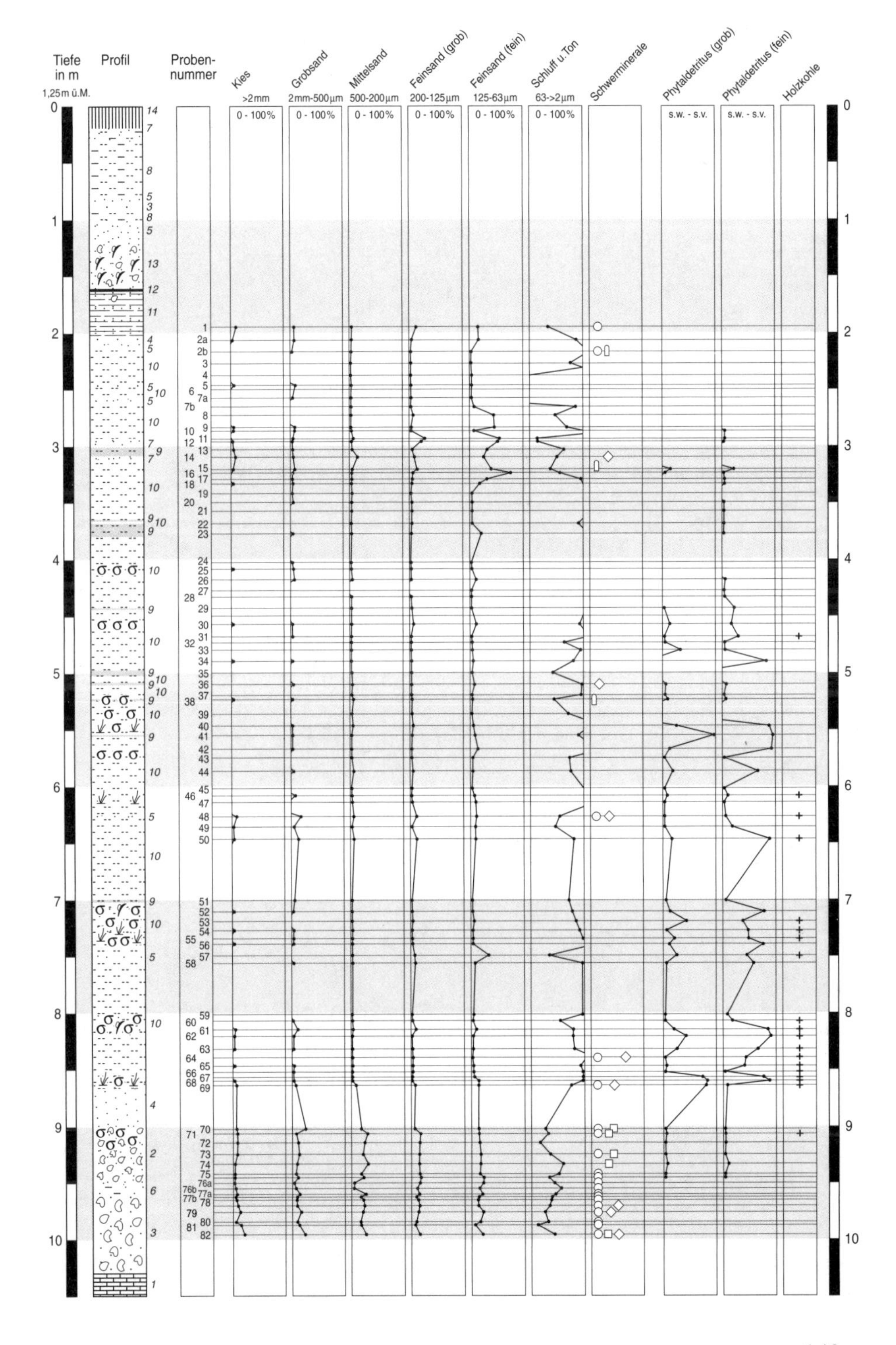

Tiefe in m
1,25m ü.M.
Profil
Proben-nummer
Kies
>2mm
0 - 100%
Grobsand
2mm-500µm
0 - 100%
Mittelsand
500-200µm
0 - 100%
Feinsand (grob)
200-125µm
0 - 100%
Feinsand (fein)
125-63µm
0 - 100%
Schluff u. Ton
63->2µm
0 - 100%
Schwerminerale
Phytaldetritus (grob)
s.w. - s.v.
Phytaldetritus (fein)
s.w. - s.v.
Holzkohle

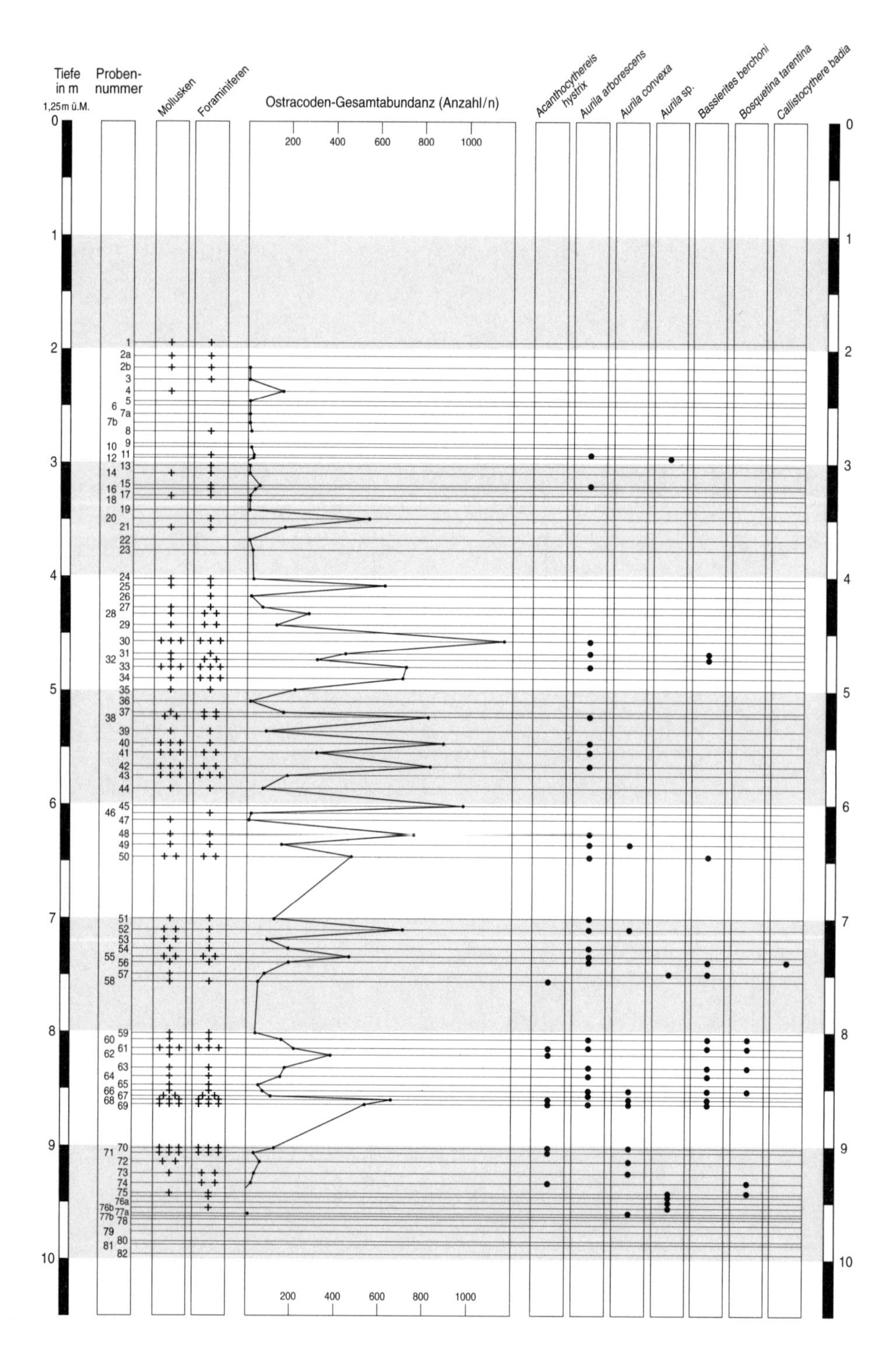

Tiefe in m
1,25m ü.M.
Proben-nummer
Mollusken
Foraminiferen
Ostracoden-Gesamtabundanz (Anzahl/n)
Acanthocythereis hystrix
Aurila arborescens
Aurila convexa
Aurila sp.
Bassleriites berchoni
Bosquetina tarentina
Callistocythere badia

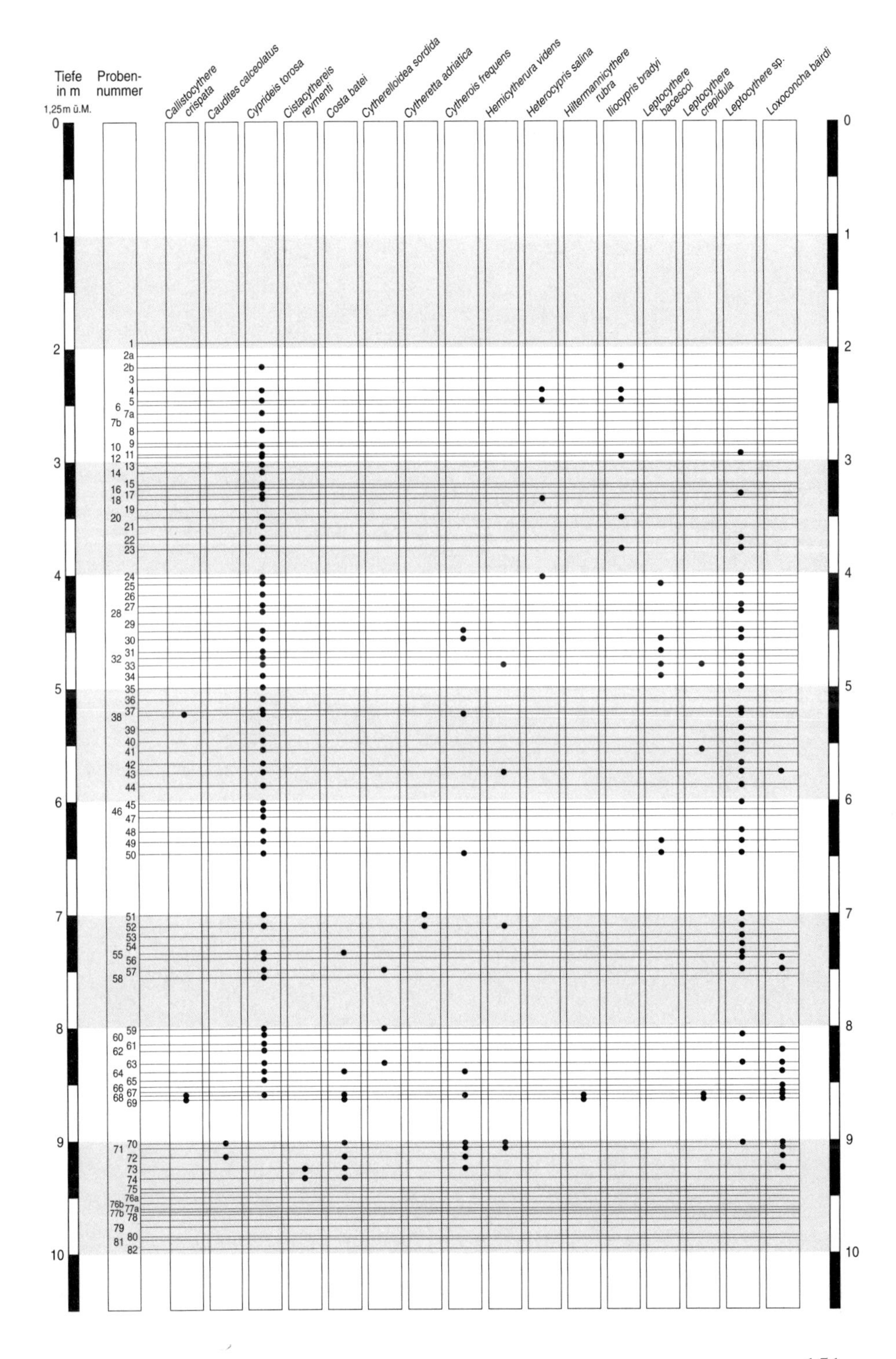
Tiefe in m
1,25 m ü.M.
Proben-nummer
Callistocythere crispata
Caudites calceolatus
Cyprideis torosa
Cistacythereis reymenti
Costa batei
Cytherelloidea sordida
Cytheretta adriatica
Cytherois frequens
Hemicytherura videns
Heterocypris salina
Hiltermannicythere rubra
Iliocypris bradyi
Leptocythere bacescoi
Leptocythere crepidula
Leptocythere sp.
Loxoconcha bairdi

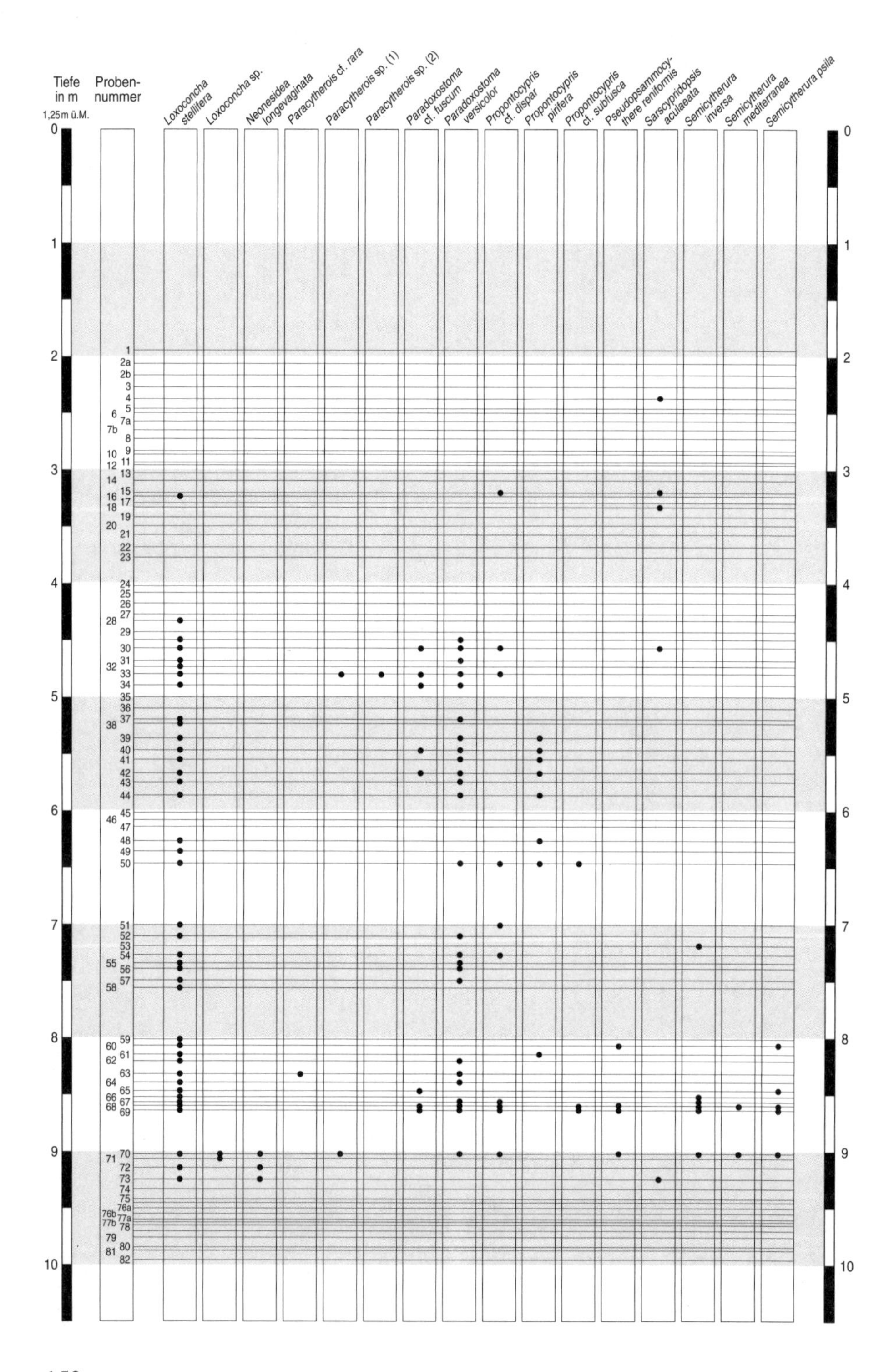

Tiefe in m
1,25 m ü.M.
Proben-nummer
Loxoconcha stellifera
Loxoconcha sp.
Neonesidea longevaginata
Paracytherois cf. rara
Paracytherois sp. (1)
Paracytherois sp. (2)
Paradoxostoma cf. fuscum
Paradoxostoma versicolor
Propontocypris cf. dispar
Propontocypris pirifera
Propontocypris cf. subfusca
Pseudopsammocythere reniformis
Sarscypridopsis aculeata
Semicytherura inversa
Semicytherura mediterranea
Semicytherura psila

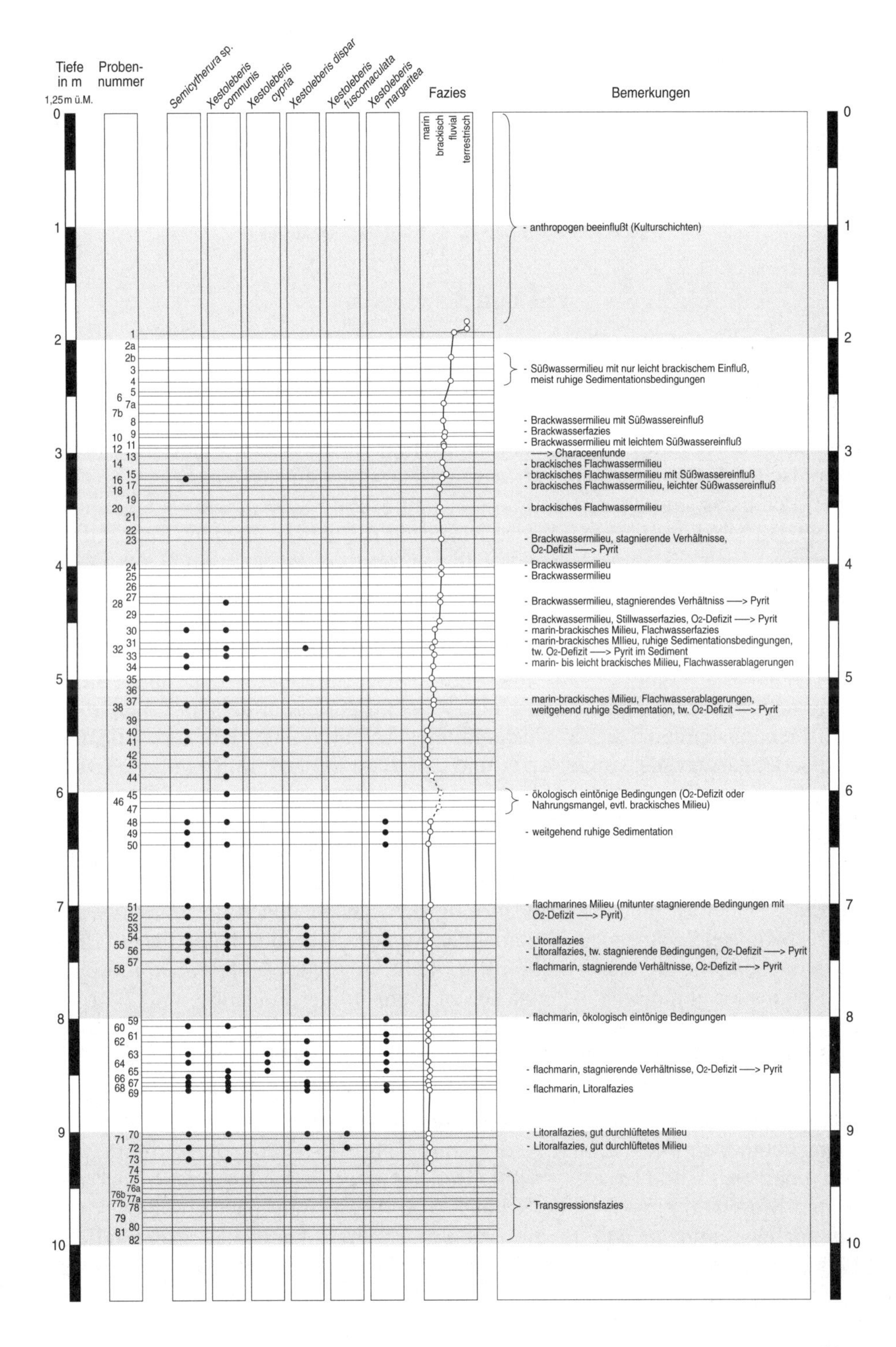
Tiefe in m
1,25m ü.M.
Proben-nummer
Semicytherura sp.
Xestoleberis communis
Xestoleberis cypria
Xestoleberis dispar
Xestoleberis fuscomaculata
Xestoleberis margaritea
Fazies
marin
brackisch
fluvial
terrestrisch
Bemerkungen
- anthropogen beeinflußt (Kulturschichten)
- Süßwassermilieu mit nur leicht brackischem Einfluß, meist ruhige Sedimentationsbedingungen
- Brackwassermilieu mit Süßwassereinfluß
- Brackwasserfazies
- Brackwassermilieu mit leichtem Süßwassereinfluß
—> Characeenfunde
- brackisches Flachwassermilieu
- brackisches Flachwassermilieu mit Süßwassereinfluß
- brackisches Flachwassermilieu, leichter Süßwassereinfluß
- brackisches Flachwassermilieu
- Brackwassermilieu, stagnierende Verhältnisse, O2-Defizit —> Pyrit
- Brackwassermilieu
- Brackwassermilieu
- Brackwassermilieu, stagnierendes Verhältniss —> Pyrit
- Brackwassermilieu, Stillwasserfazies, O2-Defizit —> Pyrit
- marin-brackisches Milieu, Flachwasserfazies
- marin-brackisches MIlieu, ruhige Sedimentationsbedingungen, tw. O2-Defizit —> Pyrit im Sediment
- marin- bis leicht brackisches Milieu, Flachwasserablagerungen
- marin-brackisches Milieu, Flachwasserablagerungen, weitgehend ruhige Sedimentation, tw. O2-Defizit —> Pyrit
- ökologisch eintönige Bedingungen (O2-Defizit oder Nahrungsmangel, evtl. brackisches Milieu)
- weitgehend ruhige Sedimentation
- flachmarines Milieu (mitunter stagnierende Bedingungen mit O2-Defizit —> Pyrit)
- Litoralfazies
- Litoralfazies, tw. stagnierende Bedingungen, O2-Defizit —> Pyrit
- flachmarin, stagnierende Verhältnisse, O2-Defizit —> Pyrit
- flachmarin, ökologisch eintönige Bedingungen
- flachmarin, stagnierende Verhältnisse, O2-Defizit —> Pyrit
- flachmarin, Litoralfazies
- Litoralfazies, gut durchlüftetes Milieu
- Litoralfazies, gut durchlüftetes Milieu
- Transgressionsfazies

Marburger Geographische Schriften	134	S. 154-173	Marburg 1999

Möglichkeiten der absoluten Alterseinstufung mittel- und jungquartärer Strandablagerungen an der patagonischen Atlantikküste (Argentinien)

Gerhard Schellmann

Zusammenfassung

Im Rahmen der in den letzten Jahren durchgeführten morpho- und pedostratigraphischen Geländeaufnahmen mariner Terrassen an verschiedenen Lokalitäten der patagonischen Atlantikküste (Península Valdés, Bahía Camarones, Bahía Bustamante, Caleta Olivia, Mazarredo, Puerto Deseado, San Julián) konnten neben mehreren unterschiedlich alten holozänen Strandwallniveaus bis zu drei letztinterglaziale und mindestens drei vorletztinterglaziale Strandwallsysteme nachgewiesen werden (SCHELLMANN 1995, 1998). Zum Landesinneren werden sie häufiger von weiteren marinen Strandablagerungen des älteren Quartärs/Jungpliozäns überragt, deren Untergliederung und Altersdatierung weiterhin offen ist. Die überwiegend geringe mittel- und jungquartäre Hebungstendenz dieser Küstenräume hat zur Folge, daß dort holozäne und letztinterglaziale sowie letzt- und vorletztinterglaziale Strandablagerungen durchaus eine ähnliche Höhenlage besitzen können. In einzelnen jungen Senkungsräumen – wie im Küstenraum nördlich von San Julián – besitzen Strandwälle des holozänen Transgressionsmaximums sogar eine ähnliche Höhe wie landeinwärts erhaltene Strandablagerungen des älteren Mittelpleistozäns. Daher ist eine Alterseinstufung der verschiedenen holozänen, jung- und spätmittelpleistozänen Strandablagerungen über die Höhenlagen ihrer Oberflächen, wie sie bisher üblich war, nicht möglich. Da aber auch morpho- und pedostratigraphische Alterskriterien nicht immer eindeutig sind (vor allem in Küstenzonen, wo litorale Bildungen nur lückenhaft überliefert sind), gewinnen absolute Datierungsmethoden zusätzlich an Bedeutung.

Innerhalb der fossilen mittel- und jungquartären Strandablagerungen sind häufiger Muschelschalen eingelagert, an denen verschiedene Altersbestimmungsmethoden (^{14}C-, ESR-, AAR- und ^{230}Th/^{234}U-Alter) durchgeführt werden konnten (SCHELLMANN 1998). Bei der überwiegenden Anzahl der datierten Muscheln hingen beide Schalen trotz Verwesung der Schloßmuskulatur noch zusammen. Nur in dieser Form erhalten, kann eine nachträgliche Umlagerung einer Muschelschale aus älteren Ablagerungen ausgeschlossen werden. Durch Datierung mehrerer auf diese Weise in einer Sedimentlage eingelagerter und bis auf wenige Jahre gleichalter Muschelschalen ist die Reproduzierbarkeit einer Altersbestimmungsmethode sehr genau überprüfbar. Weitere Beurteilungskriterien lieferten die Datierung mehrerer solcher Sedimentlagen innerhalb einer stratigraphischen Einheit sowie der Vergleich mit dem umgebenden morpho- und pedostratigraphischen Kontext.

Holozäne Muschelschalen können derzeit nur mit der ^{14}C-Methode auf wenige Jahrhunderte genau datiert werden. Die absolute Datierungsgenauigkeit wird vor allem dadurch eingeschränkt, daß es von der patagonischen Atlantikküste keine genauen Kenntnisse über Größenordnung und zeitliche Schwankungen des ^{14}C-Reservoireffektes im küstennahen Meerwasser ("mariner Reservoir-Effekt" und "Hartwassereffekt" über Flüsse und Grundwasser) gibt. Th/U-Datierungen jung- und mittelpleistozäner Muschelschalen können häufiger um ein, manchmal auch um mehrere Interglaziale zu jung ausfallen (SCHELLMANN 1998). Mit Hilfe von AAR-Messungen können – zumindest über das Verhältnis von links- und rechtsdrehender Asparaginsäure – nur holozäne von pleistozänen Muschelschalen unterschieden werden (SCHELLMANN 1998). Dagegen ermöglicht die ESR-Datierung fossiler Muschelschalen derzeit immerhin eine Alterseinstufung ins Holozän, ins letzte und vorletzte Interglazial sowie ins drittletzte Interglazial oder älter. Die Qualität der ESR-Datierungsmethode reicht aber nicht aus, um mehrere innerhalb eines Interglazials gebildete Strandablagerungen altersmäßig zu differenzieren. Generell tendieren ESR-Alter an Muschelschalen häufig zu einer Altersüberschätzung, deren Ursachen bisher nicht genau bekannt sind.

Summary

During the last years a detailed stratigraphic subdivision of elevated littoral deposits along the Patagonian Atlantic coast (localities: Península Valdés, Bahía Camarones, Bahía Bustamante, Mazarredo, Puerto Deseado, San Julián) has been carried out (SCHELLMANN 1995, 1998). In many places, extended pebbly beach-ridge systems are emerged at various elevations. Sometimes they spread out along the present coast, sometimes they are situated several kilometres away from it. Recent beach ridges lie only a few metres (ca. 2-3 m) above the highest tidewater level, whereas the oldest one can be found up to an elevation of 100 m and more above present mean sea level. The new investigations demonstrate, that – in addition to several Holocene littoral deposits – up to three Last Interglacial and up to three Penultimate Interglacial shorelines are preserved. Probably as a result of glacio-eustatic sea-level fluctuations in the Younger Quaternary, several beach-ridge systems were formed during the same interglacial period. Because of the lacking accuracy in dating Pleistocene molluscs it is still unclear, whether these shorelines are remnants of regressive phases during the interglacial transgression maximum or of younger substages of Pleistocene sea-level highstands. Surfaces of Holocene and Last Interglacial beach deposits, as well as those from the Last and the Penultimate Interglacial periods may today occur at a similar altitude. Furthermore, older marine terraces can be fringed seawards by some metres higher but younger beach-ridges. Therefore, by elevation is not a significant parameter at all for the chronostratigraphic correlation of marine terraces, as formerly stated by some of the researchers.

Often, morpho- and pedostratigraphic proof is missing, and only absolute dating methods can help to obtain chronostratigraphic results. However, only molluscan shells from an *in situ* position should be studied. This gives the only security that the data can be used for stratigraphic interpretations. An *in situ* position of bivalves is proven, when both shells stick together ("articulated shells"). ^{14}C ages of each of such specimens (Tab. 1) confirm on the one hand side the *in situ* assumption, and the quality of the ^{14}C dating method on the other. Nevertheless, these radiocarbon ages of mollusc shells can also be some hundred years or more too high, due to the so-called reservoir effect ("marine ^{14}C reservoir" and "hardwater effects" *via* rivers and groundwater). Strictly speaking, a calibration of marine ^{14}C ages using global mean values is not correct; this effect should be quantified for the Patagonian Atlantic coast.

By ESR dating of aragonitic mollusc shells a differentiation between Holocene, Last and Penultimate interglacials as well as even older marine terraces is possible. Although the methodological error of the ESR ages is supposed to be less than 15 %, the distribution of ESR ages from the studied paired mollusc shells – which undoubtly have the same age – often display a greater interval. For this reason it is impossible to differentiate between interglacial substages, e.g. the Last Interglacial OIS 5a, 5c and 5e.

While the ESR dating method on mollusc shells tends to overestimate the real age of the sample, the results reached by means of the $^{230}Th/^{234}U$ method often tend to underestimate the real age up to one interglacial or even more (SCHELLMANN 1998). Therefore, the application of this dating method on marine molluscs has to be considered rather problematic. For some shells, AAR measurements were also carried out, but the results did not correlate adequately with the stratigraphic background (SCHELLMANN 1998).

1 Einleitung

Gunsträume zur Untersuchung mariner Terrassen liegen an der patagonischen Atlantikküste im Bereich der Península Valdés, entlang der Bahía Camarones, der Bahía Bustamante, südlich und nördlich der Caleta Olivia, bei Mazarredo, Puerto Deseado und San Julián (Abb. 1).

Abb. 1: Küstenformen und Lage der Untersuchungsgebiete (kursiv, fett) an der patagonischen Atlantikküste

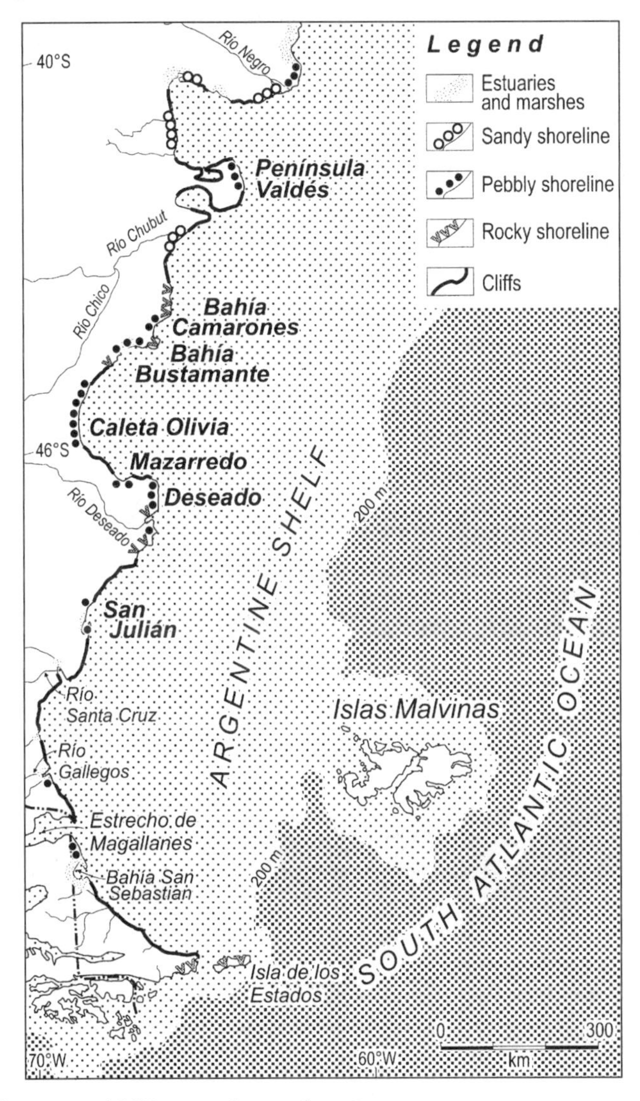

Quelle: E. SCHNACK 1985, verändert und ergänzt

Das Besondere an diesen Küstenzonen ist die weitflächige Verbreitung quartärer Strandwall-Systeme, die in unterschiedlicher Höhe und teils mit gestreckterem, teils mit stärker geschwungenem Verlauf den küstenmorphologischen Formenschatz beherrschen. Da einzelne Strandwälle bei günstigen Sedimentationsbedingungen bereits während *eines* Sturmereignisses entstehen können, ist es nicht verwunderlich, daß selbst fast 2 km breite Strandwall-Abfolgen, wie in der von SCHILLER (1925) erstmalig beschriebenen und von ihm benannten "Hunderstrände Bucht" nördlich von San Julián, nur rund 1500 Jahre Bildungszeit benötigten (Foto 1). Nach zwei Radiokohlenstoff-Datierungen an beidschalig eingelagerten Muscheln der Gattung *Solen macha* (MOLINA 1782) wurden sie während des älteren Subatlantikums vor ca. 500 bis 1800 Jahren abgelagert (nicht kalibrierte ^{14}C-Alter BP) (Lage der datierten Lokalitäten in SCHELLMANN 1998: 159).

Foto 1: Jungholozäne Strandwallsysteme in der "Hunderstrände Bucht" nördlich von San Julián (Bezeichnung der Bucht nach SCHILLER 1925)

Quelle: G. SCHELLMANN, 29.09.1992

Da große Bereiche der patagonischen Atlantikküste bereits seit dem Pliozän geringfügig herausgehoben werden, besitzen Strandwallablagerungen aus den älteren präholozänen Transgressionsmaxima normalerweise mit zunehmendem Alter auch eine größere Höhenlage. Während die Oberflächen holozäner und spät-letztinterglazialer Bildungen nur wenige Meter über dem heutigen Meeresspiegel liegen, sind die küstenferneren, altpleistozänen und pliozänen Strandwall-Komplexe inzwischen 100 m und mehr herausgehoben worden.

Beispielsweise erstrecken sich in der Umrahmung der Bahía Bustamante Strandablagerungen des Jungquartärs und des jüngeren Mittelquartärs in sechs verschiedenen Terrassenniveaus bis in Höhen von rund 40 m über dem heutigen Meeresspiegel (Abb. 2, Tab. 1). In Tab. 1 sind sie als T1- bis T6-Niveaus bezeichnet. Aber nicht alle Strandwall-Systeme liegen höher als nachfolgende jüngere Bildungen. Zum Beispiel können die im Bereich der Bahía Bustamante innerhalb des T1-, des T2- oder des T3-Niveaus gelegenen Strandwall-Systeme durchaus aus verschiedenen interglazialen Meeresspiegelhochständen stammen. Dieser Sachverhalt ist bei den stratigraphischen Bezeichnungen dieser Systeme durch die kleingestellten Zahlen 1, 5 und 7 symbolisiert. Sie stehen für die Sauerstoff-Isotopenstufen, innerhalb derer die jeweiligen Strandwall-Systeme gebildet wurden. Die Sauerstoff-Isotopenstufe 1 ist die heutige Warmzeit (Holozän), die Isotopenstufe 5 das letzte (Eem) und die Isotopenstufe 7 das vorletzte Interglazial. Eine stratigraphische Einstufung von Strandablagerungen allein aufgrund ihrer heutigen Höhenlage – ein Verfahren wie es nicht nur an der patagonischen Küste häufig angewendet wird – ist daher nicht nur sehr ungenau, manchmal ist es sogar falsch.

Tab. 1: Stratigraphische Übersicht mariner Terrassen im Bereich der Bahía Bustamante

FERUGLIO (1950)	Altitudes (m a.s.l.)	CIONCHI (1987)	Altitudes (m a.s.l.)	RADTKE (1989)	Altitudes (m a. mhT)	Levels of beach ridge systems	Altitudes (m a. mTw)	Stratigraphic units Holocene	Eem	
„Cordón litoral interno"	28 - 40	System I	35 - 41	Middle Pleistocene	33 - 35	T6-Complex	35 - 43			T6
						T5-Level	28 - 31			$T5_{(9)}$
„Cordón litoral intermedio"	20 - 26	System II	25 - 29			T4-Level	ca. 25			$T4_{(7)}$
				Last Interglacial	18 - 20	T3-Level	18 - 21		$T3_{(5)}$	$T3_{(7)}$
						T2-Level	14 - 15		$T2_{(5)}$	$T2_{(7)}$
„Cordón litoral reciente"	11 - 12	System III	8 - 10	Holocene	10 - 11	T1-Level	10 - 12	$T1_{(1)}$	$T1_{(5)}$	
						lower Holocene levels	9 - 10	H1		
							7 - 8	H2		
							< 7	sub-recent, recent		

a.s.l = above sea level; mhT = mean high tide water level; mTw = mean tide water level; $T_{(number)}$ number = Oxygen isotope stage

Quelle: G. SCHELLMANN 1998, leicht verändert

Aber selbst bei eindeutiger morpho-, pedo- oder biostratigraphischer Einstufung hängen letztlich absolute Zeitvorstellungen ihrer Genese von den Potentialen und Fehlern absoluter Altersbestimmungsmethoden ab. Ein Anliegen der in den letzten Jahren durchgeführten morpho- und chronostratigraphischen Untersuchungen an der patagonischen Küste (Details in SCHELLMANN 1998) war es daher, auf der Basis systematischer Probensammlungen fossiler Muschelschalen aus stratigraphisch gut abgesicherten Profilen, die aktuellen Möglichkeiten und Grenzen verschiedener Datierungsmethoden – vor allem der ESR-Datierung – zu überprüfen.

Abb. 2: Geologische Übersichtskarte der Verbreitung mariner Terrassen im Bereich der Bahía Bustamante (mit Lage der Profile I bis III in Abb. 4, Abb. 6 und Abb. 7)

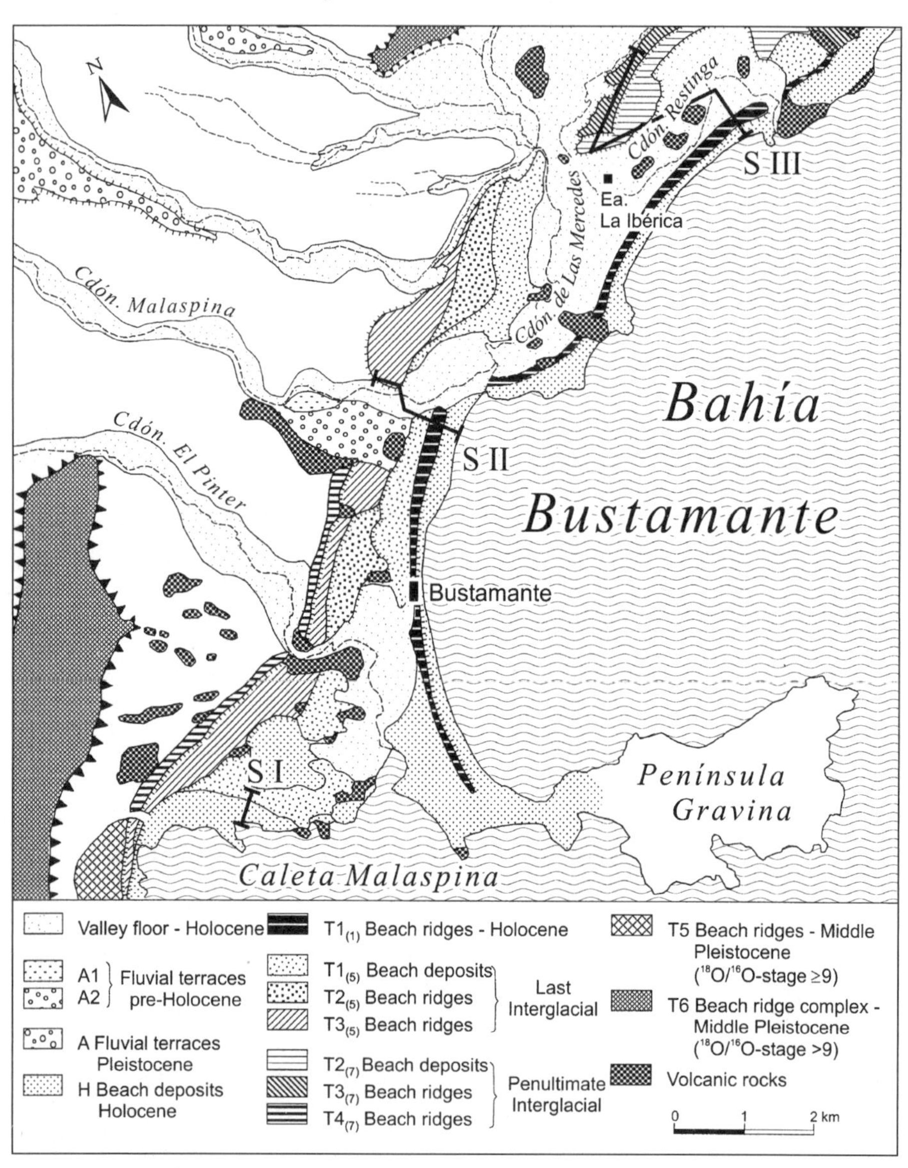

Quelle: G. SCHELLMANN 1998, ergänzt

2 Datierungsmaterial und Potential von Radiokohlenstoff-Altersbestimmungen an Molluskenschalen

Eine von vielen Naturschönheiten Patagoniens liegt darin, daß an den dortigen Stränden große beidschalige Muscheln angeschwemmt werden (Foto 2), die in diesem Zustand manchmal auch in holozänen und pleistozänen Strandablagerungen erhalten sind (Foto 3). Dadurch, daß beide Schalenhälften noch am Schloß zusammenhängen, obwohl die Schloßmuskulatur bereits lange verweste, ist gewährleistet, daß die Muschel nicht aus einem älteren Sediment umgelagert wurde. Als ihre Schloßmuskulatur noch nicht zersetzt war, wurde sie am damaligen Strand angespült und von Sedimenten überdeckt.

Foto 2: Rezenter Muschelsaum an der Bahía Bustamante, teilweise mit beidschalig angeschwemmten Exemplaren

Quelle: G. SCHELLMANN, 07.10.1992

Benutzt man solche beidschaligen Muscheln für Altersdatierungen, dann können eventuelle Widersprüche zwischen Datierungsresultaten und stratigraphischem Kontext zumindest nicht mehr mit der Annahme einer nachträglichen Umlagerung des Fossils erklärt werden. Durch die Datierung mehrerer solcher annähernd gleichalten Muschelschalen kann man natürlich hervorragend die Qualität von Datierungsmethoden – wie zum Beispiel der ^{14}C-, $^{230}Th/^{234}U$- oder ESR-Altersbestimmungsmethoden – überprüfen.

Foto 3: Beidschalige Muscheln, eingelagert in letztinterglaziale Strandkiese an der Estancia "La Esther" nördlich von Bustamante

Quelle: G. SCHELLMANN, 18.03.1992

In Tab. 2 sind die Ergebnisse der ^{14}C-Datierung von jeweils zwei in einer Sedimentlage eingelagerten beidschaligen Muscheln zusammengestellt. Die hohe Übereinstimmung der Alter innerhalb einer Sedimentlage bestätigt nicht nur deren *In situ*-Position und weitgehende Altersgleichheit, sie belegt ebenfalls die bekannte gute Datierungsqualität der ^{14}C-Methode. Dennoch besitzt auch diese Ungenauigkeiten, vor allem im Bereich der ^{14}C-Zeitskala. Neben den bekannten kosmisch bedingten Fehlern können speziell bei der Datierung von Muschelschalen marine Reservoireffekte (einschließlich "Hartwassereffekten", eingetragen über Flüsse und Grundwasserströmungen) dazu führen, daß ^{14}C-Alter um mehr als 1.000 Jahre zu hoch ausfallen. Hier liegt ein dringender zukünftiger Forschungsbedarf, denn Größe und zeitliche Schwankungen mariner Reservoireffekte sind an der patagonischen Atlantikküste, bis auf einige wenige Befunde von der Küste Feuerlands (ALBERO et al. 1987), bisher nicht bekannt. Aber solange dieses nicht der Fall ist – und das gilt für viele Küsten der Erde –, sind holozäne Strandwallsysteme mit wenigen Jahrhunderten Bildungsdauer auch nicht mit der durch hohe Präzision der Meßergebnisse gekennzeichneten Radiokohlenstoff-Methode exakt datierbar, was natürlich überregionale Vergleiche von Meeresspiegelveränderungen sehr behindert. Statt globale Mittelwerte als Korrekturfaktoren zu benutzen, wie es vor allem in der jüngeren Literatur zunehmend der Fall ist, sollte man daher meines Erachtens ^{14}C-Daten aus dem marinen Bereich weiterhin als unkalibrierte Daten in ^{14}C-Jahren BP verwenden. Dennoch ist die Radiokohlenstoff-Methode sicherlich die derzeit exakteste absolute Altersbestimmungsmethode – selbst bei Anwendung an marinen Molluskenschalen. Zu beachten ist jedoch, daß ihre Datierungsobergrenze bei Anwendung an marinen Molluskenschalen mit hoher Wahrscheinlichkeit schon bei ca. 25.000-30.000 Jahren BP erreicht ist (u.a. SCHELLMANN & RADTKE 1997).

Tab. 2: ^{14}C-Alter von jeweils zwei verschiedenen beidschaligen Muscheln aus einer Sedimentlage (jede Sedimentlage besitzt eine eigene Pa-Nummer)

Lokalität	Pa-Nr.	Stratigraphie	^{14}C-Alter BP (unkorr.)	Hd-Nr. [1]
Camarones	Pa 33*1 Pa 33*4	$T1_{(1)}$-Vorstrand-ablagerungen	6.708 ± 46 6.663 ± 59	16502 18214
Bustamante	Pa 57*3 Pa 57*4	H1-Strandwallsedimente	5.424 ± 40 5.380 ± 70	18213 17683
	Pa 58*3 Pa 58*4	H2-Strandwallsedimente	4.473 ± 40 4.420 ± 80	18397 17683
Caleta Olivia	Pa 72*1 Pa 72*3	H2-Strandablagerungen	5.381 ± 60 5.240 ± 50	16509 18473

[1] ^{14}C-Datierungen: Dr. B. KROMER (Institut für Umweltphysik, Universität Heidelberg).

Quelle: G. SCHELLMANN 1998, leicht verändert

3 ESR-Altersbestimmungsmethode

Zur Altersdatierung pleistozäner Muschelschalen sind derzeit vor allem zwei Methoden im Einsatz: die $^{230}Th/^{234}U$- und die ESR-Altersbestimmungsmethode. Von der Thorium/Uran-Datierungsmethode weiß man aber schon seit fast 30 Jahren (KAUFMAN et al. 1971), daß ihre Anwendung an Muschelschalen problematisch ist und die erzielten Alter sehr fehlerhaft sein können. Wesentlich genauer als $^{230}Th/^{234}U$-Altersbestimmungen und auch der häufiger zur relativen Datierung verwendete Grad von Aminosäure-Razemisierungen (AAR-Methode) ist die ESR-Altersbestimmungsmethode (Elektronen-Spin-Resonanz-Methode). Sie wurde Anfang der 80er Jahre erstmalig von IKEYA & OHMURA (1981) und RADTKE et al. (1981) als Datierungsmethode an Molluskenschalen angewandt und seitdem methodisch weiter verbessert (SCHELLMANN & RADTKE 1997, 1999, SCHELLMANN 1998).

Stark vereinfacht beruht sie darauf, daß bestimmte ESR-Signale – wie das zur Datierung benutzte Signal bei g = 2,0006 (Abb. 3) – durch die Einwirkung kosmischer und natürlicher Strahlenquellen im Sediment und in der Muschelschale an Höhe zunehmen, also wachsen. Mißt man die in einer Muschelschale gespeicherte Amplitude des ESR-Signals und bestimmt zudem die natürliche Strahlenbelastung der Schale, so kann man daraus die Dauer dieser Strahlenbelastung, also das Alter, berechnen nach der Formel:

$t_{(Jahre)} = D_E/D_O$

D_E = Äquivalenzdosis (die gespeicherte Strahlenbelastung)

D_O = interne und externe Dosis pro Jahr

(interne Strahlenquelle = Muschelschale; externe Strahlenquelle = Sediment in und in der unmittelbaren Umgebung der Muschelschale)

Die Details zu den durchgeführten ESR-Altersbestimmungen sind in SCHELLMANN (1998) veröffentlicht.

3.1 Datierungsbeispiele von der patagonischen Küste

Einige konkrete Anwendungsbeispiele von der patagonischen Küste zeigen recht gut die derzeitigen Möglichkeiten und Grenzen von ESR-Altersbestimmungen an Muschelschalen.

3.1.1 Unterscheidung von holozänen und letztinterglazialen Strandablagerungen

Als erstes zeigt Abb. 4 ein Beispiel für die Möglichkeit der chronostratigraphischen Abgrenzung holozäner Strandablagerungen von solchen des ausgehenden letzten Interglazials.

Abb. 3: ESR-Signalspektrum einer aragonitischen Muschelschale

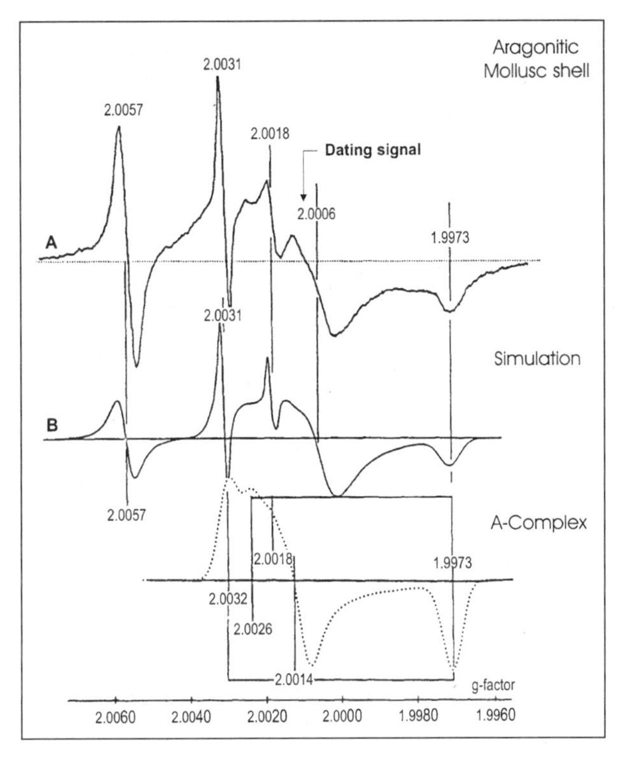

Quelle: M. BARABAS 1989, verändert

Häufig findet man an der patagonischen Küste unmittelbar parallel zum heutigen Strand 10-12 m hohe kiesige Strandwälle, die landeinwärts tiefergelegene marine Strandablagerungen begrenzen. Aufgrund ihrer insgesamt niedrigen Lage über heutigem Meeresspiegel wurden bisher beide Terrassenniveaus als holozäne Bildungen gedeutet (u.a. CIONCHI 1987).

Dieser Auffassung widerspricht aber bereits deren unterschiedlicher Verwitterungsgrad: Auf den küstennahen Strandwällen sind selten Pararendzinen entwickelt (Abb. 4: Lokalität Pa 40); häufig besteht die pedogene Überprägung nur aus unterschiedlich intensiv gefärbten, von Eisen- und Manganoxiden umhüllten Kiesen. Auf den landeinwärts im gleichen oder geringfügig tieferen Oberflächenniveau angrenzenden Terrassenflächen sind dagegen bereits Braunerden mit schwachen Kalkverkittungen der liegenden Kiese (Abb. 4: Lokalität Pa 41, "Cc-Horizont") weit verbreitet.

Wie bereits oben festgestellt, kann man holozäne Muschelschalen relativ gut mit Hilfe der ^{14}C-Methode datieren. Die ^{14}C-Altersbestimmung einer beidschalig in die Strandwallkiese einsedimentierten Muschel ergab ein Alter von ca. 6.800 ^{14}C-Jahren BP (Abb. 4: Lokalität Pa 40). Danach ist dieser küstennahe Strandwall an der Lokalität Pa 40 (Abb. 4) während des holozänen Transgressionsmaximums im Atlantikum gebildet worden. Auch die an weiteren beidschaligen Muscheln durchgeführten ESR-Altersbestimmungen bestätigen das holozäne Alter dieser küstennahen Strandwälle, wenn man berücksichtigt, daß generell bei der ESR-Datierung holozäner Muscheln die erzielten ESR-Modellalter zu hoch ausfallen. Die Ursachen dieses Phänomens sind bisher noch nicht genau bekannt (s.a. SCHELLMANN & RADTKE 1997, 1999).

Abb. 4: Holozäne und letztinterglaziale Strandwälle bei Bustamante nördlich der Caleta Malaspina (Profilschnitt I in Abb. 2)

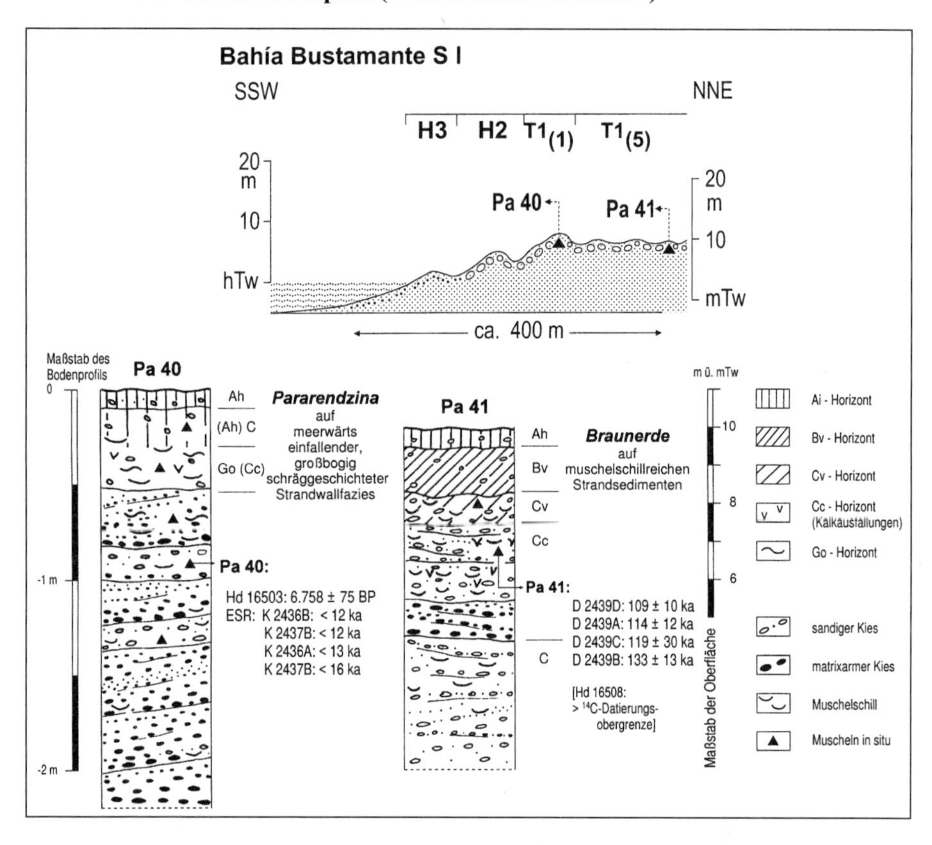

Für die küstenfernen, intensiver verwitterten Strandablagerungen (Abb. 4: Lokalität Pa 41) sagt die durchgeführte ^{14}C-Altersbestimmung einer beidschalig eingelagerten Muschel lediglich aus, daß sie pleistozänen Alters ist – älter als die Obergrenze dieser Methode. Dagegen ergaben die an mehreren beidschaligen Muscheln durchgeführten ESR-Datierungen letztinterglaziale Alter zwischen 109.000 und 133.000 Jahren. Sie bestätigen das mit Hilfe von morpho- und pedostratigraphischen Belegen postulierte präholozäne Alter der bereits intensiver verwitterten und im Bereich von Talmündungen zerschnittenen $T1_{(5)}$-Strandablagerungen (SCHELLMANN 1995, 1998). Sie wurden trotz ihrer küstennahen Verbreitung und ihrer relativ niedrigen Höhenlage ü.M. sicherlich schon während eines letztinterglazialen Meeresspiegelhochstandes abgelagert – und nicht erst, wie man bisher annahm, im Holozän.

Abb. 5: Letztinterglaziale $T2_{(5)}$-Strandwallablagerungen nördl. Camarones

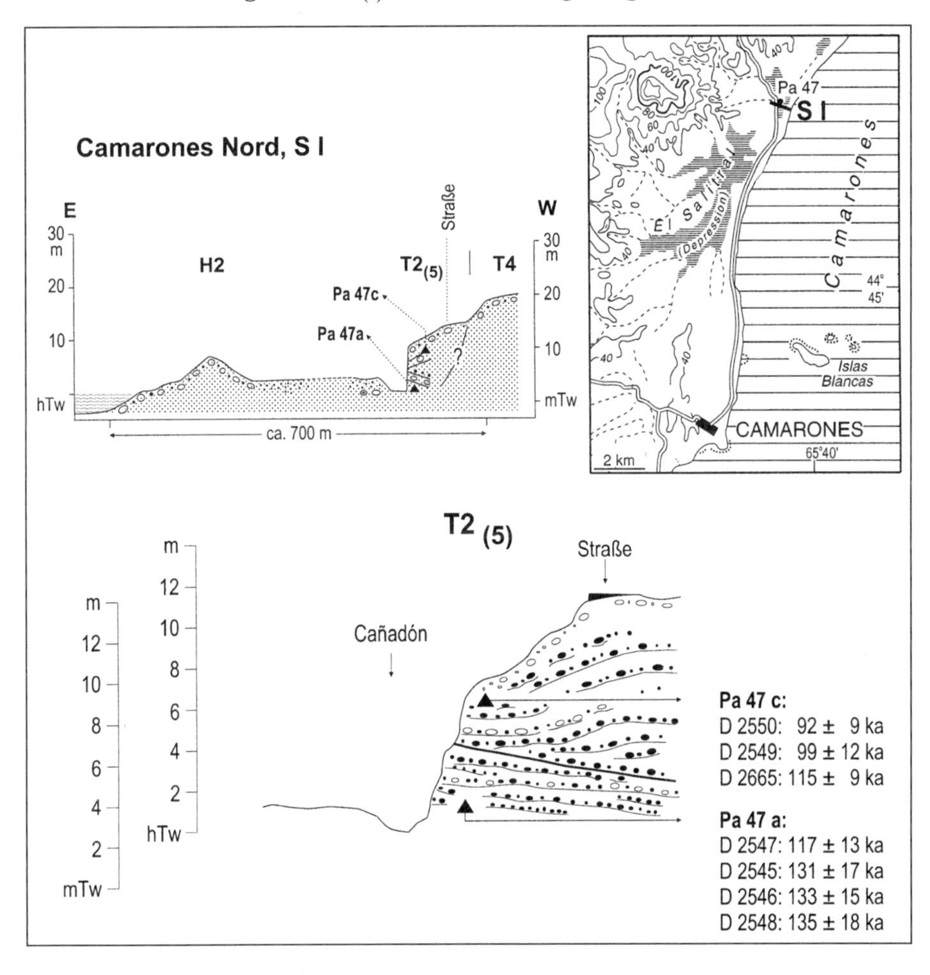

3.1.2 Möglichkeiten der chronostratigraphischen Differenzierung von Strandablagerungen letztinterglazialer Submaxima

Ein häufiges Anliegen bei der Datierung litoraler Formen und Ablagerungen ist die chronostratigraphische Differenzierung von um wenige Jahrtausende differierenden Bildungen verschiedener innerwarmzeitlicher Meeresspiegelhochstände wie beispielsweise unterschiedlich alte Strandablagerungen aus dem letztinterglazialen Transgressionsmaximum (5e) und dessen Submaxima (5c, 5a).

Abb. 6: Letztinterglazialer $T3_{(5)}$-Strandwall am Cañadón Malaspina nördlich von Bustamante (Profilschnitt II in Abb. 2)

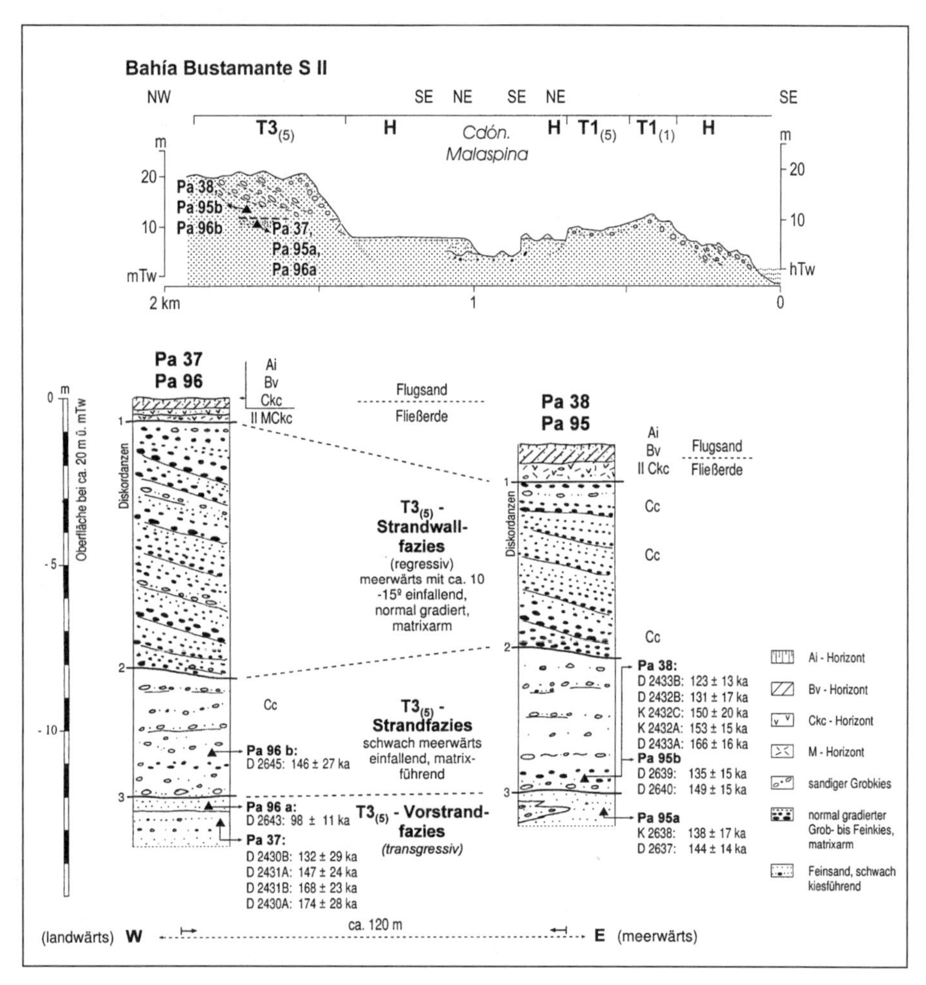

Dazu wurden zwei gestapelte, unterschiedlich schräggeschichtete Kieskörper des letztinterglazialen $T2_{(5)}$-Strandwalles nördlich von Camarones separat beprobt und ESR datiert (Abb. 5). Sowohl die ESR-Alter beidschaliger Muscheln aus den hangenden als auch aus den liegenden Kiesschichten bestätigen das letztinterglaziale Alter des $T2_{(5)}$-Strandwallsystems an der Küste bei

Camarones. Mittelt man die aus den beiden Sedimenteinheiten vorliegenden ESR-Alterswerte, dann könnte man sogar ein etwas höheres letztinterglaziales Alter um 130.000 BP für die liegende Serie und ein jüngeres ESR-Alter um 100.000 BP für die obere Serie postulieren und daraus schlußfolgern, daß die hangende Serie während des letztwarmzeitlichen Submaximums 5c, die liegenden Kiesschichten dagegen während des letztinterglazialen Transgressionsmaximums 5e abgelagert worden seien. Das übersteigt aber die Qualität derzeitiger ESR-Datierungen an Muschelschalen bei weitem, wie das nächste Beispiel in extremer Weise belegt.

Im Cañadón (Cdón) Malaspina nördlich von Bustamante ist das $T3_{(5)}$-Strandwallsystem, das während des letztinterglazialen Transgressionsmaximums gebildet wurde, bis zur Basis aufgeschlossen. Mehr als ein Dutzend beidschalige Muscheln aus der liegenden $T3_{(5)}$-Strandfazies wurden ESR-datiert (Abb. 6). Die erzielten ESR-Alterswerte streuen an dieser Lokalität extrem zwischen 98.000 und 174.000 Jahren (ohne Berücksichtigung der Fehlerintervalle). Die Ursachen für diese ungewöhnlich hohen Streuungen der ESR-Altersbestimmungen an dieser Lokalität sind nicht bekannt.

3.1.3 Das Problem der Datierung von Einzelschalen

Als letztes sei ein Beispiel aus einer vorletztinterglazialen Terrasse angeführt, das die Problematik der Datierung von Einzelschalen verdeutlicht.

Nördlich von Bustamante ist nahe der Estancia Ibérica an einem Cañadón eine komplette litorale Transgressions-/Regressions-Sequenz aus liegenden strandnah abgelagerten Sanden und hangenden kiesigen Strandwallablagerungen der $T3_{(7)}$-Terrasse aufgeschlossen (Abb. 7). Die ESR-Alter der datierten beidschaligen Muscheln von der Basis der Sandfazies und aus der hangenden Kiesfazies streuen zwischen 196.000 und 225.000 Jahren. Sie bestätigen die morpho- und pedostratigraphisch gestützte Annahme einer Bildung beider Sedimentfolgen während des vorletzten Interglazials. Dagegen belegen die viel zu hohen Alterswerte der datierten Einzelschalen – sie sind in Abb. 7 in Klammern gesetzt – zweifellos deren Umlagerung aus älteren pleistozänen Ablagerungen.

4 Schlußfolgerungen

Abschließend stellt sich die Frage: Was können derzeit ESR-Altersbestimmungen an aragonitischen Muscheln bezüglich Datierungsqualität und Datierungszeitraum leisten?

In Abb. 8 sind alle bisher vorliegenden ESR-Alterswerte aragonitischer Muscheln aus holozänen, jung- und mittelpleistozänen Strandablagerungen von der patagonischen Atlantikküste zusammengestellt (vgl. SCHELLMANN

1998). Die Kreuze kennzeichnen ESR-Alter an geschlossenen beidschaligen Muscheln, die Umrahmungen ESR-Datierungen von mehreren beidschaligen Muscheln aus einer Sedimentlage. Beidschalige Muscheln innerhalb einer Sedimentlage besitzen höchstens Altersunterschiede von wenigen Jahren, eine Umlagerung aus älteren Sedimenten kann bei ihnen ausgeschlossen werden.

Abb. 7: Vorletztinterglaziale $T3_{(7)}$-Terrasse nahe der Estancia La Ibérica nördlich von Bustamante (Profilschnitt III in Abb. 2)

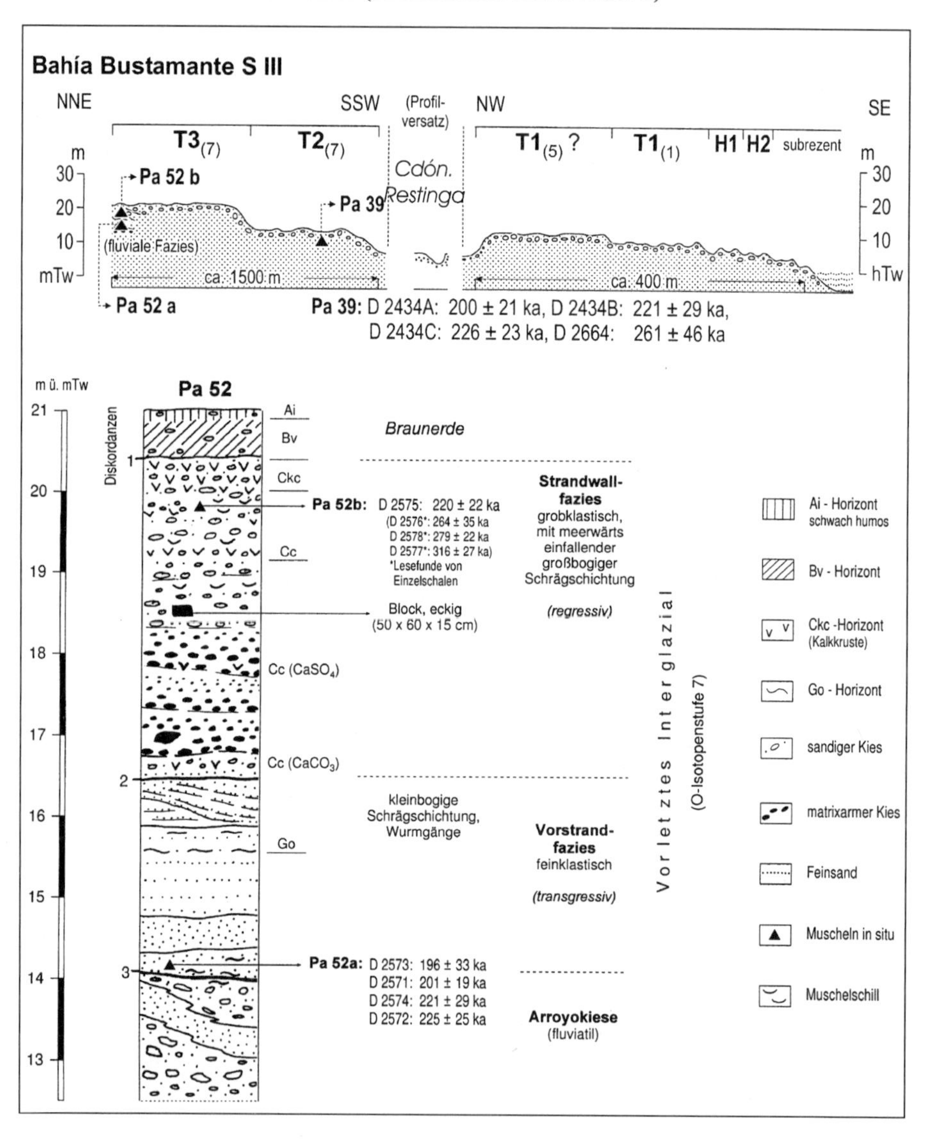

Abb. 8: ESR- und ^{14}C-Alter von Mollusken verschiedener Lokalitäten an der patagonischen Atlantikküste

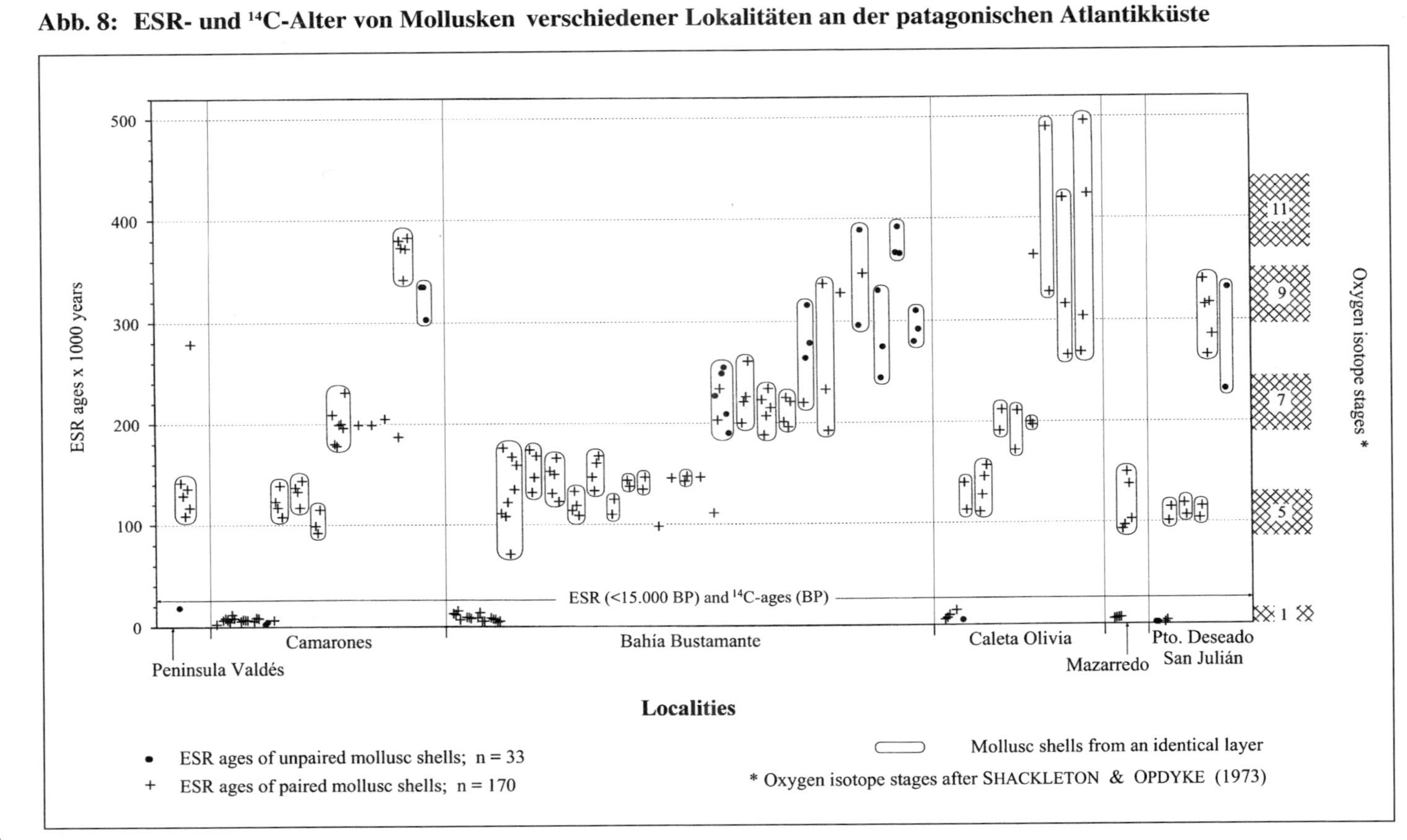

Quelle: G. SCHELLMANN 1998, leicht verändert

Wie Abb. 8 verdeutlicht, sind die ESR-Alterswerte holozäner und letztinterglazialer Muschelschalen deutlich voneinander abgesetzt. Aufgrund der relativ großen Streubreite letztinterglazialer ESR-Alterswerte ist es aber derzeit nicht möglich, innerhalb dieses Interglazials gebildete, unterschiedlich alte Strandablagerungen chronostratigraphisch genauer einzustufen. Durch Datierung mehrerer Muschelschalen aus verschiedenen Sedimentlagen und – falls möglich – auch noch aus verschiedenen Aufschlüssen kann man zudem in der Regel letzt-, vorletzt- und ältere interglaziale Strandablagerungen chronostratigraphisch eindeutig unterscheiden. Erst die ESR-Alterswerte an Muschelschalen aus dem älteren Mittelpleistozän (Sauerstoff-Isotopenstufe ≥9) streuen enorm. Wahrscheinlich ist da als Folge zunehmender Uranmigrationen die ESR-Datierungsobergrenze an aragonitischen Muschelschalen erreicht.

5 Literatur

ALBERO, M., ANGIOLINI, F.E. & PIANA, E.L. (1987): Holocene ^{14}C reservoir effect at Beagle Channel (Tierra del Fuego, Arg. Rep.). - Quaternary of South America and Antarctic Peninsula, 5: 59-71; Rotterdam.

BARABAS, M. (1989): ESR Datierung von Karbonaten: Grundlagen, Systematik, Anwendungen. - Diss., Univ. Heidelberg.

CIONCHI, J.L. (1987): Depositos Marinos Cuaternarios de Bahía Bustamante, Provincia del Chubut. - Rev. Asociación Geológica Argentina, 42, 1-2: 61-72; Buenos Aires.

FERUGLIO, E. (1950): Las Terrazas Marinas. - In: FERUGLIO, E.: Descripción Geológica de la Patagonia, Tomo 3, Cap. 25: 74-164; Buenos Aires.

IKEYA, M. & OHMURA, K. (1981): Dating of fossil shells with electron spin resonance. - J. Geol., 89: 247-251; Chicago.

KAUFMAN, A., BROECKER, W.S., KU, T.L. & THURBER, D.L. (1971): The status of U-series methods of mollusc dating. - Geochimica et Cosmochimica Acta, 35: 1155-1183; Oxford.

RADTKE, U. (1989): Marine Terrassen und Korallenriffe - das Problem der quartären Meeresspiegelschwankungen erläutert an Fallstudien aus Chile, Argentinien und Barbados. - Düsseldorfer Geogr. Schr., 27; Düsseldorf.

RADTKE, U., HENNIG, G.J., LINKE, W. & MÜNGERSDORF, J. (1981): $^{230}Th/^{234}U$ and ESR dating of fossil shells in Pleistocene marine terraces (Northern Latium, Central Italy). - Quaternaria, 23: 37-50; Roma.

RADTKE, U., RUTTER, N. & SCHNACK, E.J. (1989): Untersuchungen zum marinen Quartär Patagoniens (Argentinien). - Essener Geogr. Arb., 17: 267-289; Paderborn.

SCHELLMANN, G. (1995): Untersuchungen zur stratigraphischen Differenzierung mariner Terrassen im südlichen Patagonien (Argentinien). - Kölner Geogr. Arb., 66: 9-22; Köln.

SCHELLMANN, G. (1998): Jungkänozoische Landschaftsgeschichte Patagoniens (Argentinien). Andine Vorlandvergletscherungen, Talentwicklung und marine Terrassen. - Essener Geogr. Arb., 29; Essen.

SCHELLMANN, G. & RADTKE, U. (1997): Electron Spin Resonance (ESR) techniques applied to mollusc shells from South America (Chile, Argentina) and implications for the palaeo sea-level curve. - Quaternary Science Reviews, 16: 465-475; Oxford.

SCHELLMANN, G. & RADTKE, U. (1999): Problems encountered in the determination of dose and dose rate in ESR dating of mollusc shells. - Quaternary Science Reviews, 18: 1515-1527; Oxford.

SCHILLER, W. (1925): Strandbildungen in Südpatagonien bei San Julián. - Jahresber. d. Niedersächs. Geolog. Vereins, 17: 196-216; Hannover.

SCHNACK, E.J. (1985): Argentina. - In: BIRD, E.C. & SCHWARTZ, M.L. (eds.): The world´s coastlines: 69-78; New York.

SHACKLETON, N.J. & OPDYKE, N.D. (1973): Oxygen isotope and palaeomagnetic stratigraphy of equatorial Pacific core V28-238, oxygen temperature and ice volume on a 10^4 and 10^5 year time scale. - Quaternary Research, 3: 39-46; New York.

Marburger Geographische Schriften	134	S. 174-188	Marburg 1999

Der geographische Ansatz innerhalb eines managementorientierten Ökosystemforschungsprojektes in NE-Brasilien (MADAM)

Gesche Krause

Zusammenfassung

Beispielhaft wird anhand des deutsch/brasilianischen Verbundprojektes "Mangroves Dynamics and Management" (MADAM) die Bedeutung eines geographischen Ansatzes in der Anwendung eines "Integrated Coastal Management"-Konzeptes (ICM) erläutert. Die Heterogenität der verschiedenen natürlichen und anthropogenen Eingaben in das Ökosystem bedingen eine klare Strukturierung der Datenerhebung und deren Einbettung in ein nachvollziehbares Managementkonzept. Hierbei kommen den geographischen Fragestellungen nach den räumlichen Skalen der Datenerhebung besondere Bedeutung zu, wenn die verschiedenen Teilaspekte des Ökosystems miteinander verknüpft und analysiert werden sollen. In diesem Rahmen wird das "Pressure State Response"-Modell (PSR) vorgestellt und die Bedeutung der Evaluierung innerhalb des Projektes angesprochen. Gleichzeitig wird auf die Bedeutung der Aufteilung der Projektziele in mittel- und langfristige Ziele und der damit einhergehenden Vergrößerung des geographischen Raumes hingewiesen.

Summary

The German/Brazilian co-operation project "Mangroves Dynamics and Management" (MADAM) is taken as an example of a geographic approach within the framework of an Integrated Coastal Management (ICM). Addressing geographic matters, such as the spatial scale of the research, are essential when the various aspects of the ecosystem shall be connected and analysed. A clear structure of the research activities is needed due to the various naturally and anthropogenetically induced pressures on the mangrove ecosystem. Therefore, they must be embedded into an applicable ICM concept. The Pressure State Response (PSR) model is presented and the importance of inner project evaluation is discussed. Attention is given to the separation between intermediate and end-of-project results within an ICM and the correlated enlargement of the geographic scale.

1 Einleitung und Problemanalyse

Es gibt eine ganze Reihe von verschiedenen Ansätzen zu nachhaltigen Entwicklungen sowie zur Bewältigung von Gefährungspotentialen im Küstenraum. Die unterschiedlichen Planungskonzepte sind bislang nur wenig im Hinblick auf ihren strukturellen Aufbau und die damit erreichbaren Resultate analysiert worden. OLSEN et al. (1997) haben hierzu festgestellt, daß in vielen Ländern die Küstenmanagement-Initiativen einzelner Projekte oftmals sehr isolierte Bemühungen darstellen, die wenig Kommunikation zwischen den Teildisziplinen bzw. mit anderen Projekten aufweisen.

Analysiert man die Gründe hierfür, so wird deutlich, daß dies generell durch Unzulänglichkeiten innerhalb der lokalen Institutionen bedingt ist, vor allem auch durch den Mangel an klar strukturierten Entwürfen der ersten Planungsschritte. Besonders fehlen Steuerungs- und Leitungsprozeßvorgaben, die eine konkrete Implementierung der Vorgaben erleichtern würden (OLSEN et al. 1997). Dies liegt nicht zuletzt an der mangelnden Dokumentation von Erfahrungen, die einzelne Projektinitivativen gesammelt haben. Die meisten Veröffentlichungen zu Erfahrungswerten haben nach GESAMP (1996) eher anekdotischen Charakter.

Die nachfolgenden Ausführungen sollen anhand eines Beispiels aufzeigen, daß ein geographischer Ansatz – eingebettet in ein konzeptionelles Steuerungsmodell – bei den Umsetzungsbemühungen eines Küstenmanagementkonzepts sowie dessen Nachvollziehbarkeit und der Überprüfbarkeit der gewonnenen Erkenntnisse einen weiterführenden Weg darstellen kann.

Das "Mangroves Dynamics and Management"-Projekt (MADAM) ist ein Kooperationsvorhaben zwischen dem Zentrum für Marine Tropenökologie (ZMT) in Bremen und der Universidade Federal do Pará sowie dem Goeldi-Museum, beide in Belém (Nordbrasilien). Das Projekt wird vom BMBF (Bundesministerium für Bildung, Wissenschaft, Forschung und Technologie) und dem brasilianischen "Conselho Nacional de Desenvolvimento Científico e Tecnólogico" unterstützt. Der Untersuchungsraum liegt 150 km südöstlich der Amazonasmündung bei Bragança nahe Belém, der Hauptstadt des Bundesstaates Pará.

Zielsetzung der ersten Phase des MADAM-Projekts ist die Feststellung der natürlichen und anthropogen Prozesse im dortigen Mangrovenökosystem und ihrer räumlichen Interaktionen (BERGER et al. 1998). Die komplexen Funktionsweisen des Mangrovenökosystems sollen ermittelt und darauf aufbauend Managementempfehlungen für die Untersuchungsregion entwickelt werden, die eine nachhaltige Nutzung der Mangrove und ihrer Ressourcen ermöglichen. Die Fragestellungen, durch welche die o.g. Ziele erreicht werden, betreffen:

- Charakterisierung von Schlüsselprozessen des Mangrovenökosystems,

- Umgang mit der Vielskaligkeit ökosystemarer Prozesse,
- Analyse von Störungen auf das Mangrovensystem,
- Erarbeitung von Prioritäten bezüglich der Managementempfehlungen.

Bei der Formulierung dieser Fragestellungen wird der geographische Ansatz (SANDNER 1993) deutlich, nämlich die Frage nach:

- Gleichzeitigkeit und innerer Verknüpfung der ablaufenden Prozesse sowie deren räumliche Lage zueinander,
- Wertung und Gewichtung derselben,
- räumlicher Wandel und Dynamik.

Diese im MADAM-Projekt angestrebte ganzheitliche Sichtweise bewegt sich konzeptionell gesehen im Sinne des ICM (Integrated Coastal Management)[1]. Nach GESAMP (1996) besitzt der *integrierte* Ansatz im Küstenmanagement vier Hauptelemente:

- *geographisch* – Berücksichtigung von Beziehungsverflechtungen und Abhängigkeiten (z.B. physische, chemische, biologische, ökologische) zwischen den terrestrischen, ästuaren, litoralen und küstenfernen Komponenten der Küstenregion;
- *sektoral* – Berücksichtigung von Beziehungen zwischen den vielfältigen anthropogenen Nutzungsformen der Küstenregion und deren Ressourcen, wie auch den assoziierten sozioökonomischen Interessen und Werten;
- *zeitlich* – Unterstützung der Planung und Implementierung von Management-Initiativen im Kontext einer langfristigen Strategie;
- *politisch* – Gewährleistung der effektiven Konsensfindung zwischen Regierung, sozialen und ökonomischen Sektoren sowie der Gemeinschaft bei der Entwicklung einer Leitungsstrategie (d.h. Raumplanung, Konfliktlösung und Regulation), die alle Belange der Nutzung und des Schutzes der Küstenregion betreffen.

Die Geographie ist in diesem Kontext unmittelbar angesprochen, da sie die zirkuläre Kausalität von Strukturen und Prozessen hinterfragt (SANDNER 1993) und sich in ihr verschiedene Wissenschaftsbereiche überschneiden.

Im Anschluß an die geographische Kurzcharakterisierung des Untersuchungsgebiets wird aus der Sicht der Geographie ein konzeptionelles Modell zur Steuerung eines ICM in dieser Region vorgestellt. Bei den Betrachtungen wird auf Ausführungen zur Datenerhebung im MADAM-Projekt verzichtet und sich vielmehr auf die Umsetzung der gewonnenen Ergebnisse in ein integriertes Küstenmanagement beschränkt.

---

[1] Die Abkürzung ICM ist bewußt an Stelle der sonst in der Literatur üblichen ICZM (Integrated Coastal Zone Management) gewählt worden. Der Begriff "Zone" impliziert eine sektorale, einschränkende Sicht der Küste. Tatsächlich sollen aber im Rahmen des integrierten Managements bestehende sektorale Grenzen an der Küste aufgelöst und überschritten werden.

2 Charakterisierung des Untersuchungsgebietes

Das auf einer Halbinsel gelegene Untersuchungsgebiet des MADAM-Projekts nahe der Stadt Bragança des gleichnamigen Munizips umfaßt einen Mangrovenbestand von ca. 110 km² (vgl. Abb. 1).

2.1 Physisch-geographische Grundlagen

Klimatisch wird das Untersuchungsgebiet den immerfeuchten inneren Tropen mit Tageszeitenklima zugeordnet. Die mittlere Jahrestemperatur beträgt 25,7 °C, die relative Luftfeuchte liegt zwischen 80 und 91 %. Die jährliche Niederschlagsmenge übersteigt 2545 mm.

Abb. 1: Lage des Untersuchungsgebietes des MADAM-Projekts

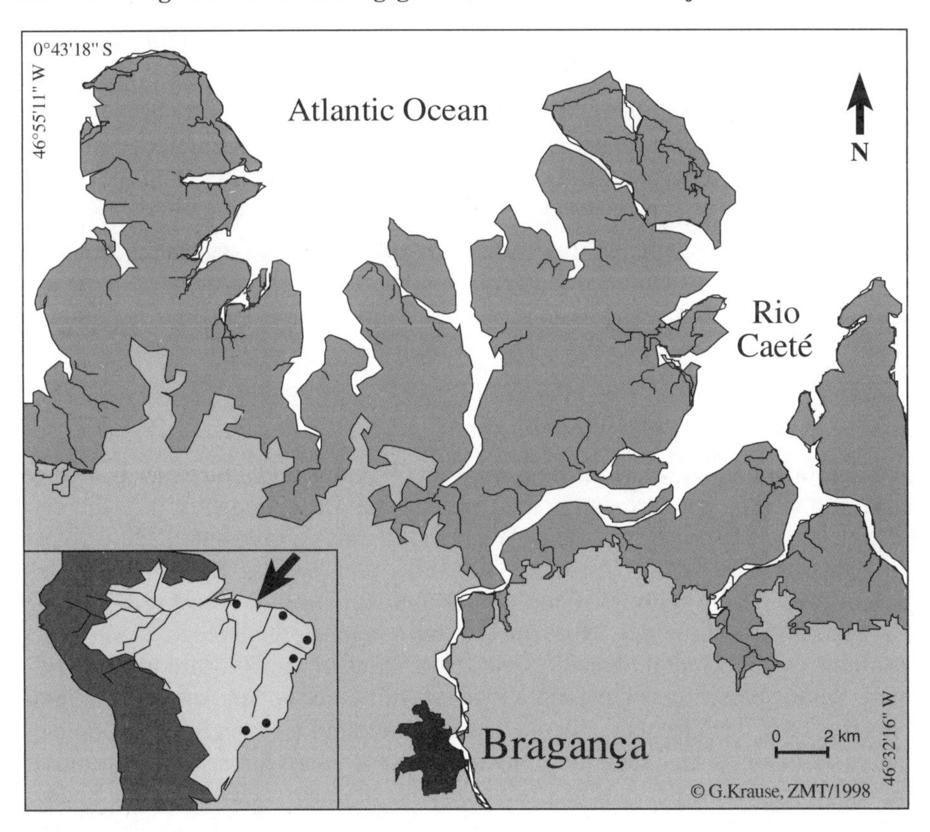

Quelle: Basiskarte von M. EL-ROBRINI, Bearbeitung durch G. KRAUSE

Das Mündungsgebiet des Amazonas wurde durch plattentektonische Scherbewegungen zwischen dem kristallinen, präkambrischen Guyana- und dem Brasilien-Schild zerrüttet (GRABERT 1991). Dadurch entstand die heutige in eine Vielzahl von Buchten zergliederte Küstenregion mit dem Untersuchungsgebiet. Küstenhochebene, Küstentiefebene und Ästuar des Rio Caeté sind die drei prägenden geomorphologischen Formenelemente des Küstenraumes des MADAM-Projekts.

Die bis 50-60 m ü.M. liegende Küstenhochebene bildet das Hinterland des Untersuchungsraumes. Sie wird im Norden durch ein 1 m hohes fossiles Kliff von der sich daran anschließenden Küstentiefebene getrennt (WALFIR & EL-ROBRINI 1997). Letztere bildet den Kernraum der Untersuchungen. Sie liegt 1-2 m ü.M. und wird von Mangroven bestanden. Vereinzelt sind Salzwiesen vorhanden, die, je nach Standort, während trockener Perioden starke Versalzungen aufweisen. Im Norden wird dieses Formenelement durch einen Dünen-Strand-Komplex abgeschlossen. Das Ästuar des Rio Caeté ist das dominierende geomorphologische Formenelement der Küstenregion von Bragança. Es stellt ein dynamisches Gleichgewicht zwischen marinen und alluvialen Einflußfaktoren dar. Der Tidenhub beträgt 3-5 m.

Während im Hinterland hauptsächlich Roterden (Ferralsol) und Laterite mit Ortsteinbildungen (Plinthic Ferralsol)[2] vorkommen, dominieren im Küstentiefland hydromorphe Böden mit einem hohen organischen Anteil.

Die im Küstenbereich befindliche Mangrovenflora wird von drei Gattungen dominiert: *Rhizophora*, *Avicennia*, *Laguncularia*. Dieses Mangrovenökosystem ist durch das Überflutungsregime seines Standorts geprägt; eine Überschwemmung des gesamten Mangrovenbestandes findet nur bei Springtiden statt.

2.2 Kulturgeographische Situation

Die Tupinambás, die als indianische Urbevölkerung im Gebiet von Bragança ansässig waren, wurden durch die europäische Besiedlung im 17. Jh. verdrängt. Um 1753 wird der Name Bragança erstmalig erwähnt. 1828 erfolgte die Unabhängigkeit als Munizip. Die 1908 eingeweihte Bahnstrecke nach Belém förderte die zentralörtliche Versorgungsfunktion der Stadt. Die heutige Bevölkerungsstruktur des Munizips ist sehr jugendlich geprägt: Nach einer Zählung von 1993 sind über 63 % der Bewohner[3] unter 20 Jahre alt. Der primäre Sektor besteht aus der Landwirtschaft mit einer hohen Anzahl an Kleinbauern sowie der Fischerei. Sie stellen die Haupterwerbszweige des Untersuchungsraums dar. Der sekundäre Sektor ist stark unterrepräsentiert. Im tertiären Sektor gewinnt der national orientierte Tourismus zunehmend an Bedeutung.

---

2 FAO-Klassifikation.

3 Gesamtbevölkerung im Munizip Bragança rund 93.000 (1993).

2.3 Situation der brasilianischen Raumplanung

Seit 1988 wird die Küstenzone in Brasilien als "património national" angesehen, wobei die Auffassung zugrundeliegt, daß die Küste in erweiterter Form als öffentliches Eigentum zu verstehen ist und somit der Regelungshoheit des Bundesstaates unterliegt. Mangroven stehen schon seit 1965 unter Schutz. Bislang wurde dieses Ziel allerdings nur bedingt verwirklicht, da z.Z. eine große Diskrepanz zwischen dem offiziellen Recht und der Rechtswirklichkeit besteht (SANTOS 1993).

Das Grundproblem der kommunalen Flächennutzungsplanung in Brasilien ist das Fehlen einer großmaßstäbigen, flächenscharfen Bestandsaufnahme. Detaillierte Kartierungen und andere Datenerhebungen als Vorarbeiten für die Flächennutzungsplanung sind kaum vorhanden. WEHRHAHN (1995) begründet die mangelnde Erfahrung in autonomer, interkommunaler Planung, d.h. unabhängig von übergeordneten politisch-administrativen Ebenen, nicht zuletzt mit dem Klientelismus, aber auch mit der traditionellen und gesetzlich verankerten großen Autonomie der brasilianischen Munizipien (ATHIAS & CASCAES 1993). Hierbei spielt neben der Angst vor der Beschneidung der kommunalen Einflußmöglichkeiten durch den Bundesstaat auch die Ablehnung einer befürchteten Einschränkung ökonomischer Entwicklungsmöglichkeiten aus ökologischen Gründen eine entscheidende Rolle (WEHRHAHN 1996).

Es ist notwendig, die sozialen Belange unter dem Ziel einer ökologisch orientierten Entwicklungsplanung zu berücksichtigen. Dies wird umso deutlicher, als ökologische Mindeststandards – z.B. für die Abwasserentsorgung – oder das Zurverfügungstellen von bebaubaren Flächen für untere Einkommensgruppen auch außerhalb von geschützten Arealen wie den Mangrovengebieten nur im Zusammenhang mit einer sozialen Entwicklung gewährleistet werden können (WEHRHAHN 1996). Weiterhin stellt der Mangel an Vorbildern sowie an Konzepten für derartige Planungsaufgaben ein Hindernis dar. Hierzu könnte das MADAM-Projekt einen positiven Beitrag liefern.

2.4 Gefährdungspotentiale im Untersuchungsgebiet

Die möglichen zukünftigen Gefährdungspotentiale des Mangrovenökosystems können wie folgt skizziert werden:

- natürlich und anthropogen verursachte verstärkte Erosion an der Küste,
- Ausweitung der bestehenden Brachflächen im Mangrovengebiet,
- Gefahr der Überfischung,
- erhöhter Sedimenteintrag in den Rio Caeté durch die Landnutzung, z.B. durch die verstärkte Brandrodung großer Flächen in seinem Einzugsgebiet,

- zukünftige Bevölkerungsentwicklung und damit einhergehender verstärkter Nutzungsdruck auf die Ressourcen,
- Fortdauer der monostrukturierten Beschäftigungszweige,
- unkontrollierter Tourismus durch fehlende Raumplanung und damit einhergehende Degradation der Küstenressourcen.

3 Konzeptionelle Überlegungen zum integrierten Küstenmanagement aus geographischer Sicht

An diesem kurzen geographischen Abriß über das Untersuchungsgebiet des MADAM-Projekts wird bereits deutlich, daß das Mangrovenökosystem nicht nur einer hohen zeitlichen und räumlichen Variabilität (durch Gezeiten, Trokken- und Regenzeit) der abiotischen Faktoren unterliegt, sondern auch die anthropogenen Nutzungsformen des Ökosystems eine bedeutsame Rolle bei der ökologischen Ausprägung des Systems spielen.

Aus der o.g. aktuellen Situation kann für die Geographie die Frage aufgeworfen werden: Wie können Geographen/innen vor dem Hintergrund der geschilderten Situation ihre spezifischen Kenntnisse konkret in das Konzept des ICM einbringen?

Wie bei BERGER et al. (1998) dargestellt, hat das MADAM-Projekt eine Strategie erarbeitet, nach der die einzelnen Fachbereiche (Biologie, Abiotik, Sozioökonomie, Geographie, Modellierung) neben der Durchführung ihrer Teilaufgaben die Gesamtzielsetzung des Projekts berücksichtigen müssen. Nur so wird eine Extrapolation der Ergebnisse auf das Gesamtgebiet und eine Integration von Daten der einzelnen Teildisziplinen möglich.

Ein wesentliches Integrationswerkzeug sind hierbei das GIS (Geographisches Informationssystem) und die Modellierung. Letztere versucht zu klären, ob sich auf der Grundlage der untersuchten dynamischen Prozesse und bestimmter Annahmen (z.B. Nutzungsraten bestimmter Ressourcen) die in der Natur beobachteten Muster nachbilden lassen, also systemerklärend sind (BERGER et al. 1998). Verschiedene Managementansätze und mögliche zukünftige Nutzungsszenarien des Mangrovenökosystems sollen damit verbunden werden.

Im geographischen Bereich ist das wesentliche Ziel die Integration der erhobenen Daten über die im System wirkenden natürlichen und anthropogen beeinflußten Prozesse. Hierbei ist die starke Heterogenität der verschiedenen Datensätze der beteiligten wissenschaftlichen Disziplinen problematisch. Neben der Schwierigkeit der Datenzusammenführung müssen auch die unterschiedlichen räumlichen Skalen der Datenerhebung berücksichtigt werden (z.B. Sozioökonomie → Wohnorte der Nutzerbevölkerung des untersuchten Mangrovengebiets, Biologie → Waldstruktur der Mangrove).

Somit kommt der Festlegung der geographischen Grenzen des Untersuchungsraums für die Anwendung eines ICM eine entscheidende Bedeutung zu. Überlegungen hierzu sind essentiell für die wissenschaftliche Datenerhebung und die Verknüpfung der ermittelten Daten. Um dies zweckmäßig zu ermöglichen und in einem ICM-Plan umzusetzen, bedarf es der Entwicklung eines konzeptionellen Modells, welches diese Aufgabe sinnvoll unterstützt und die Nachvollziehbarkeit der erarbeiteten Managementempfehlungen gewährleistet.

3.1 Das Pressure State Response - Modell

Die Strukturierung der Datensammlung über den Zustand und die Entwicklungstrends im Küstenraum ist bei einem integrativen geographischen Ansatz sehr entscheidend. Als Werkzeug hierfür kann das konzeptionelle Modell des "Pressure State Response" (PSR) dienen (vgl. Abb. 2). Das PSR-Modell wurde 1994 von der "United Nations' Commission on Sustainable Development" offiziell angenommen. Es ist eine Hilfe für die Raumplanung, bei der Auswirkungen der Steuerungsvorgaben auf die Umwelt analysiert werden können. Durch die zirkuläre Verknüpfung der Elemente ist ein tiefgreifendes Verständnis der kausalen Beziehungen zwischen der ICM-Steuerung und der Reaktionen der Umwelt möglich. Das PSR-Modell ist gekennzeichnet durch einen adaptiven Charakter des Steuerungsprozesses, durch den ein ständiger Abgleich mit den mittelbaren und langfristigen Projektzielen möglich ist.

Geographische Aufgaben, die im Rahmen eines solchen konzeptionellen Modells gefordert sind, betreffen:

- Feststellung der Folgen der Nutzung von Küstenressourcen, deren Probleme, Risiken und Vorteile;
- Verknüpfung der Forschungsergebnisse mit der Analyse und Formulierung der Managementempfehlungen;
- Festsetzung von Programmschwerpunkten;
- Strukturierung des Projekt-Monitorings und Bewertung der Ergebnisse.

Auf das MADAM-Projekt bezogen bedeutet dies, daß die o.g. Gefährdungspotentiale besonders während der Vorbereitung des Küstenmanagementplans wissenschaftlich erforscht werden müssen. Hierbei ist es sinnvoll, sich auf ausgewählte Themenbereiche zu konzentrieren (z.B. Nutzungsdruck auf die Krabbenbestände der Mangrove).

Satellitenbildauswertungen des Untersuchungsgebiets in Kombination mit den Feldarbeiten der verschiedenen Arbeitsgruppen können helfen, signifikante Küstenressourcen zu beschreiben und geographisch darzustellen. Deren ökologische und ökonomische Nutzung, Funktionen und Wertung können so determiniert werden. Dadurch lassen sich Kategorien der Ressourcen, der Nutzung und der Funktion definieren.

Abb. 2: Konzeptionelles Modell (Pressure State Response – Modell) für die Steuerung eines integrierten Küstenmanagements

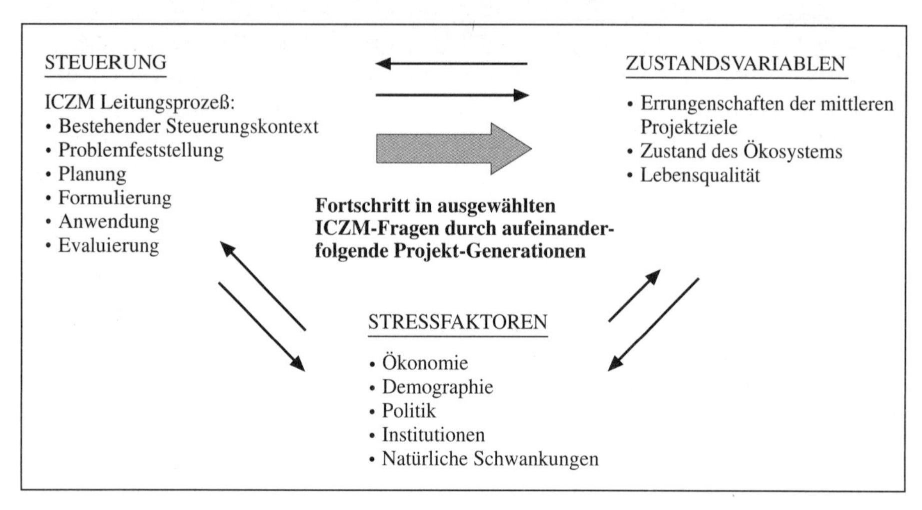

Quelle: OLSEN et al. 1997, verändert

Diese Herangehensweise wirft mehrere Fragen auf:

- Wie lassen sich Streßfaktoren identifizieren?
- Wie können Wirkungen der Steuerungsmechanismen gemessen werden?
- Wie schnell sind Systemveränderungen erkennbar?

Diese Fragestellungen können nur durch die Erhebung von Basisdaten zu Veränderungen der Umwelt im Laufe der Zeit beantwortet werden. Dies wird im MADAM-Projekt aufgrund der Gewichtung zugunsten der Ökosystemforschung und deren Dynamik berücksichtigt. Hierbei sind Zeit- und Raumskalen, also geographische Aspekte, von größter Wichtigkeit, um wahrgenommene Veränderungen, die auf eine Vielzahl von Ursachen zurückzuführen sind, qualitativ und quantitativ zu erfassen. Die Integration der sozioökonomischen Bedingungen im Untersuchungsgebiet und die Erfassung der anthropogenen Nutzungen im Küstenraum zielen auf eine ganzheitliche Lösung der Problemstellung ab.

3.2 Objektive Bewertung des Projektfortschritts

Um den tatsächlichen Zustand und Fortschritt innerhalb des Projekts zu bewerten und gegebenenfalls die zu Beginn des MADAM-Projekts formulierten Ziele des Strategiepapiers zu korrigieren, muß ein Bewertungskatalog erstellt werden, der den augenblicklichen Zustand des Projekts ganzheitlich erfaßt.

Da ICM immer innerhalb eines institutionellen Rahmens und Planungsprozesses steht, ist besonderer Wert auf die Steuerung eines Projekts zu legen.

In den Ausführungen zur Bewertung von ICM liegt der Schwerpunkt auf "Management Capacity Assessment", d.h., wie stimmig die Managementstrukturen und der Steuerungsprozeß sind und wie sie zu den allgemeinen internationalen Standards und Erfahrungswerten passen (OLSEN et al. 1998). Als Beispiel hierfür kann der Bewertungskatalog des Coastal Resources Center, University of Rhode Island (USA), dienen, der für ein Küstenmanagementprojekt in Patagonien angewandt wurde. Beispielhaft sind in Abb. 3 Kriterien für die Beurteilung der Entwicklung eines Küstenmanagementplans aufgeführt. Ziel ist es, dadurch den Projektrahmen zu verbessern und Angleichungen im internen Arbeitsablauf eines Projekts vorzunehmen. Die Qualität seiner Planung wie auch dessen Implementierungsfähigkeit kann damit objektiv und nachvollziehbar festgestellt werden. Zu betonen ist außerdem, daß bei einer Bewertung der institutionelle bzw. politische Kontext des jeweiligen Landes berücksichtigt werden muß.

Bei der Bewertung von Management-Initiativen für ein komplexes Ökosystem, das der anthropogenen Nutzung unterliegt, werden gute wissenschaftliche Werkzeuge und Kenntnisse verlangt. Die Naturwissenschaften sind essentiell für das Verständnis der Funktion des Ökosystems. Die Sozialwissenschaften sind wichtig für die Feststellung der Ursprünge der anthropogen verursachten Probleme und deren Bewältigung. Erst durch das grundlegende Verständnis des Ökosystems ist die Entwicklung von verschiedenen Modellen zur Beschreibung des Systemverhaltens unter spezifischen Szenarien zur Erarbeitung von Managementempfehlungen und -prioritäten für eine nachhaltige Nutzung der Mangrove und ihrer Ressourcen möglich. Damit werden kausale Verknüpfungen der verschiedenen Umweltprobleme ersichtlich, sowie die Auswahl von konservierenden Handlungen vereinfacht. Durch die interne Anwendung von Evaluierungskriterien können nach OLSEN et al. (1998) die Aufgaben der einzelnen Fachbereiche adaptiv festgelegt werden.

Durch die Formulierung von Projektzielen – wie bei MADAM anhand der Entwicklung eines Strategiepapiers (BERGER et al. 1998) geschehen – ist eine gute Möglichkeit gegeben, den tatsächlichen Zustand und den Fortschritt innerhalb des Projektes zu bewerten und gegebenenfalls zu korrigieren. Allerdings kann auch die Projektstrategie selbst Veränderungen unterworfen werden, wenn die Projektrealität sich nicht mit der formulierten Strategie vereinbaren läßt.

Der Bewertung der ICM-Initiative durch den Vergleich von Zielsetzung und Resultaten sind Grenzen gesetzt, da bislang fast sämtliche ICM-Projekte zumindest teilweise experimentellen Charakter hatten (OLSEN & TOBEY 1997). Spezielle Ergebnisse, z.B. wie viele Personen ihre Haltung gegenüber dem Ökosystem Mangrove ändern, nachdem sie an Bildungsseminaren bzw. Workshops teilgenommen haben, können nur sehr begrenzt bestimmt und nachverfolgt werden.

Abb. 3: Kriterien für die Beurteilung der Entwicklung eines Küstenmanagementplans – Definition der Managementziele, Strategien und Aktivitäten am Beispiel Patagonien

Komponente	Beschreibung	Zuständigkeit / Bewertungskategorien	Ergebnis	Kommentar
Teilnahme an der Planentwicklung	Ausmaß, in dem der Prozeß der Planentwicklung die bedeutsame Teilnahme von allen Nutzergruppen ermöglicht	0 Nur der Planungsdirektor 1 Innerer Kreis von Teilnehmern 2 Interne Besprechung mit den betroffenen Behörden 3 Öffentliche Besprechung und Einflußnahme	1	Nutzergruppen waren nicht direkt an der Planentwicklung beteiligt. Entscheidungsstrategien wurden nicht explizit bei der Planentwicklung angewandt. Allerdings wurden Auffassungen der Nutzergruppen durch Konsultation bei öffentlichen Workhops berücksichtigt.
Balance zwischen Erhaltung und Entwicklung	Ausmaß, in dem die Plankomponenten eine Balance zwischen Erhaltungs- und Nutzungsansprüchen ermöglichen	0 Nicht ausgewogen 1 Begrenzter Grad der Balance 2 Moderater Grad der Balance 3 Deutlicher Grad der Balance	1	Die ökosystem-erhaltenden Ziele dominieren.

Quelle: OLSEN & TOBEY 1997, verändert

3.3 Generationszyklen eines integrierten Küstenmanagements

Das Gedankenkonzept, daß es sich bei der Anwendung eines ICM um einzelne Generationen von aufeinanderfolgenden ICM-Zyklen handelt (vgl. Abb. 4), ist hilfreich für einen geographischen Ansatz. Hierdurch wird es möglich,

- die verschiedenen Aktionen eines Projektes in einer Entwicklungssequenz zu plazieren,
- die komplexen Interdependenzen der verschiedenen ICM-Elemente zu verdeutlichen,
- die einzelnen Schritte als einen komplexen, dynamischen und adaptiven Prozeß zu sehen,
- Raum- und Zeitskalen zu ermitteln.

Nach der Anwendung eines ICM in der "ersten Generation" auf ein bestimmtes kleinräumiges Gebiet kann der geographische Rahmen in den nachfolgenden Projektgenerationen schrittweise vergrößert werden. Dabei kommt der Notwendigkeit der Unterscheidung zwischen mittelbaren und langfristigen Zielen nach OLSEN & TOBEY (1997) besondere Bedeutung zu, wenn man von der zyklischen Kausalität des ICM ausgeht. So lassen sich an einem Beispiel innerhalb des MADAM-Projekts folgende Zielstufen unterscheiden:

Abb. 4: Schritte und Generationen eines ICM-Zyklus

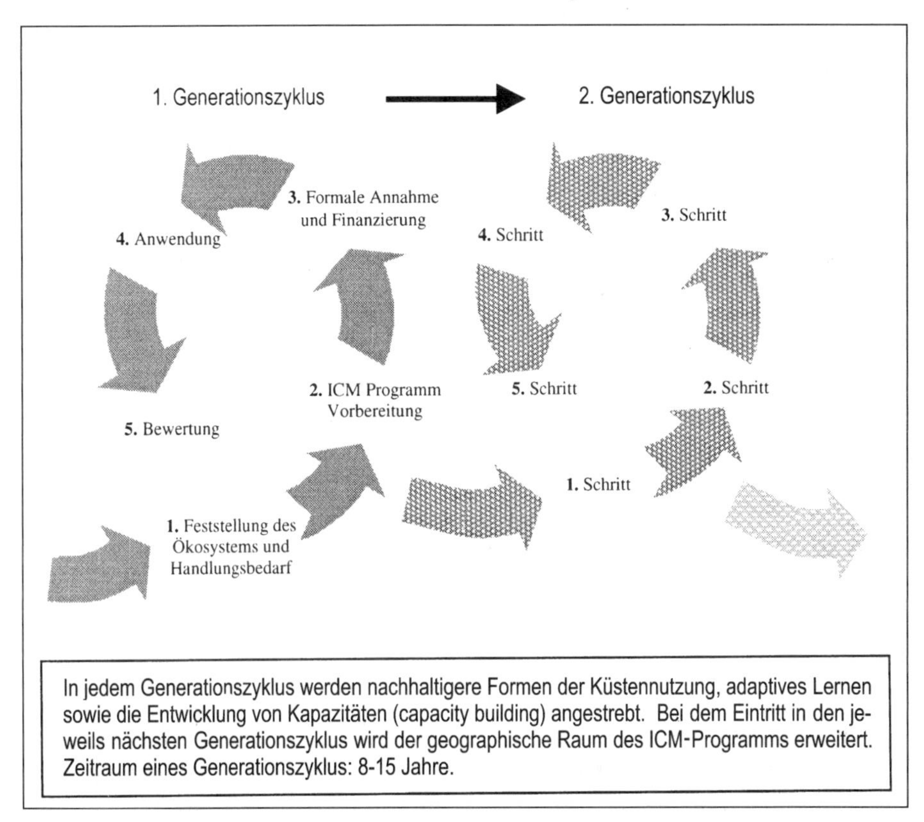

Quelle: modifiziert nach OLSEN & TOBEY 1997

a) Erste Stufe der mittelbaren Ziele: Bildung einer Fischerunion und Annahme von Regeln, welche die Fischereiaktivitäten steuern (kleinräumig).
b) Zweite Stufe der mittelbaren Ziele: Änderungen in der Fischereipraxis (mesoskalig).
c) Langfristiges Ziel: Erhöhung der maximalen nachhaltigen Nutzung und Verbesserung der Lebensqualität der Fischer der Region (großräumig).

4 Anwendung im MADAM-Projekt

Innerhalb des MADAM-Projekts wird das oben vorgestellte Konzept in den geographischen Arbeiten berücksichtigt. Dies erfolgt in der Weise, daß die Erfassung, Integration und Darstellung der erhobenen Daten aller Teildisziplinen angestrebt wird. Die Daten werden mit Hilfe eines GIS und des speziell für das Projekt entworfenen Datenbanksystems (MAIS = Mangrove Information System) aufbereitet und dann raum- und zeitbezogen visualisiert. Damit wird das Aufzeigen von potentiellen Raumnutzungskonflikten möglich. Nach deren Analyse können nachhaltige Managementempfehlungen entwickelt werden. Die gegenwärtige Bestandsaufnahme der ökologischen und sozioökonomischen Bedingungen und Nutzungen im Küstenraum im Rahmen des laufenden MADAM-Projekts stellt den ersten Schritt in Richtung eines solchen integrierten Managementansatzes dar.

Durch die Verdeutlichung der Nutzungskonflikte im Untersuchungsraum können verschiedene Szenarien entwickelt und überprüft werden. Gleichzeitig werden durch die Ermittlung der Zielgruppen (Gemeinde, Interessenverbände, Dorfgruppen, Fischerunion etc.) die Nutzergruppen herausgestellt, die unmittelbar durch die vom Projekt entwickelten Managementempfehlungen angesprochen bzw. betroffen würden. Bei der späteren eigenverantwortlichen Implementierung der Managementstrategien ist die genaue Kenntnis der betroffenen Nutzergruppen für die lokalen Entscheidungsträger (Umweltbehörden, Stadtverwaltung etc.) von großer Hilfe. Hierzu kann MADAM einen Beitrag leisten. Der im Projekt angestrebte Weg einer längeren und detaillierten Analyse ist zu bevorzugen, welcher die Identifizierung der Küstenprobleme sowie ihrer Ursachen und möglichen Lösungen durch die lokalen Nutzergruppen und Behörden beinhaltet. Das vorgestellte Projekt kann als Pilotprojekt für die gesamte Region verstanden werden.

Es wird deutlich, daß die hier angesprochene ICM-Modellvorstellung stark durch den geographischen Ansatz geprägt ist. In seinem Rahmen wird das PSR-Modell zur Ermittlung der managementrelevanten Indikatoren und zur Analyse derselben empfohlen.

5 Danksagung

Diese Arbeit ist ein Teil der deutsch-brasilianischen wissenschaftlich-technischen Zusammenarbeit. Sie wurde durch das BMBF im Rahmen des Projekts "Forschungsschwerpunkt: Ökologie tropischer Küstenregionen (Mangrove Dynamics and Management)" finanziert; Förderkennzeichen 03F0154A.

6 Literatur

ATHIAS, J.A. & CASCAES, D.C. (1993): Probleme bei der Verwirklichung der Umweltziele der Verfassung des Staates Pará. - In: PAUL, W. & SANTOS, R. (Hrsg.): Amazonia. Realität und Recht. Umwelt- und arbeitsrechtliche Fragestellungen. - Schr. Dt.-Brasil. Juristenvereinigung, 20: 169-178; Frankfurt.

BERGER, U., GLASER, M., KOCH, B., KRAUSE, G., LARA, R., SAINT-PAUL, U., SCHORIES, D. & WOLFF, M. (1998): MADAM - Forschungskonzept eines deutsch-brasilianischen Verbundprojektes im Mangrovengebiet Nordbrasiliens. - In: Mitt. Deutsche Gesellschaft für Meeresforschung 1998, 2: 20-25; Hamburg.

GESAMP (IMO/FAO/UNESCO-IOC/WMO/WHO/IAEA/UN/UNEP, Joint Group of Experts on the Scientific Aspects of Marine Environmental Protection) (1996): The Contributions of Science to Integrated Coastal Management. - GESAMP Reports and Studies, 61; Rome.

GRABERT, H. (1991): Der Amazonas - Geschichte und Probleme eines Stromgebietes zwischen Pazifik und Atlantik. - Berlin, Heidelberg.

OLSEN, S., LOWRY, K. & TOBEY, J. (1997): Survey of Current Purposes and Methods for Evaluating Coastal Management Projects and Programs Funded by International Donors. - Narragansett, RI (Coastal Resources Center).

OLSEN, S., LOWRY, K. & TOBEY, J. (1998): Coastal Management Planning and Implementation - A Manual for Self-Assessment - Narragansett, RI (Coastal Resources Center), unveröffentlicht.

OLSEN, S. & TOBEY, J. (1997): Patagonian Coastal Zone Management Plan - Final Evaluation for the Global Environmental Facility. - Narragansett, RI (Coastal Resources Center).

SANDNER, G. (1993): Über die Schwierigkeit beim Umgang mit dem Räumlichen im Zusammenhang von Kultur, Identität, Kommunikation. - In: AMMON, G. et al. (Hrsg.): Kultur, Identität, Kommunikation - 2. Versuch: 34-51; München.

SANTOS VIERA, R. (1993): Das brasilianische Umweltrecht und seine Wirkung in Amazonien. - In: PAUL, W. & SANTOS, R. (Hrsg.): Amazonia. Realität und Recht. Umwelt- und arbeitsrechtliche Fragestellungen. - Schr. Dt.-Brasil. Juristenvereinigung, 20: 91-128; Frankfurt.

SCHMIDT, H. (1995): Die Bedeutung der Mangroven für tropische Küstengewässer: Beispiel Brasilien. - Geographische Rundschau, 47, 2: 128-132; Braunschweig.

WALFIR, P. & EL-ROBRINI, M. (1997): A influência da variação do nivel do mar na sedimentação da Planície Costeira Bragantina durante o Holoceno. - In: COSTA, M. & ANGÉLICA, R. (Hrsg.): Contribuições à Geologia da Amazônia. - Belém (FINEP).

WEHRHAHN, R. (1995): Raumplanung und Küstenmanagement in der Küstenzone von Sao Paulo, Brasilien. - In: RADTKE, U. (Hrsg.): Vom Südatlantik bis zur Ostsee - neue Ergebnisse der Meeres- und Küstenforschung. - Kölner Geographische Arbeiten, 66: 161-172; Köln.

WEHRHAHN, R. (1996): Probleme einer ökologisch orientierten Entwicklungsplanung. - Vechtaer Studien zur Angewandten Geographie und Regionalwissenschaft, 18: 133-151; Vechta.

Marburger Geographische Schriften	134	S. 189-199	Marburg 1999

Aquakultur – eine Zukunftsperspektive Nutzungsformen der natürlichen Küstenressourcen in Ecuador und deren Potential für die Regionalentwicklung

Achim Engelhardt

Zusammenfassung

Die Nutzung der natürlichen Küstenressourcen Ecuadors hat im Laufe von Jahrhunderten einen tiefgreifenden Wandel erfahren, denn eine schonungslose Ausbeutung und das regional sehr hohe Bevölkerungswachstum haben zum Verlust von Ressourcen geführt.

Die Expansion der Garnelenzucht stellt seit zwei Jahrzehnten eine Alternative zu traditionellen Formen der Küstenressourcennutzung dar, allerdings wurden die Chancen zur Stimulierung der Regionalentwicklung durch die Aquakultur bisher nur unzureichend verwirklicht. Für die Zukunft gilt es, die Lokalbevölkerung stärker in diesen neuen Wirtschaftszweig einzubinden und die sich abzeichnende Diversifizierung der Aquakultur staatlich zu fördern.

Abstract

The exploitation of Ecuador's coastal resources has been changing during the last centuries because destructive forms of exploitation and high demographic growth have caused a loss of some resources.

For the past two decades the shrimp boom has been an alternative to traditional forms of using coastal resources; however, its opportunities for regional development have not yet been utilized in a sufficient manner. The integration of coastal dwellers into this new economic branch should be considered as a priority by the government, as well as the promotion of the actual diversification of aquaculture in Ecuador.

1 Verlust natürlicher Küstenressourcen

In Ecuador können die traditionellen Formen der Küstenressourcennutzung die rasch wachsende Lokalbevölkerung in zunehmendem Maße nicht mehr ausreichend ernähren. Traditionelle Muster der Nutzung sind in eine Krise geraten (vgl. ENGELHARDT 1997).

Walfang, Perlen- und Schwammtauchen, wie von VILLAVICENCIO (1858) noch erwähnt, gingen im Laufe dieses Jahrhunderts als Beschäftigungsfelder der Lokalbevölkerung verloren. Die Küstenbewohner konnten nur noch Fischfang betreiben, in Mangrovengebieten zusätzlich auch noch dem Sammeln von Krustentieren – z.B. Krebsen, Muscheln, Garnelen und Austern – bzw. dem Holzeinschlag und der Köhlerei nachgehen.

Tab. 1: Beschäftigungsfelder an der Küste Ecuadors

Beschäftigungsfelder im 19. Jahrhundert	Beschäftigungsfelder am Ende des 20. Jahrhunderts (legal)
Walfang	—
Perlentauchen	—
Schwammtauchen	—
Fischfang	Fischfang
Sammeln von Krustentieren	Sammeln von Krustentieren (limitiert)
Landwirtschaft	Landwirtschaft (limitiert)
Mangrovenholzentnahme	—
Köhlerei	—

Quellen: VILLAVICENCIO (1858) und eigene Beobachtungen

Seit den 70er Jahren ist jedoch das Fällen von Mangroven unter Strafe gestellt und das Sammeln verschiedener Krustentiere wegen der zunehmenden Übernutzung saisonal per Dekret verboten. Dadurch wurden ganze Berufsgruppen an der Küste Ecuadors in die Illegalität gedrängt, zumal sie keine Arbeitsalternativen angeboten bekamen (vgl. Tab. 1).

Die Landwirtschaft versagte ebenfalls als neue Beschäftigungsalternative größeren Ausmaßes, da im Westen und Südwesten des Küstenlandes (Santa Elena-Halbinsel und Manabí; vgl. Karte 1) semiarides Klima herrscht. Aufgrund der Variabilität der jährlichen Niederschläge ist eine kontinuierliche Bodenbearbeitung nicht möglich, was schon ULLOA (1736) feststellte (vgl. SVENSON 1946, DEGEN 1988). In dieser Region ist inzwischen durch die Übernutzung des Bodens ein Desertifikationsprozeß ausgelöst worden, in dessen Folge sich die geschädigte Fläche pro Jahr um 1,5 km nach Osten ausbreitet (FUNDACIÓN NATURA 1983).

Der Tourismus ist an der Küste Ecuadors nur punktuell und saisonal ausgeprägt und stellt daher keine große Beschäftigungsalternative für die Lokalbevölkerung dar.

2 Bevölkerungswachstum

Die Verringerung der Beschäftigungsfelder an der Küste Ecuadors fällt mit einem sehr hohen Bevölkerungswachstum zusammen, ist z.T. aber auch dadurch bedingt. Seit Ende des letzten Jahrhunderts hat die Zunahme der Bevölkerung des Küstentieflandes mit dem Kakaoboom langsam eingesetzt (vgl. BARSKY et al., 1982) und ist durch den Bananenboom ab den 40er Jahren dieses Jahrhundert rasch beschleunigt worden.

Von 1935 bis 1996 ist die Gesamtbevölkerung der fünf Küstenprovinzen Ecuadors von 841.000 Menschen auf 5.834.000 gestiegen. Damit hat sie sich in nur 51 Jahren – was in Ecuador der Periode von ca. drei Generationen entspricht – versiebenfacht; in der Provinz Esmeraldas ist sie um das Achtfache, in der Provinz Guayas sogar um das Neunfache gestiegen (vgl. Abb. 1).

Unter diesem Gesichtspunkt wird das Ausmaß der Krise an der Küste Ecuadors erst richtig deutlich: Immer mehr Menschen müssen sich die limitierten Küstenressourcen teilen, was bereits zu einer schwerwiegenden Ressourcendegradation geführt hat.

Abb. 1: Bevölkerungswachstum in den Küstenprovinzen Ecuadors

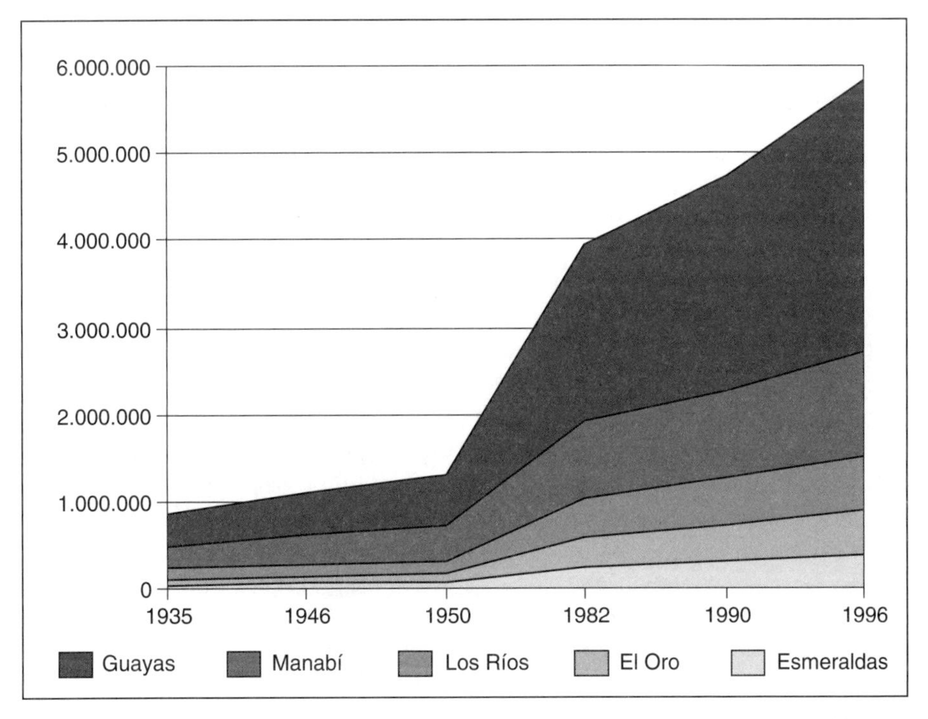

Quellen: OCHOA 1995, SAUNDERS 1950, GUTERSOHN 1946, SCHIESSEL 1943, ALMANAQUE ECUADOR TOTAL 1996

Der permanent steigende Bevölkerungsdruck führte schließlich in logischer Konsequenz zur Konzentration auf die Nutzung der letzten Beschäftigungsalternative, die Ende des 20. Jahrhunderts zur Sicherung des Lebensunterhalts noch übriggeblieben war: die Fischerei. Auch bei dieser Entwicklung waren die Folgen bereits vorprogrammiert: Die Überfischung der Küstengewässer Ecuadors, die Ende der 70er Jahre begann, führte schon nach einem Jahrzehnt zu einem Kollaps dieses Wirtschaftssektors.

Zu diesem Zeitpunkt, als sich der Küstenstreifen Ecuadors in einer der größten sozialen und wirtschaftlichen Krisen seiner Geschichte befand, setzte ein neuer, ungeahnter Wirtschaftsboom ein, der für die Region außerhalb der landwirtschaftlichen Gunsträume neue Perspektiven versprach: der Aufschwung der Garnelenzucht.

3 Garnelenboom

Bereits Ende der 60er Jahre fanden Versuche zur Zucht von Garnelen (*Penaeus* spp.) auf Salzflächen im Hinterland der Mangrove in der Provinz El Oro statt (vgl. Karte 1). Sie erwiesen sich als erfolgreich, und innerhalb nur weniger Jahre entwickelte sich Ecuador zum zweitwichtigsten Garnelenexporteur der Welt. Garnelen sind heute für Ecuador das drittwichtigste Exportprodukt hinter Erdöl und Bananen. Jährlich werden inzwischen über 800 Mio. US$ durch den Garnelenexport erwirtschaftet (EL COMERCIO 12/1997), 7 % der wirtschaftlich aktiven Bevölkerung sind in diesem Wirtschaftssektor tätig (CPC 1993), und Ecuador ist heute ein Vorreiter der Biotechnologie in Lateinamerika. Angesichts dieser Entwicklung müßte die Garnelenzucht die Probleme der Küstenbevölkerung deutlich abgeschwächt, wenn nicht sogar völlig ausgeräumt haben. Leider sind jedoch die Möglichkeiten, die Garnelen für die Regionalentwicklung in Ecuador haben könnten, bisher nur unzureichend genutzt worden.

Die Lokalbevölkerung der Küstenzone ist in diesem von ecuadorianischem Kapital bestimmten Wirtschaftszweig praktisch nicht integriert worden: Über 210.000 neu geschaffene Arbeitsplätze (1994) wurden entweder von auswärtigen Arbeitskräften übernommen (Wanderarbeiter und Landlose aus verarmten Andenprovinzen oder aus ehemaligen Kolonisationsgebieten des Küstentieflands), oder sie lagen außerhalb des Küstenstreifens. Die Gründe dafür sind vielfältig (vgl. ENGELHARDT 1997).

Die Garnelenzuchtbetriebe drangen in die Mangrovenwälder vor, was sowohl eine Konsequenz fehlender planerischer Konzepte als auch der Gesetzgebung des Landes war. In den Mangrovengebieten waren im Jahre 1991 ca. 25 % aller Garnelenzuchtbetriebe angesiedelt (FUNDACIÓN NATURA 1991); das bedingte eine Umwandlung von 40.000 ha Mangrovenwald (BODERO 1993). Bereits ab den 40er Jahren wurde die Nutzung der Mangrovenzone, die in Ecuador traditionell sehr intensiv ist (EGGERS 1892, SICK 1963), durch die Landwirtschaft begonnen, wobei 50.000 ha dieses Küstenwaldes zum Zwecke der Viehzucht (40.000 ha) und der Anlage von Kokospalmen-Plantagen (10.000 ha) gerodet wurden. Die Urbanisierung zerstörte nochmals 3.000 bis 5.000 ha Mangrovenwald (BODERO 1993).

Die Garnelenzucht wurde zur Konkurrenz traditioneller Ressourcennutzung. Die weitere Konvertierung von Mangrovenökosystemen als Fortsetzung landwirtschaftlicher "Inwertsetzung", die Umwandlung von traditionellem Gemeinschaftsland in Privatbesitz und die Wasserverschmutzung durch die neuen Nutzer führten zu schwerwiegenden, zunehmend bewaffnet ausgetragenen Konflikten in Mangrovengebieten. Folglich kam es zu einer verschärften Ressourcenknappheit anstatt zur erhofften Entspannung dieses Problems.

Die ehemaligen Regierungen Ecuadors versuchten mit Gesetzesvorlagen, Dekreten und Ministerialbeschlüssen den expandierenden Wirtschaftssektor einzuschränken, anstatt den Sektor aktiv durch die Erschließung der für Aquakultur geeigneten Zonen in Bahnen zu lenken, in denen sich das Potential für die Entwicklung der peripheren Landesteile hätte entfalten können. Diese Politik bedingte, daß die Garnelenzüchter die existierende Infrastruktur benutzten und lediglich solche Infrastruktur neu aufbauten, die ausschließlich der Zucht und dem Export der Krustentiere zugute kam. Das führte zur Stärkung des Bootsverkehrs im Golf von Guayaquil, zum Bau von Laboren für die Produktion der Garnelenlarven, zu Verpackungs- und Exporteinrichtungen.

Außerdem bedingte und bedingt die expandierende Garnelenzucht eine Stärkung zentraler Wirtschaftsstrukturen im Küstentiefland (Abb. 2, Karte 1):

- Der Hafen von Guayaquil, traditionell der Haupthafen Ecuadors, übernahm zusätzlich den Export von Garnelen.
- Industriegebiete von Guayaquil wurden zum Standort für die Zulieferindustrie der Garnelenzucht (Futtermittel, PVC-Rohre, Pumpen).
- Das Finanzzentrum Guayaquil ist Sitz von Garnelenexportfirmen und größeren Zuchtbetrieben.

4 Aquakultur: eine Zukunftsperspektive für die Regionalentwicklung an der Küste Ecuadors

Der Aquakultursektor in Ecuador befindet sich momentan in einer Phase der Diversifizierung; neben der weiter expandierenden Zucht von Garnelen werden zunehmend auch andere Krustentiere und Fische (*Tilapia*) gezüchtet. Aufgrund dieser Dynamik ist es immer noch möglich, zentrale Strukturen zum Wohle der Aquakultur und der Regionalentwicklung durch staatliche Planung zu modifizieren. In diesem Zusammenhang sind folgende Maßnahmen für die Regionalentwicklung wünschenswert (vgl. Abb. 2):

Karte 1: Produktion, Verarbeitung und Export von Garnelen in Ecuador

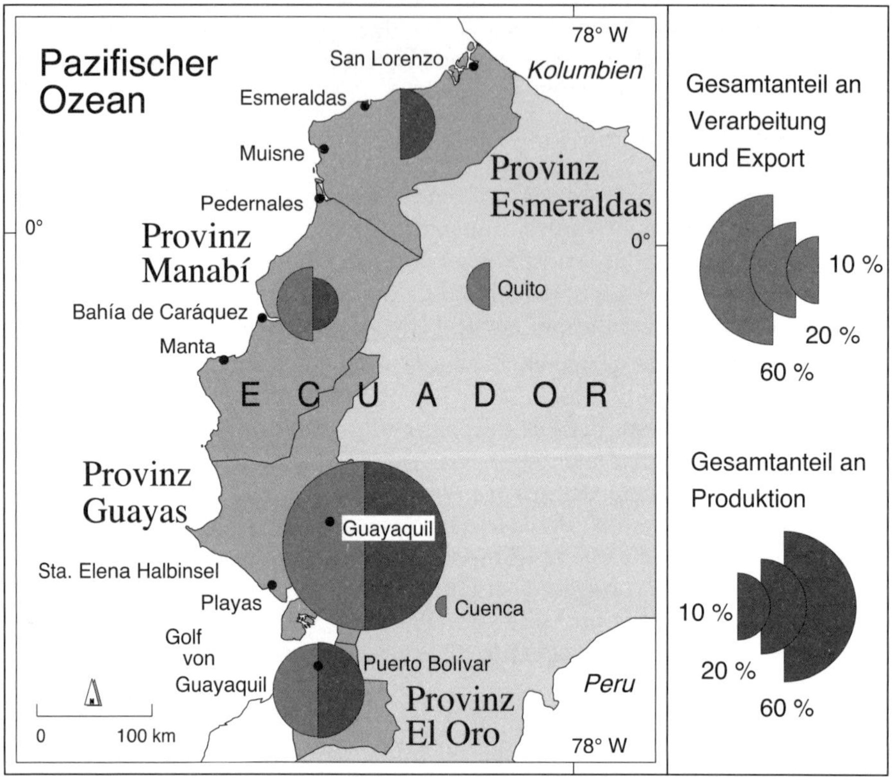

Quelle: A. ENGELHARDT nach EDINA/FEDEX 1998

- Modernisierung der Hafenanlagen von Esmeraldas, Manta und Puerto Bolívar sowie Steigerung ihrer Attraktivität, z.B. durch niedrigere Liegegebühren für den Garnelenexport;
- Einrichtung bzw. Erweiterung von Industriezonen in den obengenannten Hafenbereichen;
- sofortige Umsetzung des bereits vom früheren Präsidenten Sixto Duran Ballén (1992-1996) vorgelegten "Plan Nacional de Carreteras" (Nationaler Straßenbauplan), um den Küstenstreifen von der Nord- zur Südgrenze des südamerikanischen Landes durchgehend zu verbinden.

Diese Schritte könnten die Entwicklung des Küstentieflandes nachhaltig beeinflussen und den ecuadorianischen Aquakultursektor für die Zukunft entscheidend stärken.

Die Modernisierung der genannten Häfen und die damit einhergehende Steigerung der Attraktivität dieser peripheren Regionen könnte zu einer Dezentralisierung des aufstrebenden Wirtschaftssektors beitragen. Die Verarbeitung der Garnelen und anderer Produkte der Aquakulturproduktion sowie deren Verpackung und Export wären somit nicht mehr ausschließlich auf Guayaquil konzentriert. In wichtigen Produktionszonen der Aquakultur hingegen könnten Arbeitsplätze für die Lokalbevölkerung geschaffen werden, wie bereits in der Provinz Manabí geschehen. Weitere Vorteile würden sich für den Aquakultursektor sogar in barer Münze auszahlen:

- schnellere Abwicklung zwischen Ernte und Verarbeitung,
- höhere Produktqualität,
- höhere Produktpreise.

Abb. 2: Aquakultur – eine Zukunftsperspektive für die Regionalentwicklung

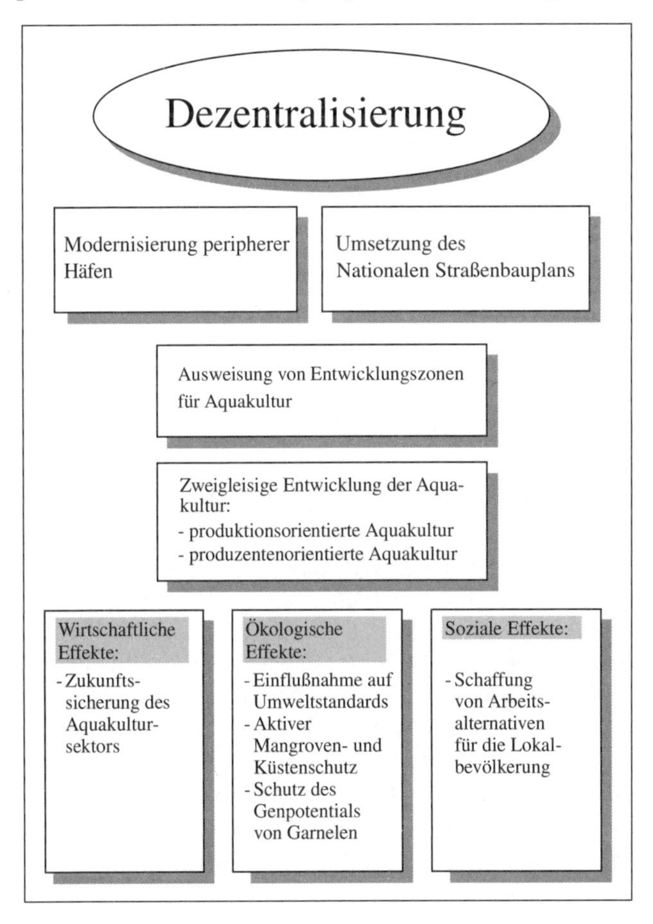

Entwurf: A. ENGELHARDT

Es ist z.B. unsinnig, daß Garnelen aus der Region Muisne (Provinz Esmeraldas) nach der Ernte über sieben Stunden lang bis Guayaquil transportiert, dort geschält und für den Export vorbereitet werden, wenn man bedenkt, daß auf dieser Fahrt bereits nach einer Stunde der Überseehafen Esmeraldas passiert wird. Laut UTHOFF (pers. Mitteilung, 1997) beginnt die Qualität von Garnelen im unverarbeiteten Zustand bereits drei Stunden nach der Ernte abzunehmen. Das unterstreicht die Forderung nach dezentraler Verarbeitung in Ecuador nachdrücklich.

Die Funktion modernisierter Häfen als Entwicklungspole sollte ebenfalls nicht unterschätzt werden. Zulieferbetriebe könnten sich in Garnelenzuchtgebieten – z.B. Bahía de Caráquez oder Muisne – ansiedeln, wenn deren Infrastruktur verbessert würde. Diese Entwicklung kann vom Staat gezielt durch die Ausweisung von Flächen für Aquakultur beeinflußt werden. In einem Radius von drei Stunden Wegstrecke um die Entwicklungszonen herum könnten potentielle Entwicklungszonen für Aquakultur ausgewiesen werden.

In diesem Falle könnte die Versorgung der Entwicklungszonen (im Umkreis zu modernisierten Häfen) mit Aquakulturprodukten mittel- und langfristig gesichert werden. Das kann die Einflußnahme auf Umweltstandards, die für Aquakulturen überlebensnotwendig sind, unterstützen. In Anbetracht der Tatsache, daß Garnelenzuchtbetriebe in Ecuador Frischwasserrohre planlos direkt neben Abwasserrohren installieren, könnte man dann fast uneingeschränkt von einer Garantie sprechen. Die Ansiedlung neuer Aquakulturbetriebe würde vor diesem Hintergrund nicht lange auf sich warten lassen. So könnte der Staat regionalentwicklungspolitische Akzente zur notwendigen Dezentralisierung setzen und gleichzeitig einen aktiven Mangrovenschutz betreiben, weil deren Attraktivität für Aquakulturen damit abnähme. Neben dem Schutz wildlebender Garnelenlarven als Genpotential für Zuchtzwecke würde der Staat schließlich auch noch einen wichtigen Beitrag für den Küstenschutz leisten.

Bei der Einrichtung von Entwicklungszonen für Aquakultur würde sich dem Staat auch die große Chance bieten, die Lokalbevölkerung in diesen neuen Wirtschaftssektor einzubinden. Damit könnten schwelende soziale Konflikte unter den Nutzern der Küstenressourcen, die in jüngster Vergangenheit vermehrt mit Waffengewalt ausgetragen worden sind, eingedämmt werden. Zu diesem Zweck könnte eine zweigleisige Aquakulturförderung postuliert werden: "produktionsorientierte und produzentenorientierte Aquakultur" (PILLAY 1990; vgl. auch MARTÍNEZ-ESPINOZA & BARG 1993).

Bei der *produktionsorientierten Aquakultur* sollte im Falle Ecuadors die semi-intensive Aquakulturproduktion durch auswärtige Investoren und regionale Geldgeber gefördert werden. Als wirtschaftliche Ziele dieses Programms sind zu definieren:

- Steigerung der Aquakulturproduktion,

- Intensivierung der Produktion (jedoch nicht über die semi-intensive Produktionsform hinaus),
- Anreize für langfristige Investitionen.

Bei der *produzentenorientierten Aquakultur* sollte es sich um ein Programm handeln, das die sozioökonomische Situation der Lokalbevölkerung berücksichtigt. Ziel des Programms sollte sein: Schaffung von Alternativen zu traditionellen, in eine Krise geratenen Wirtschaftsformen. Dazu zählen die Förderung der Zucht von Muscheln, Austern und Fischen in Familienbetrieben, die in den betreffenden Regionen die besten Voraussetzungen vorfinden. Die Berufsgruppen könnten jeweils mit den Produkten weiterarbeiten, denen sie traditionell verbunden sind. Außerdem bestehen für diese Produkte bereits Absatzmärkte, was die Akzeptanz eines solchen Programms zusätzlich erleichtert. Der Zugang zu Kleinkrediten mit akzeptablen Zinssätzen und mittel- bis langfristiger Laufzeit ist für den Erfolg eines solchen Programms ebenso entscheidend wie die technische Schulung und Betreuung der Produzenten (vgl. Intam-Programm der indonesischen Regierung, vgl. dazu auch HANNIG 1988)[1].

Das Konzept der Dezentralisierung wird für die Provinz Guayas mit ihrer Hauptstadt Guayaquil, die bisher von den zentralisierten Wirtschaftsstrukturen des Küstentieflandes profitiert hat, nicht von Nachteil sein. Da im Bereich der Garnelenzucht zwei Drittel der Zuchtfläche auf diese Provinz entfällt, gäbe sie bei der zukünftigen Expansion des Aquakultursektors lediglich etwas mehr Gewicht an die Peripherie ab. Langfristig gesehen würde das Finanzzentrum Guayaquil auch von einer positiven Wirtschaftsentwicklung der peripheren Küstengebiete profitieren.

5 Schlußbemerkung

Erst in diesem Jahrhundert hat die Kolonisierung der weiten, unbewohnten Küstenlandschaft Ecuadors begonnen (FOSTER 1938, BARSKY et al. 1982). Im Laufe dieser Zeit haben die unterschiedlichsten Wirtschaftsbooms zur planlosen Ausbeutung und Zerstörung der natürlichen Ressourcen des Küstentieflandes beigetragen. Gegen Ende des 20. Jahrhunderts – das nächste Millennium vor Augen – sollte auch bei der Regierung Ecuadors die Einsicht wachsen, die Entwicklung des aktuellen Aquakulturbooms gemeinsam mit der ecuadorianischen Aquakulturkammer und der Küstenbevölkerung nachhaltig (VON WEIZSÄCKER et al. 1997) zu gestalten. Überzogenen Restriktionsmaßnahmen, wie aus der Ersten Welt oft gefordert, sollte eine klare Absage erteilt und ei-

[1] HANNIG (1988) kritisiert am Intam-Programm, daß die Laufzeit der Kredite bei 12 % Verzinsung lediglich 5-8 Jahre beträgt. In Ecuador haben Bankkredite eine Laufzeit von sechs Monaten bei einem Zinsniveau, das über 50 % liegt und zwischenzeitlich sogar auf 80 % gestiegen war, was die finanzielle Kritik am Intam-Programm relativiert.

ner maßvollen Politik nachgegangen werden, wie z.B. durch das Aufgreifen des hier konzipierten Planungsansatzes.

6 Literatur

AIKEN, D. (1990): Shrimp farming in Ecuador. An aquaculture success story. - World Aquaculture, 21, 1; Baton Rouge.

ALMANAQUE ECUADOR TOTAL (1996). - Guayaquil.

BARSKY, O., DIAZ BONILLA, E., FURCHE, C. et al. (1982): Politicas agrarias, colonización y desarrollo rural en Ecuador. - Quito.

BODERO, A. (1993): Mangrove ecosystems of Ecuador. - In: LACERDA, L.D. (ed.): Conservation and sustainable utilization of mangrove forests in Latin America and Africa regions. Part 1 - Latin America; Okinawa.

CPC (Cámera de Productores de Camarón) (1993): Libro blanco de camarón. - Guayaquil.

DEGEN, P. (1988): Die Fischerei in den Mangrovesümpfen des Golfes von Guayaquil/Ecuador. - Mundus Reihe Ethnologie, 2; Bonn.

EGGERS, H. VON (1892): Die Manglares in Ecuador. - In: Botanisches Centralblatt, 41; Berlin.

ENGELHARDT, A. (1997): Die Mangrovenwälder Ecuadors und ihre Nutzung durch die Garnelenzucht. - Diplomarbeit, Univ. Gießen.

FOSTER, A. (1938): The Guayaquil Lowland. - In: Journal of Geography, 37; Chicago.

FUNDACIÓN NATURA (1983): Medio ambiente y desarrollo en el Ecuador. - Quito.

GUTERSOHN, H. (1948): Ecuador, Perú, Bolivien. - Bern.

HANNIG, W. (1988): Towards a blue revolution. - Yogyakarta.

MARTÍNEZ-ESPINOSA, M. & BARG, U. (1993): Aquaculture and management of freshwater environments, with emphasis on Latin America. - In: PULLIN, R.S.V., ROSENTHAL, H., MACLEAN, J.L. (eds.): Environment and aquaculture in developing countries. ICLARM Conf. Proc., 31: 42-59; Manila.

OCHOA, E. (1995): Manejo costero integrado en Ecuador. - Guayaquil.

PERÉZ, C.E. (1993): Elementos legales y administrativos. - Guayaquil.

PILLAY, T.V.R. (1990): Aquaculture. Principles and practices. - Cambridge.

SAUNDERS, J.V.D. (1959): La población del Ecuador. - Quito.

SCHIESSEL, O. (1943): Die wirtschaftlichen Kräfte Ecuadors. - Kiel.

SVENSON, H.K. (1946): Vegetation of the coast of Ecuador and Peru and its relation to the Galapagos Islands. Geographical relations to the Flora. - In: American Journal of Botany, 33: 394-498; Columbus.

ULLOA, J.J. (1760): A voyage to South America. - 2. ed.; London.

VILLAVICENCIO, M. (1858): Geografía de la República del Ecuador. - New York.

WEIZSÄCKER, E.U. VON, LOVINS, A.B. & LOVINS, L.H. (1997): Faktor vier. Doppelter Wohlstand - halbierter Naturverbrauch. Der neue Bericht an den Club of Rome. - 10. Aufl.; Darmstadt.

Marburger Geographische Schriften	134	S. 200-206	Marburg 1999

Kreuzfahrten – Aspekte zu einem wachsenden Sektor des Tourismus

Hans-Werner Besch

Zusammenfassung

Kreuzfahrten erreichen weltweit hohe Zuwachsraten. Diese Form des Tourismus spricht besonders ältere Gäste an, die mit dem "schwimmenden Hotel" ohne Streß verreisen wollen. Dazu kommt die Sehnsucht nach fernen Ländern und die Seefahrtromantik.

Kreuzfahrtreedereien sind globale Konkurrenten. Dadurch geht der Trend zu größeren Schiffen mit über 1.800 Betten, die günstigere Preise ermöglichen. Geringe Emissionen, kein Landschaftsverbrauch und gut kontrollierte Entsorgung kennzeichnen diese Form der Fernreisen als einen ökologisch vernünftigen, sog. "sanften" Tourismus.

Für die europäischen Werften ist der Bau von Kreuzfahrtschiffen einer der wenigen Bereiche, wo sie der Konkurrenz aus Fernost überlegen sind.

Summary

Cruises are reaching high increase rates worldwide. This form of tourism especially appeals to older guests who want to travel without any stress with these "swimming hotels". In addition to this, there is also the longing for faraway countries and the romanticism of seafaring.

Cruise ship companies are global competitors. Therefore, there is a trend to build larger ships with more than 1,800 beds which allow more favourable prices. Low emissions, no pollution of the countryside and well controlled waste disposal are characteristic of this form of travelling to faraway places. Thus, they are regarded as ecologically reasonable so-called "soft" tourism.

For European shipyards, the construction of cruise ships is one of the domains where they are superior to the competition from the Far East.

1 Einleitung

Durch die Fernseh-Serie "Traumschiff" hat sich ein billiges Klischee entwikkelt, das die eigentlichen Möglichkeiten von Kreuzfahrten völlig vernachlässigt. Im wesentlichen stehen nicht "Beziehungskisten" im Vordergrund, sondern das Interesse an neuen Landschaften. Dabei nehmen auch ältere Gäste die Strapazen bei der Benutzung von Verkehrsmitteln in Entwicklungsländern immer wieder auf sich. Durch den kurzzeitigen Vergleich, z.B. zwischen Kanaren und Kapverden, kommt es zu Fragen wie: "Warum ist hier vieles so anders?" Die Antworten kann besonders der Geograph geben. Hier wird die große Spannweite unseres Faches zum Vorteil: von Klimatologie, Küstenmorphologie, Ozeanographie und Meeresgeologie über Handelsströme, Schiffstypen und Hafenanlagen bis zu Problembereichen aus Sozial- und Wirtschaftsgeographie.

2 Mit den Augen der Entdecker

Die Ansteuerung von Küsten und Häfen bietet ein viel intensiveres Erlebnis als eine Landung auf international genormten Flugplätzen. Wenn am Horizont eine Insel auftaucht, fühlen sich die Passagiere auf den Spuren der Entdecker.

Die Kreuzfahrtreedereien benutzen oft die Route der Entdeckungsfahrten als roten Faden für die Kursgestaltung. Um 1500 benötigte Amerigo Vespucci 67 Tage von den Kapverden nach Recife – das moderne Kreuzfahrtschiff braucht nur noch 3 ½ Tage. Auf der Fahrt von Montevideo nach Buenos Aires können die Gäste nachempfinden, welche Enttäuschung das braune Wasser für Magellan bedeutete: Südamerika war noch nicht umrundet. Der Bericht über die Hungersnot während der drei Monate und 20 Tage dauernden Pazifiküberquerung läßt die Kritik an der Bordverpflegung schnell verstummen. Beim Besuch der Molukkeninsel Ternate wird daran erinnert, daß hier das letzte Schiff der Flotte Magellans eine Nelkenladung übernahm, welche die gesamten Kosten deckte.

Beim Anlaufen von Walfischbai wird deutlich, daß die Seefahrer des Prinzen Heinrich auch südlich des Äquators eine Wüstenzone überwinden mußten. Vor Madagaskar segeln noch heute Eingeborene in Auslegerbooten, wie sie Vasco da Gama beobachtete. Bei einem Ausflug von Hongkong nach Macao wird der östlichste Ort der portugiesischen Kolonisation erreicht. Auf der Fahrt an der Ostküste Australiens zwischen dem Festland und dem Großen Barrierriff kann man nachempfinden, welche navigatorischen Probleme J. Cook überwinden mußte – ohne Echolot und Lotsen! Die maritimen Museen in Mosselbai wie in Sydney vertiefen noch die Achtung vor den Leistungen der Entdecker.

3 Die Teilnehmer

Im Gegensatz zu der Dreiklassengesellschaft der früheren Passagierschiffe ist das Kreuzfahrtschiff fast klassenlos. Preisunterschiede durch Größe und Deck der Kabine sind im Alltagsleben an Bord nicht spürbar. Der Gast in einer

Vierbett-Innenkabine zahlt z.B. auf einer Nordlandreise von 17 Tagen 2.699 DM, in einer Zweibett-Suite drei Deck höher sind pro Person 9.050 DM zu entrichten (Beispiel "Maxim Gorki", Sommer 1998). Beim Essen, den vielen Veranstaltungen auf dem Schiff und den Landausflügen sind keine Unterschiede zu erkennen.

Die Exklusivität vor dem Zweiten Weltkrieg ist weitgehend verschwunden. Als 1969 die "Hamburg" als erster deutscher Neubau eines Kreuzfahrtschiffes ihre Fahrten aufnahm, gelang zu "exklusiven" Preisen keine ausreichende Besetzung. Erst nach dem Verkauf an die damalige Sowjetunion wurde als "Maxim Gorki" mit ukrainischem Personal zu wesentlich herabgesetzten Preisen eine gute Auslastung möglich. So haben die "Russenschiffe" dazu beigetragen, daß viel breitere Bevölkerungsschichten für Kreuzfahrten gewonnen werden konnten.

Wer Wert auf deutliche Exklusivität legt, bucht die Reise auf einem Sechssterne-Schiff und zahlt ggf. das Doppelte. Wer sparen muß, wählt ein kleineres, meist auch älteres Schiff mit zwei Sternen für den halben Preis des Viersterne-Dampfers "Maxim Gorki".

Viele Gäste haben jahrelang gespart, um sich ihren Wunschtraum von der weiten Welt zu erfüllen. Gehbehinderte können dank der Fahrstühle und dem hilfsbereiten Personal an allen Bordveranstaltungen teilnehmen. Selbst für Kreislaufgefährdete ist durch die klimatisierten Kabinen und Restaurants eine Reise in die feuchten Tropen möglich.

Nach der Wiedervereinigung war auch auf den Kreuzfahrtschiffen das aufgestaute Fernweh der ehemaligen DDRler zu spüren. Das Rätselraten, wer nun aus den Neuen Bundesländern kam (am Dialekt waren Berliner und Mecklenburger nicht zu orten), löste sich 1991 vor Spitzbergen nach einer Wanderung zum Gletscher: Die Ex-DDRler zogen ihre verschlammten Stiefel aus und marschierten auf Socken über die schönen Teppichböden; die Westler staunten und machten es – teilweise – nach.

In der Altersstruktur dominieren naturgemäß die Pensionäre. Immerhin sank der Durchschnitt von 57,5 Jahren 1994 auf 56 Jahre 1996. Dazu hat das Angebot beigetragen, Kinder bis elf Jahre gratis mitzunehmen. Die Betreuung durch "kinderliebe" Reiseleiter brachte fröhliches Leben in das Schiff. Stolz meldete eine junge Mutter, daß ihre beiden Kinder auf dieser Reise Schwimmen gelernt hätten.

4 Ökologische Aspekte

Schiffe verbrauchen von allen Verkehrsträgern am wenigsten Treibstoff. Die Umstellung auf Dieselmotoren, verbesserte Schrauben und Rumpfformen haben zu einer weiteren Senkung des Verbrauchs und damit der Emissionen geführt. Hinzu kommt, daß vorwiegend mit der günstigen Geschwindigkeit von 18-20 kn gefahren wird. Ausgesprochene Schnelldampfer wie die "New York", deren riesige Turbinen über 40 kn ermöglichten, wurden wegen Unwirtschaftlichkeit nicht als Kreuzfahrtschiffe eingesetzt.

Im Gegensatz dazu hat der Luftverkehr durch immer höhere Geschwindigkeiten den Treibstoffverbrauch gesteigert. Besonders gefährlich ist der Anstieg der Flughöhen auf über elf km. Damit bleibt in höheren Breiten der NOx-Ausstoß über der Tropopause, wird somit nicht durch Regen ausgewaschen und trägt zur Zerstörung der Ozon-Schicht bei.

Bordeigene Müllverbrennung ist bei modernen Kreuzfahrtschiffen üblich. Wird einmal auf See nach alter Seemannsart über das Heck entsorgt, folgen geharnischte Proteste engagierter Gäste beim Kapitän. Der Restmüll wird per Container in den Häfen abgegeben. Auch moderne Kläranlagen gehören zum Standard, ebenso Meerwasserentsalzungsanlagen. Das in den Häfen gebunkerte Frischwasser wird gefiltert und aufbereitet.

Umweltverträglicher Tourismus wurde 1998 auf der Konferenz in Bratislava als Forderung aufgestellt. Die 170 Unterzeichnerländer der Biodiversitätskonvention wollen bis zum Jahr 2000 völkerrechtlich verbindliche Verträge erarbeiten. Beispiele dafür können von der Kreuzfahrt kommen: So wird für den Landgang in Spitzbergens Norden von der Besatzung ein eigener Anlegesteg aufgebaut, und die Passagiere werden verpflichtet, keine Abfälle wegzuwerfen, dafür sind Behältnisse aufgestellt; schließlich wird der Steg abgebaut, ohne Spuren zu hinterlassen – das Ganze kontrolliert durch norwegische Hubschrauber.

Für die Weltausstellungen in Lissabon und Hannover sind jetzt schon Kreuzfahrtschiffe gechartert, die als schwimmende Hotels dafür sorgen, daß keine Investitionsruinen nach diesen einmaligen Veranstaltungen zurückbleiben.

Die Gäste erleben, wie an den Südseiten von Madeira, Gran Canaria und Acapulco Ferienhäuser die Landschaft "zupflastern". Daraus wächst bei manchen der Entschluß: Kreuzfahrt statt Ferienheim! Ein Ehepaar berichtete, daß sie ihr Haus auf Sylt verkauft hätten, und nun gäbe es "keinen Ärger mit Mietern oder Hausreparaturen, dafür großartige Versorgung, immer neue interessante Nachbarn und - die Schiffe fahren immer dorthin, wo Sommer ist!"

Die letzte Konsequenz sind Pläne von schwimmenden Eigentumswohnungen in den USA und Norwegen. Die "World City America" soll bei Baukosten von 1,7 Milliarden für 6.200 Hotelpassagiere Komfortwohnungen mit eigener Seeterrasse bieten. Immerhin blieben damit den gefragten Küsten rund 3.000 Ferienwohnungen erspart.

5 Ökonomische Aspekte

5.1 Angebot und Nachfrage

Der Kreuzfahrtmarkt ist weltweit ein Milliardengeschäft mit hohen Zuwachsraten. 1988 wurden 83.300 Betten auf Kreuzfahrtschiffen angeboten, 1995 waren es 132.400. Die Passagierzahlen stiegen von 3,6 Millionen auf 5,7 Millionen. Allerdings ging die durchschnittliche Auslastung um 10 % auf 78,7 % zurück. Darin zeigt sich, daß die Neubauten mit ihrem Bettenangebot über der Steigerung der Nachfrage liegen. Für 1998 rechnet man mit einem Bettenangebot von 174.700 und einer Auslastung von nur 66 %. Das ist ein Prozentsatz, der viele Schiffe an ihre Produktivitätsgrenze bringt. Die Bau- und Betriebsvorteile der Großschiffe führen dazu, daß gegenwärtig mehr als 20 Schiffe mit mehr als 1.800 Betten in Bau oder im Auftrag sind, im unteren Größenklassensegment mit 380-650 Betten dagegen nur sechs Einheiten, im mittleren dazwischen nur drei.

Die Ende 1996 in Auftrag gegebenen 130.000 Tonner mit 3.400 Passagieren überschreiten mit ihrer Breite von 46 m die Maße der Panama-Schleusen: eine Dimension, die bisher eingehalten wurde. Diese "Eagle-Schiffe" sind damit für Reisen von der US-Ostküste in die Karibik gedacht.

Das Übergewicht der USA kennzeichnet ein Vergleich bzgl. der Zahl der Kreuzfahrtpassagiere 1996: USA 4,4 Millionen, England 480.000, Deutschland 350.000, Kanada und Italien je 250.000, Japan 225.000. Der zunehmende Konkurrenzkampf führt zu Übernahmen: Die z.Z. größte Kreuzfahrt-Reederei Carnival Corporation (1996: 39.523 Betten) übernimmt die an neunter Stelle stehende Cunard (1996: 4.288 Betten). Damit wird die legendäre "Queen Elizabeth II" (Foto 1) unter US-Regie fahren – für traditionsbewußte Briten ein ähnlicher Verlust wie der Verkauf von Rolls Royce an VW.

Für die Passagiere ist der konkurrenzbedingte Druck auf die Preise erfreulich: Ohne die An- und Rückflugkosten fiel der Durchschnittspreis für einen reinen Kreuzfahrttag unter 300 DM. Dadurch können weitere Bevölkerungsschichten gewonnen werden.

5.2 Bedeutung für die Werften

Während der Bau von Tankern und Containerschiffen weitgehend nach Fernost verlagert wurde, behalten die Europäer im Bau von Kreuzfahrtschiffen fast ein Monopol. Die 40 "Mammoth Cruise Ships" mit mehr als 70.000 Bruttoregistertonnen, welche im Jahr 2000 weltweit in Fahrt sein werden, stammen ausschließlich von europäischen Werften: 13 von Finantiere/Italien, zwölf von Kverner Masa/Finnland, acht von Chantiers d'Atlantique/Frankreich und sieben von Meyer/Deutschland.

Foto 1: Queen Elisabeth II – 1969 für den Atlantikverkehr gebaut – fährt heute als Kreuzfahrtschiff

Quelle: H.-W. BESCH

Das größte bisher in Deutschland gebaute Schiff entstand nicht an Elbe oder Weser, sondern an der Ems in Papenburg. Als die "Mercury" mit ihren 73.000 t zur Nordsee bugsiert wurde, blieb wirklich nur "eine Handbreit Wasser unter dem Kiel" – 10 cm!

Die Meyer-Werft ist bis zum Jahr 2002 mit Aufträgen versorgt. Das ist wichtig angesichts der Asienkrise, die zu einer noch agressiveren Exportstrategie der asiatischen Schiffbaunationen geführt hat.

Für die Vulkan-Werft Bremen kam der Einstieg in den Bau von Kreuzfahrtschiffen zu spät: Die sehr aufwendig gebaute "Costa Victoria" (73.000 t) wurde für 600 Millionen DM noch fertig, das zweite Costa-Schiff blieb nach dem Konkurs als Rohbau liegen.

Weltweite Anerkennung für den Umbau von Passagierschiffen zu Kreuzfahrtschiffen gewann die Lloyd-Werft in Bremerhaven mit so spektakulären Aufträgen wie "Queen Elizabeth II" und "Norway" (früher: "France"). Nach langwierigen Verhandlungen mit diversen europäischen Werften wurde der Auftrag zur Fertigstellung des zweiten Costa-Schiffes von den "Norwegian Cruise Lines" für 300 Millionen DM an die Lloyd-Werft erteilt. Dieser bisher größte Auftrag in der Werftgeschichte sichert die Arbeitsplätze für rund zwei Jahre.

6 Literatur

ARNBERGER, E. & ARNBERGER, H. (1988): Die tropischen Inseln des Indischen und Pazifischen Ozeans. - Wien.

FORSTER, G. (1995): Entdeckungsreise nach Tahiti und in die Südsee. - Stuttgart.

HEYERDAHL, T. (1978): Wege übers Meer. - München.

LAUSCH, E. (1983): Der Planet Erde. - Hamburg.

PIGAFETTA, A. (1968): Die erste Reise um die Welt. - Basel.

RICHTER, D. (1983): Taschenatlas Klimastationen. - Braunschweig.

SOBEL, D. (1996): Längengrad. - Berlin.

Ohne Verfasser:
Haack-Atlas Weltmeer (1989). - Gotha.
Das große Buch der Schiffstypen (1995). - Augsburg.

Bericht einer Kreuzfahrt:
PRINZ, W. (1990): Einmal um die ganze Welt. - Herford.

Periodica:
An Bord. Magazin für Schiffsreisen und Seewesen. - Bremen.

Adressen der Autorinnen und Autoren

Prof. Dr. Hans-Werner Besch
Elsa-Brandström-Str. 25
D-76228 Karlsruhe

Prof. Dr. Helmut Brückner
Fachbereich Geographie
Philipps-Universität Marburg
Deutschhausstr. 10
D-35032 Marburg

Dipl.-Geogr. Achim Engelhardt
Geographisches Institut
Justus-Liebig-Universität Gießen
Senckenbergstr. 1
D-35390 Gießen

Dipl.-Geogr. Kira Gee
School of Conservation Sciences
Bournemouth University
Talbot Road
Poole BH12 5BB
Dorset, Großbritannien

Dr. Gabriele Gönnert
Strom- und Hafenbau
Dalmannstr. 1-3
D-20457 Hamburg

Dr. Mathias Handl
Fachbereich Geographie
Philipps-Universität Marburg
Deutschhausstr. 10
D-35032 Marburg

Dipl.-Geogr. Andreas Kannen
Forschungs- und Technologiezentrum
Außenstelle der Christian-Albrechts-Universität Kiel
Hafentörn
D-25761 Büsum

Prof. Dr. Dieter Kelletat
Institut für Geographie
Universität GH Essen
Universitätsstr. 15
D-45117 Essen

Dipl.-Geogr. Gesche Krause
Zentrum für Marine Tropenökologie
Fahrenheitstr. 1
D-28359 Bremen

Dipl.-Geogr. Insa Meinke
Loogeplatz 10
D-20249 Hamburg

Dr. Nasser Mostafawi
Geologisch-Paläontologisches Institut und Museum
Christian-Albrechts-Universität Kiel
Olshausenstr. 40-60
D-24118 Kiel

Doz. Dr. Ertuğ Öner
Ege Üniversitesi
Edebiyat Fakültesi
Coğrafya Bölümü
TR-35100 Bornova Izmir
Türkei

Hochschuldozent Dr. Gerhard Schellmann
Institut für Geographie
Universität GH Essen
Universitätsstr. 15
D-45117 Essen

Dr. Klaus Schipull
Institut für Geographie
Universität Hamburg
Geomatikum
Bundesstr. 55
D-20146 Hamburg

Hochschuldozent Dr. Heinz Schürmann
Geographisches Institut
Joh.-Gutenberg-Universität Mainz
Saarstr. 21
D-55099 Mainz